何惠英
付少波
柳贵东

／

主编

手把手教你学
电路仿真设计

 化学工业出版社

·北京·

内容简介

本书以电工电子技术的基础理论为编排主线，以 NI Multisim 14.0 仿真软件为平台，精选各类典型电路进行仿真分析。全书以仿真实例为任务牵引，避开枯燥的理论知识讲解和繁杂的公式推导，通过仿真实例演示和分析过程，阐释电路原理，从而形成一个完整的电子产品设计思路，提高电路分析与设计的效率。

在内容编排上，由浅入深，循序渐进，读者可以参考典型电路的仿真实例边学边做，方便读者自学和快速入门。全书共 9 章，主要包括三部分内容。第一部分包括第 1 章，简要介绍 NI Multisim 14.0 仿真软件的发展、安装和基本操作；第二部分包括第 2~3 章，主要介绍 NI Multisim 14.0 的常用虚拟仪表和仿真分析方法；第三部分包括第 4~9 章，详细介绍 NI Multisim 14.0 在电路分析、模拟电路、数字电路、电力电子电路、高频电子电路和 MCU 方面的应用。

随书配套有仿真实例的仿真源文件和同步操作讲解视频，且所有仿真实例均有可重复性。

本书可作为高等院校，高职、高专院校电类课程教学和实验仿真的参考教材，也可作为高等院校电类专业师生、电类相关工程技术人员、广大电子爱好者的参考书。

图书在版编目（CIP）数据

手把手教你学电路仿真设计/何惠英，付少波，柳贵东
主编. —北京：化学工业出版社，2023.10
ISBN 978-7-122-43717-4

Ⅰ.①手… Ⅱ.①何… ②付… ③柳… Ⅲ.①电子电路-计算机仿真-应用软件 Ⅳ.①TN702

中国国家版本馆 CIP 数据核字（2023）第 116715 号

责任编辑：廉　静　　　　　　　　　　文字编辑：蔡晓雅
责任校对：张茜越　　　　　　　　　　装帧设计：张　辉

出版发行：化学工业出版社（北京市东城区青年湖南街 13 号　邮政编码 100011）
印　　装：三河市双峰印刷装订有限公司
787mm×1092mm　1/16　印张 17　字数 417 千字　2023 年 11 月北京第 1 版第 1 次印刷

购书咨询：010-64518888　　　　　　　售后服务：010-64518899
网　　址：http://www.cip.com.cn
凡购买本书，如有缺损质量问题，本社销售中心负责调换。

定　　价：69.80 元

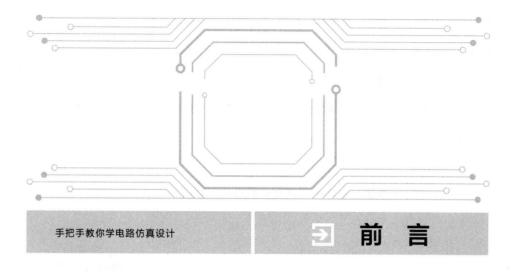

手把手教你学电路仿真设计　　　　　　　　　→　**前　言**

NI Multisim 14.0 仿真软件是美国国家仪器（National Instruments，NI）公司推出的以 Windows 为基础的仿真工具，是特别适合电子系统仿真分析与设计的一款 EDA 工具软件。基于"把实验室装进 PC 中，软件就是仪器"的理念，NI Multisim 14.0 仿真软件又称"虚拟电子工作台"，在系统建模和仿真、科学工程设计及应用系统开发等方面均有广泛的应用。

本书以电路分析、模拟电路、数字电路、电力电子电路、高频电子电路和 MCU 这几大类电路的基础理论为编排主线，精选典型电路和应用案例进行仿真分析。搭建仿真电路，演示仿真过程，利用各类虚拟仪表和仿真分析方法以波形和数据的形式显示电路的运行状态，并由以上仿真结果总结出电路理论，有助于读者对电路的结构、参数、工作原理和主要性能指标等有更深入的理解，从而提高电路分析和设计的效率，是从电路理论进阶到实操实验必不可少的环节。仿真实例的演示和分析过程避开抽象、枯燥的理论知识讲解和公式推导，读者可以参考典型电路实例边学边做，由浅入深，循序渐进，逐步形成一个完整的电子产品设计思路，从而真正实现"教、学、做"一体化。

本书包含的仿真实例和应用案例紧贴实际工程应用，侧重于各类典型电子电路的分析和设计。仿真实例操作图文并茂，说明翔实，思路清晰，为今后系统设计、综合设计打下良好的基础。读者可扫描书中的二维码，观看典型仿真案例的同步操作讲解视频，做到边看边操作，可帮助读者快速上手。本书配套提供全书仿真实例的仿真源文件，读者可登录 www.cipedu.com.cn 下载。

本书由何惠英、付少波、柳贵东担任主编，赵玲、孙昱担任副主编，范毅军、胡云朋、张淼、李纪红、孙梦雯、俞妍、邱文艳、丁娜参加编写，由陈影、曹树聪担任主审。本书作者都是长期工作在高等院校电类课程专业的一线教师，承担过多项电路虚拟仿真技术相关的教学改革课题，擅长在教学设计中融入 NI Multisim 虚拟仿真技术，并多次在各类电类课程的教学竞赛中取得优异成绩。

本书既可作为初学者的入门与提高教材，也可作为高等院校电类相关专业师生以及工程技术人员进行电路仿真设计的参考书。

由于编者水平有限，书中不足之处在所难免，恳请广大读者批评指正。

编者
2023 年 5 月

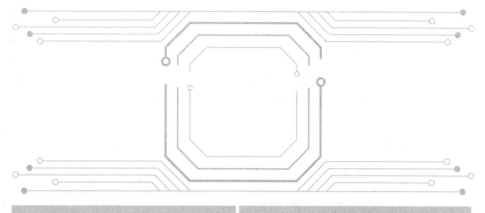

手把手教你学电路仿真设计　　　　　　　　　→ **目　录**

第6章　基于 Multisim 14.0 的数字电路仿真 ┅┅┅┅ **178**

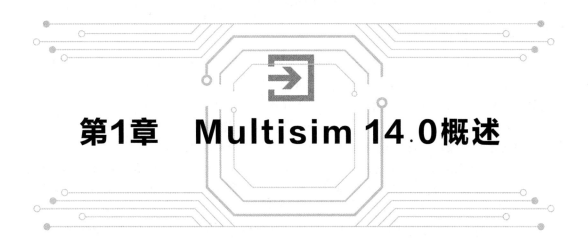

第1章 Multisim 14.0概述

Multisim 仿真软件是美国国家仪器（National Instruments，NI）公司推出的以 Windows 为基础、符合工业标准的、具有 SPICE 最佳仿真环境的电路设计套件，能够实现电路原理图的图形输入、电路硬件描述语言输入、电子线路和单片机仿真、虚拟仪器测试、多种性能分析、PCB（印制电路板）布局布线等功能，适用于板卡级的模拟/数字电路板的设计。

Multisim 仿真软件可以实现计算机仿真设计与虚拟实验，又称"虚拟电子工作台"，与传统的电子电路设计与实验相比，具有以下特点：

① 电路设计与实验可同步进行，修改设计和电路调试很方便；

② 电路的测试和分析方便快捷，可直接保存和打印实验数据、电路文件等；

③ 元器件的种类和数量不受限制，没有实际元器件的消耗，实验成本低、效率高。

本章主要介绍 Multisim 仿真软件的发展历程、安装方法、基本操作等内容。

1.1 Multisim 仿真软件的发展简介

Multisim 仿真软件是一款 EDA 工具软件。本节从 EDA 技术概况引出 Multisim 仿真软件，再简要介绍其发展历程，并列出 Multisim 14.0 的一些新特性。

1.1.1 EDA 技术

EDA（electronic design automation，电子设计自动化）技术是在 CAD（computer aided design，计算机辅助设计）技术基础上发展起来的计算机设计系统，它是计算机技术、信息技术、CAM（计算机辅助制造）和 CAT（计算机辅助测试）等技术相互融合的产物。

电子产品的设计和制作一般包括电路原理图设计、软件编程、仿真调试、物理级设计、PCB 制图制板、系统调试等环节，EDA 技术已成为完成以上环节的主要技术手段。EDA 工具软件主要有如下三类：电子电路设计与仿真软件（如 PSPICE、Electronic Workbench 等）、印制电路板设计软件（如 Protel、OrCAD、PCB 等）与可编程逻辑器件开发软件（如 Altera、Xilinx、Lattice 等），而源于 Electronic Workbench（简称 EWB）的 Multisim 仿真软件功能强大，可兼具以上三类软件的基本功能。

1.1.2 Multisim 的发展历程

20 世纪 80 年代，加拿大图像交互技术公司（Interactive Image Technologies，即 IIT 公司）推出了以 Windows 系统为基础的仿真工具 EWB，它因界面形象直观、操作方便、分析功能强大、易学易用等优点而得到迅速推广，并逐步更新至 EWB4.0、EWB5.0。

从 EWB6.0 版本开始，更名为 Multisim，意为多功能仿真软件，即 Multisim 2001，它允许用户自定义元器件属性，还可以把某子电路当作一个元器件使用。

2003 年，Multisim 7.0 面世，增加了 3D 元器件以及安捷伦的万用表、示波器和函数信号发生器等仿实物的虚拟仪表，使得虚拟电子工作平台更加接近实际的实验平台。

2004 年，Multisim 8.0 面世，它在功能和操作方法上既继承了 Multisim 7.0 的优点，又有了较大改进。扩充了元器件数据库，增强了仿真电路的实用性，还增加了功率表、失真仪、光谱分析仪、网络分析仪等测试仪表，扩充了电路的测试功能，并支持 VHDL 和 Verilog 语言的电路仿真和设计。

2005 年，IIT 被美国 NI 公司收购，推出 Multisim 9.0。该版本与之前的版本有着本质的区别，它不仅拥有大容量的元器件库、强大的仿真分析能力、多种常用的虚拟仪器仪表，还与虚拟仪器软件完美结合，提高了模拟及测试性能。Multisim 9.0 继承了 LabVIEW 8 图形开发软件和 Signal Express 交互测量软件的功能。该系列组件包括 Ultiboard 9 和 Ultiroute 9。

2007 年，NI Multisim 10 面世。NI Multisim 10 在电子仿真方面有诸多提高，在 LabVIEW 技术应用、MultiMCU 单片机中的仿真、MultiVHDL 在 FPGA（可编程门阵列）和 CPLD（复杂可编程逻辑器件）中的仿真应用、MultiVerilog 在 FPGA 和 CPLD 中的仿真应用、Commsim 在通信系统中的仿真应用等方面的功能同样强大。

2010 年，NI Multisim 11.0 面世，包含 NI Multisim 和 NI Ultiboard 产品。引入全新设计的原理图网表系统，改进了虚拟接口，以创建更明确的原理图；通过更快地操作大型原理图，缩短了文件的加载时间，并且节省打开用户界面的时间；NI Multisim 捕捉和 Ultiboard 布局之间的设计同步化比以前更好，在为设计更改提供最佳透明度的同时，可以对更多属性进行注释。

2012 年，NI Multisim 12.0 面世。NI Multisim 12.0 与 LabVIEW 进行了前所未有的紧密集成，可实现模拟和数字系统的闭环仿真。使用该全新的设计方法，工程师可以在结束桌面仿真阶段之前验证模拟电路（例如用于功率应用）、可编程门阵列（FPGA）数字控制逻辑。NI Multisim 专业版为满足布局布线和快速原型需求进行了优化，使其能够与 NI 硬件无缝集成，例如 NI 可重新配置 I/O（RIO）FPGA 平台和用于原型校验的 PXI 平台。

2013 年，NI Multisim 13.0 面世，它提供了针对模拟电子、数字电子及电力电子的全面电路分析工具，这一图形化互动环境可使学生巩固对电路理论的理解，帮助教师将课堂学习与动手实验学习有效地衔接起来。NI Multisim 的这些高级分析功能也同样应用于各行各业，帮助工程师通过混合模式仿真探索设计决策，优化电路。

2015 年，NI Multisim 14.0 面世。新增的功能包括全新的参数分析、新嵌入式硬件的集成以及通过用户可定义的模板简化设计等，进一步提高了仿真技术，可帮助教学、科研和设计人员分析模拟、数字和电力电子电路。目前，最新版本是 2019 年 5 月 NI 公司发布的 NI Multisim 14.2。

1.1.3　Multisim 14.0 的新特性

① 主动分析模式：全新的主动分析模式可让用户更快速地获得仿真和运行结果。

② 电压、电流、功率和数字探针：通过全新的电压、电流、功率和数字探针，实现可视化交互仿真结果。

③ 基于 Digilent FPGA 板卡支持的数字逻辑：使用 Multisim 探索原始 VHDL 格式的逻辑数字原理图，以便在各种 FPGA 数字教学平台上运行。

④ 基于 Multisim 和 MPLAB 的微控制器教学：全新的 MPLAB 教学应用程序集成了 Multisim 14.0，可用于实现微控制器和外设的仿真。

⑤ 借助 Ultiboard 完成高年级设计项目：Ultiboard 学生版新增了 Gerber 和 PCB 制造文件导出函数，以帮助学生完成毕业设计项目。

⑥ 用于 iPad 的 Multisim Touch：借助全新的 iPad 版 Multisim，可随时随地进行电路仿真。

⑦ 来自领先制造商的 6000 多种新组件：借助领先半导体制造商的新版和升级版仿真模型，可扩展模拟和混合模式应用。

⑧ 先进的电源设计：借助来自 NXP 和美国国际整流器公司开发的全新 MOSFET 和 IGBT，可搭建先进的电源电路。

⑨ 基于 Multisim 和 MPLAB 的微控制器设计：借助 Multisim 与 MPLAB 之间的新协同仿真功能，可以使用数字逻辑搭建完整的模拟电路系统和微控制器。

1.2　Multisim 14.0 的安装

Multisim 14.0 安装套件包括电路仿真软件 Multisim 14.0 和 PCB 制作软件 NI Ultiboard 14.0 两个软件。

(1) Multisim 14.0 的安装环境

安装 Multisim 14.0 的计算机配置要求：

① 操作系统：Windows XP（32 位）、Windows 7 和 Windows 10（32 位或 64 位）、Windows Server 2003 R2（32 位）或 2008 R2（64 位）。

② CPU：Pentium 4 系列处理器或同等性能的微处理器。

③ 内存：512MB（最低要求为 256MB）。

④ 显示器分辨率：1024×768 或更高像素（最低要求为 800×600 像素）。

⑤ 硬盘：1.5GB 可用空间（最低要求为 1.0GB）。

(2) Multisim 14.0 的安装过程

Multisim 14.0 在 Windows 7 操作系统中的安装过程如下。

① 解压 Multisim 14.0 安装包，双击安装文件 NI_Circuit_Design_Suite_14_0.exe，弹出如图 1-1 所示的对话框。点击"确定"，弹出如图 1-2 所示的对话框。点击"Browse"按钮，选择解压文件的存放目录，点击"Unzip"按钮，弹出如图 1-3 所示的解压成功消息框。

图 1-1　Multisim 14.0 的安装界面 1

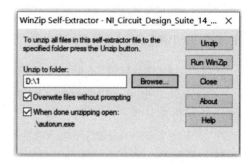

图 1-2　Multisim 14.0 的安装界面 2

② 点击"确定"，弹出如图 1-4 所示的安装界面，选择"Install NI Circuit Design Suite 14.0"，弹出如图 1-5 所示的用户信息输入对话框。输入信息完毕后，点击"Next"按钮，弹出如图 1-6 所示的选择安装路径对话框。

图 1-3　Multisim 14.0 的安装界面 3

图 1-4　Multisim 14.0 的安装界面 4

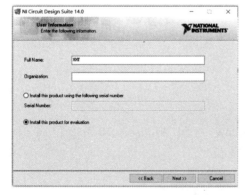

图 1-5　Multisim 14.0 的安装界面 5

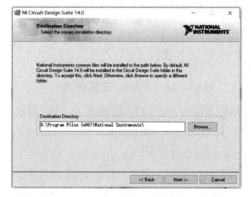

图 1-6　Multisim 14.0 的安装界面 6

③ 点击"Next"按钮，弹出如图 1-7 所示的安装选项设置对话框，单击选项下拉菜单，选择所有 Features（特征）选项，点击"Next"按钮，弹出如图 1-8 所示的对话框，单击选中复选框。

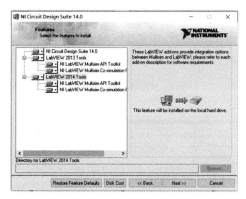

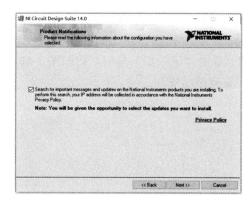

图 1-7　Multisim 14.0 的安装界面 7　　　　图 1-8　Multisim 14.0 的安装界面 8

点击"Next"按钮，弹出如图 1-9 所示的许可协议选择对话框，选择"I accept the above 2 License Agreement(s)"，单击"Next"按钮，弹出如图 1-10 所示的安装信息汇总消息框，确认无误后，单击"Next"按钮。

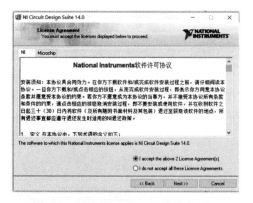

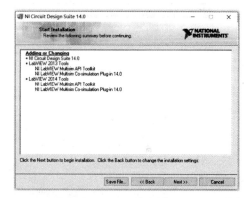

图 1-9　Multisim 14.0 的安装界面 9　　　　图 1-10　Multisim 14.0 的安装界面 10

④ 弹出如图 1-11 所示的显示安装进程对话框。进程结束后，弹出如图 1-12 所示的安装完成消息框。

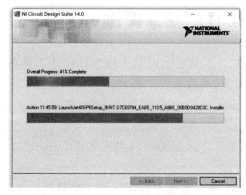

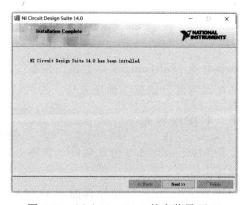

图 1-11　Multisim 14.0 的安装界面 11　　　　图 1-12　Multisim 14.0 的安装界面 12

⑤ 单击"Next"按钮,弹出如图 1-13 所示的重启计算机对话框。选择"Restart"按钮,重启计算机后,打开 Multisim 14.0 应用程序。在如图 1-14 所示的软件激活界面中,点击"激活产品"按钮,弹出如图 1-15 所示的对话框,选择"通过安全网络连接自动激活(A)",单击"下一步"按钮,在如图 1-16 所示的界面中输入产品序列号,单击"下一步"按钮,直到激活成功。

图 1-13　Multisim 14.0 的安装界面 13

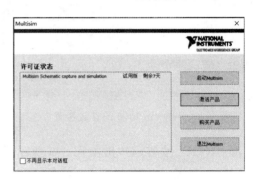

图 1-14　Multisim 14.0 的安装界面 14

图 1-15　Multisim 14.0 的安装界面 15

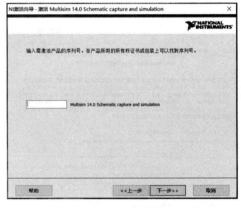

图 1-16　Multisim 14.0 的安装界面 16

至此,Multisim 14.0 软件安装成功。

1.3　Multisim 14.0 的基本操作

本节介绍 Multisim 14.0 主操作界面中菜单栏、工具栏、电路工作区、设计工具箱、电子表格视窗等部分的基本操作方法,为后续电路的仿真设计打下基础。

1.3.1　主操作界面

启动 Multisim 14.0 仿真软件,如图 1-17 所示,进入如图 1-18 所示的 Multisim 14.0 主操作界面。

Multisim 14.0 的主操作界面基于 Windows 风格,主要包括标题栏、菜单栏、工具栏、电路工作区、设计工具箱、电子表格视窗、状态栏等部分。

图 1-17　Multisim 14.0 的启动界面

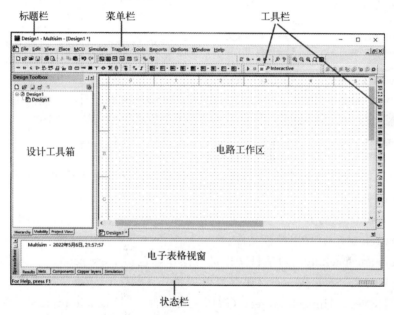

图 1-18　Multisim 14.0 的主操作界面

1.3.2　菜单栏

在 Multisim 14.0 仿真软件中，对原理图的所有操作都可以通过菜单栏中的相应命令来完成，共包含 12 个菜单，如图 1-19 所示。

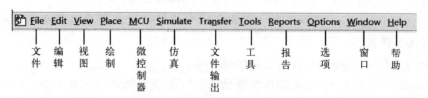

图 1-19　菜单栏

（1）File（文件）菜单

File（文件）菜单用于管理所创建的电路文件，如对电路文件进行打开、关闭、保存、打印等操作，共包含 18 个操作命令，如图 1-20 所示。

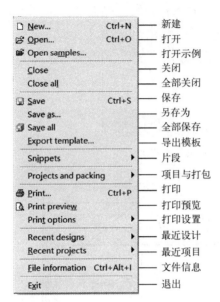

图 1-20　File（文件）菜单命令

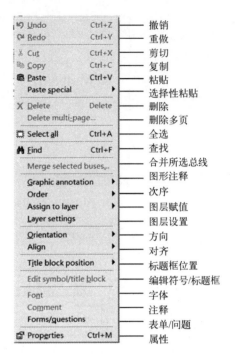

图 1-21　Edit（编辑）菜单命令

File（文件）菜单中大多数命令的操作与 Windows 应用软件相同，这里仅对其特色命令的功能进行说明。

① Open samples：打开位于 Multisim 14.0 软件安装路径下的自带示例。

② Export template：导出模板文件。

③ Projects and packing：对项目文件进行操作，包括 New project（新建项目）、Open project（打开项目）、Save project（保存当前项目）、Close project（关闭项目）、Pack project（打包项目文件）、Unpack project（解压项目文件）、Upgrade project（更新项目文件）和 Version control（版本控制）。

（2）Edit（编辑）菜单

Edit（编辑）菜单用于在绘制电路过程中，对构成电路的元器件、连线等进行编辑操作，包含 23 个操作命令，如图 1-21 所示。

下面主要介绍 Multisim 14.0 所特有的 Edit（编辑）菜单命令。

① Delete multi-page：删除多页面电路文件中的某一页或多页电路文件。需要注意的是，删除后无法恢复。

② Merge selected buses：合并所选择的总线。

③ Graphic annotation：编辑图形注释选项，可改变连线的颜色及类型、画笔的颜色及类型和箭头的类型。

④ Order：设置电路的图层顺序，包括 Bring to front（置于前面）、Send to back（置于后面）。

⑤ Assign to layer：图层赋值。

⑥ Layer settings：图层设置。

⑦ Orientation：旋转方向选择。

⑧ Title block position：标题框位置设置。

⑨ Edit symbol/title block：编辑符号/标题框。

⑩ Forms/questions：编辑电路相关的记录格式或问题。

（3）View（视图）菜单

View（视图）菜单用于设置仿真界面的显示内容，包含 22 个操作命令，如图 1-22 所示。

下面主要介绍 Multisim 14.0 所特有的 View（视图）菜单命令。

① Parent sheet：返回到上一级工作区。当用户编辑子电路或分层模块时，单击该命令可切换到上一级电路或上一层模块。

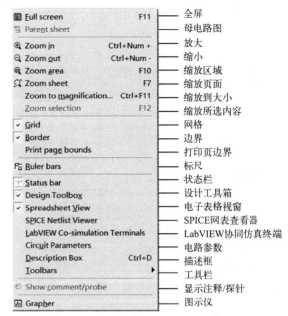

图 1-22　View（视图）菜单命令

② Grid：显示或隐藏栅格。

③ Border：显示或隐藏电路窗口的边界。

④ Design Toolbox：显示或隐藏主界面左侧的设计工具箱。

⑤ Spreadsheet View：显示或隐藏电子表格窗口。

⑥ SPICE Netlist Viewer：显示或隐藏 SPICE 网表文件查看窗口。

⑦ LabVIEW Co-simulation Terminals：显示或隐藏 Multisim 与虚拟仪器协同仿真终端。

⑧ Description Box：电路功能描述。单击该命令后，弹出事先写好的只读的电路功能描述文本框。

⑨ Grapher：以图表的方式显示仿真结果。

（4）Place（绘制）菜单

Place（绘制）菜单用于绘制元器件、导线、总线、连接器等常用的电路图元素，还可以进行创建新层次模块、层次模块替换、创建和替换子电路等操作，共包含 18 个操作命令，如图 1-23 所示。

Place（绘制）菜单下各命令的功能如下。

① Component：选择并放置元器件。单击该命令，选择好元器件后，会有所选元器件的图标跟随鼠标，在电路工作区某位置单击鼠标，即可完成元器件的添加。

② Probe：选择并放置探针。

③ Junction：选择并放置节点。

④ Wire：选择并放置导线。

⑤ Bus：选择并放置总线。

⑥ Connectors：选择并放置各种电路连接器，其下拉菜单中包括在页连接器、全局连接器、HB/SC 连接器、输入连接器、输出连接器、总线 HB/SC 连接器、离页连接器、总线离页连接器和 LabVIEW 协同仿真端子。

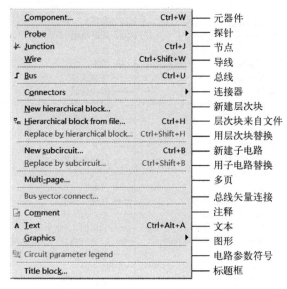

命令	快捷键	中文
Component...	Ctrl+W	元器件
Probe	▶	探针
Junction	Ctrl+J	节点
Wire	Ctrl+Shift+W	导线
Bus	Ctrl+U	总线
Connectors	▶	连接器
New hierarchical block...		新建层次块
Hierarchical block from file...	Ctrl+H	层次块来自文件
Replace by hierarchical block...	Ctrl+Shift+H	用层次块替换
New subcircuit...	Ctrl+B	新建子电路
Replace by subcircuit...	Ctrl+Shift+B	用子电路替换
Multi-page...		多页
Bus vector connect...		总线矢量连接
Comment		注释
Text	Ctrl+Alt+A	文本
Graphics	▶	图形
Circuit parameter legend		电路参数符号
Title block...		标题框

图 1-23　Place（绘制）菜单命令

⑦ New hierarchical block：创建一个新的分层模块，该模块只含有输入、输出节点，为空白电路。

⑧ Hierarchical block from file：从已有电路文件中选择一个文件作为层次电路模块。

⑨ Replace by hierarchical block：所选电路由一个分层模块替换。

⑩ New subcircuit：创建一个新的子电路。

⑪ Replace by subcircuit：所选电路由一个子电路代替。

⑫ Muti-page：增加多页电路中的一个电路图。

⑬ Bus vector connect：放置总线矢量连接器，常用于从多引脚器件上引出多个连接端子。

⑭ Comment：放置注释，为电路工作区或某个元器件添加功能描述等文本。

⑮ Text：放置文本。

⑯ Graphics：放置直线、折线、矩形、椭圆、多边形、图片等图形。

⑰ Circuit parameter legend：放置电路参数和电路符号。

⑱ Title block：放置标题框。Multisim 14.0 仿真软件提供了 10 种不同的标题框，可放置在电路图纸的下方，用于显示电路的名称、作者、图纸编号等相关信息。点击此命令，可从 Multisim 14.0 仿真软件自带的模板中选择一种标题框，如 DefaultV7.tb7 标题框如图 1-24 所示，并可在此基础上按用户需求进行修改。

Electronics Workbench 801-111 Peter Street Toronto, ON M5V 2H1 (416) 977-5550		Electronics WORKBENCH	
Title:　Design1	Desc.Design1		
Designed by:	Document No:	Revision:	
Checked by:	Date: 2022/5/7	Size:　A	
Approved by:	Sheet 1　of 1		

图 1-24　标题框（DefaultV7.tb7）

（5）MCU（微控制器）菜单

MCU（微控制器）菜单提供 11 个对微控制器进行编译和调试操作的命令，如图 1-25 所示。

MCU（微控制器）菜单下各命令的功能如下。

① No MCU component found：说明未添加 MCU 元器件。

② Debug view format：调试视图的格式。

③ MCU windows：显示 MCU 的各种信息窗口。

④ Line numbers：显示 Debug View 窗口中每条指令所对应的行数。

⑤ Pause：程序运行过程中，单击此命令可暂停运行。

⑥ Step into：单步运行源程序。例如，当前指令为转移指令时，单击此命令，则下一步将跳转到相应的被转移子程序的起始位置。

⑦ Step over：单步跳过源程序。例如，当前指令为转移指令时，单击此命令，则下一步将直接执行转移子程序返回后要执行的指令。

⑧ Step out：单步跳出源程序。一直执行到当前的程序结束为止，如果程序中设有断点，则会停止执行。

⑨ Run to cursor：程序运行到当前光标所在行。

⑩ Toggle breakpoint：设置断点。

⑪ Remove all breakpoints：删除所有断点。

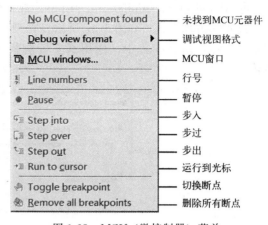

图 1-25　MCU（微控制器）菜单

（6）Simulate（仿真）菜单

Simulate（仿真）菜单提供 18 个仿真设置与操作命令，如图 1-26 所示。

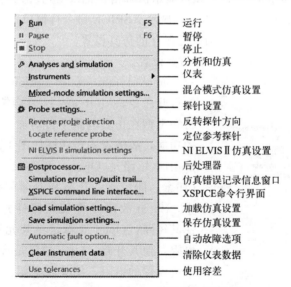

图 1-26　Simulate（仿真）菜单

Simulate（仿真）菜单下各命令的功能如下。

① Run：运行已创建的仿真电路。

② Pause：暂停运行仿真电路。

③ Stop：停止运行仿真电路。

④ Analyses and simulation：对仿真电路进行瞬态分析、直流工作点分析、交流扫描分析、傅里叶分析、温度扫描分析、失真分析等操作。

⑤ Instruments：选择 Multisim 14.0 仿真软件提供的虚拟仪表，可选虚拟仪表的种类与仪表工具栏中相对应。

⑥ Mixed-mode simulation settings：混合模式仿真参数设置。执行此命令，可选择理想仿真或实际仿真模式，如图 1-27 所示。在理想仿真模式中，使用理想管脚模型，仿真速度更快；在实际仿真模式中，使用真实管脚模型，仿真准确率更高。默认选择为理想仿真模式。

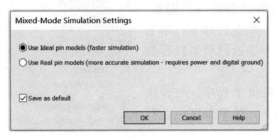

图 1-27　Mixed-mode simulation settings 对话框

⑦ Probe settings：探针的参数设置。

⑧ Reverse probe direction：反转探针方向。

⑨ Locate reference probe：定位参考探针的位置。

⑩ NI ELVIS Ⅱ simulation settings：NI ELVIS Ⅱ仿真参数设置。

⑪ Postprocessor：对电路分析进行后处理。

⑫ Simulation error log/audit trail：显示仿真错误记录/检查仿真轨迹。

⑬ XSPICE command line interface：显示 XSPICE 命令行窗口。

⑭ Load simulation settings：加载已保存的仿真设置。

⑮ Save simulation settings：保存仿真设置。

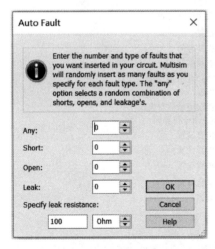

图 1-28　自动故障设置对话框

⑯ Automatic fault option：自动设置电路故障。执行此命令，Multisim 14.0 会按照用户设置的故障数目和类型在仿真电路中自动加入相应电路元器件故障的功能，故障设置对话框如图 1-28 所示。故障类型有 Short（短路）、Open（开路）、Leak（泄漏）和 Any（任意，即短路、开路和泄漏的任意组合）四种。其中，Short 故障是将某元器件并接一个很小的电阻，使其短路；Open 故障是将某元器件串接一个很大的电阻，使其开路；Leak 故障是将某元器件并接一个阻值可设置的电阻，使并联电阻分流而导致元器件的电流泄漏。

⑰ Clear instrument data：清除虚拟仪表中的波形或数据。执行此命令，则清除此时刻之前的仿真波形和数据。在电路仿真过程中也可用。

⑱ Use tolerances：设置全局元器件的使用允许容差。

(7) Transfer（文件输出）菜单

Transfer（文件输出）菜单用于将 Multisim 14.0 的电路文件或仿真结果输出到其他应用软件，共包含 6 个操作命令，如图 1-29 所示。

图 1-29　Transfer（转移）菜单

Transfer（文件输出）菜单下各命令的功能如下。

① Transfer to Ultiboard：将 Multisim 14.0 中的电路文件输出到 Ultiboard。

② Forward annotate to Ultiboard：将 Multisim 14.0 中电路元器件的注释输出到 Ultiboard，使 PCB 元器件的注释也做相应变动。

③ Backward annotate from file：将 Ultiboard 中元器件的注释输出到 Multisim 14.0 的电路文件中，使电路图中元器件的注释也做相应变动。执行该命令时，Multisim 14.0 中的电路文件必须打开。

④ Export to other PCB layout file：当用户使用的 PCB 设计软件不是 Ultiboard 时，执行该命令，可将所需格式的电路文件输出到第三方 PCB 设计软件。

⑤ Export SPICE netlist：输出电路文件所对应的网表文件。

⑥ Highlight selection in Ultiboard：在运行 Ultiboard 情况下，如果在 Multisim 14.0 中选中某元器件，执行该命令，则在 Ultiboard 电路中对应元器件会高亮度显示。

(8) Tools（工具）菜单

Tools（工具）菜单提供编辑或管理元器件和电路的常用工具，共包含 18 个操作命令，如图 1-30 所示。

Tools（工具）菜单下各命令的功能如下。

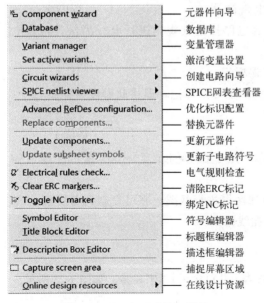

图 1-30　Tools（工具）菜单

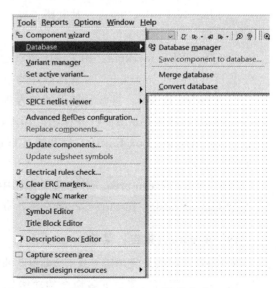

图 1-31　Database 操作命令

① Component wizard：创建新元器件向导。执行此命令，用户可自行创建除 Multisim 14.0 提供元器件之外的元器件。

② Database：数据库。其子菜单中包含 4 个操作命令，如图 1-31 所示。其中 Database manager（数据库管理）用来增加元器件族、编辑元器件；Save component to database（保存元件到数据库）用来将元器件保存到数据库；Merge database（合并数据库）可对数据库进行合并；Convert database（转换数据库）用于转换数据库中元器件的格式，例如要在 Multisim 14.0 中应用低版本 Multisim 中编辑的元器件，首先需要利用此命令将其转换为 Multisim 14.0 的格式。

③ Variant manager：变量管理器。有时在一个电路设计中，可能使用不同标准的同一类型元器件。这种情况下执行该命令，能够产生符合不同标准的 PCB。

④ Set active variant：将所选的元器件激活。在电路仿真时，符合不同标准的元器件不可能同时被激活，需要执行此命令进行激活操作。

⑤ Circuit wizards：创建电路向导，包括 555 timer wizard（555 定时器向导）、Filter wizard（滤波器向导）、Opamp wizard（运算放大器向导）和 CE BJT amplifier wizard（共发射极放大器向导）四种类型，如图 1-32 所示。

⑥ SPICE netlist viewer：查看网表，其子菜单的命令需要与 View →SPICE Netlist Viewer 命令配合使用。

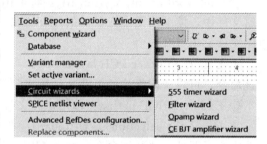

图 1-32 Circuit wizards 操作命令

⑦ Advanced RefDes configuration：优化标识配置，使电路中各元器件的标识符更具有可读性。

⑧ Replace components：替换所选元器件。

⑨ Update components：更新所选元器件。

⑩ Update subsheet symbols：更新子电路的电路符号。

⑪ Electrical rules check：对电路工作区的仿真电路按电气规则进行电气测试，检查电气连接错误。

⑫ Clear ERC markers：用于清除电气性能错误标记。

⑬ Toggle NC marker：为某元器件的指定引脚添加 NC 标记，即将此脚设为空脚。

⑭ Symbol Editor：打开元器件的符号编辑器。

⑮ Title Block Editor：打开标题框编辑器。

⑯ Description Box Editor：打开描述框编辑器，用于在 Design Toolbox 窗口中添加描述电路功能的文本。

⑰ Capture screen area：对电路工作区中的所选区域进行截图，并可复制到剪切板。

⑱ Online design resources：相关设计资料的在线帮助。

（9）Reports（报告）菜单

Reports（报告）菜单用于输出当前电路的各种报告，共包含 6 个操作命令，如图 1-33 所示。Reports（报告）菜单下各命令的功能如下。

① Bill of Materials：输出当前电路文件的元器件材料清单。

② Component detail report：输出指定元器件存储在数据库中的所有详细信息。

③ Netlist report：输出网表文件报告，提供所有元器件的电路连通性信息。

④ Cross reference report：输出当前电路工作区中所有元器件的相关参数报告。

⑤ Schematic statistics：输出当前电路原理图的统计信息。

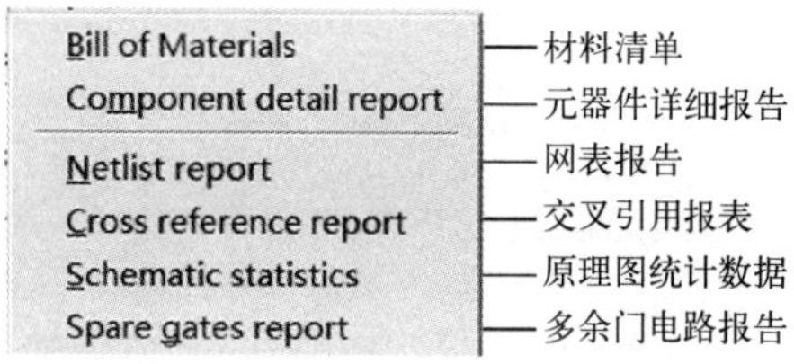

⑥ Spare gates report：输出当前电路文件中未使用门电路的报告。

图 1-33　Reports（报告）菜单

（10）Options（选项）菜单

Options（选项）菜单用于设置电路的界面及某些功能，共包含 4 个操作命令，如图 1-34 所示。

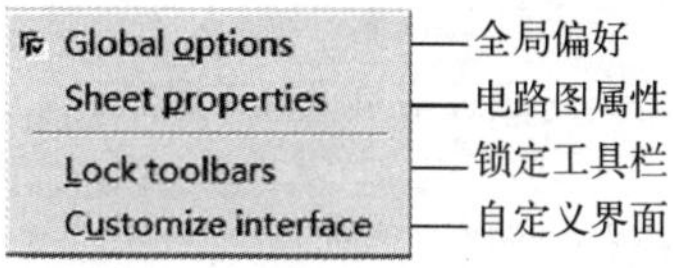

图 1-34　Options（选项）菜单

Options（选项）菜单下各命令的功能如下。

① Global options：设置全局参数。例如，可在 Global options → General → Language 中，将 Multisim 14.0 仿真软件的语言设置为英语、中文或德语。可在 Global options → Components → Symbol standard 中，将元器件的符号标准设置为 ANSI Y 32.2 或 IEC 60617。其中，ANSI Y32.2 标准是 Multisim 14.0 的默认设置，本书采用此默认标准。

② Sheet properties：设置电路工作区的属性。

③ Lock toolbars：将工具栏锁定在 Multisim 14.0 的主操作界面。

④ Customize interface：对 Multisim 14.0 的用户界面进行个性化设置。

另外，Windows（窗口）菜单和 Help（帮助）菜单的操作与其他 Windows 应用类似，这里不再赘述。

1.3.3　工具栏

为使用户方便快捷地进行电路仿真设计，Multisim 14.0 仿真软件以工具栏的形式提供了大量常用的工具按钮。根据功能分为标准工具栏、视图工具栏、主要工具栏、元器件工具栏、仿真工具栏、探针工具栏、虚拟仪表工具栏等 22 种工具栏。

选择菜单栏中的 Options → Customize interface，弹出图 1-35 所示的 Customize（用户自定义）对话框。点击 Toolbars 选项卡，可从中根据需要勾选某工具栏，被勾选的工具栏将显示在 Multisim 14.0 的主操作界面中，从而创建用户个性化工具栏。各种工具栏都可以在菜单中找到对应的命令，可通过点击菜单 View → Toolbars 命令，从其下拉菜单中显示或隐藏某工具栏，如图 1-36 所示。

图 1-36 中所勾选的工具栏为 Multisim 14.0 的默认工具栏设置，也是在 Multisim 14.0 电路原理图设计中的常用工具栏，下面对这些常用工具栏的功能进行介绍。

（1）Standard（标准）工具栏

Standard（标准）工具栏以按钮的形式提供了常用的文件操作快捷方式，有新建、打开、保存、打印、复制、粘贴等，如图 1-37 所示。当鼠标悬停在某工具按钮上时，其功能说明会显示在图标下方，便于用户操作，如图 1-38 所示。

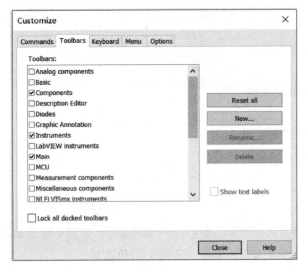

图 1-35　自定义工具栏对话框

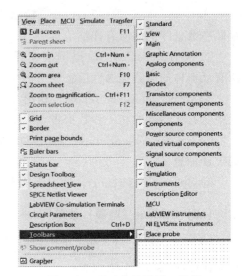

图 1-36　通过菜单设置工具栏

图 1-37　Standard（标准）工具栏

图 1-38　工具栏的功能提示

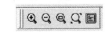

图 1-39　View（视图）工具栏

（2）View（视图）工具栏

View（视图）工具栏提供了一些视图显示的操作方法，如放大、缩小、缩放区域、全屏等，方便调整所编辑电路的视图大小，如图 1-39 所示。

（3）Main（主）工具栏

Main（主）工具栏是 Multisim 14.0 的核心，它集中了 Multisim 14.0 的一般性功能按钮，如图 1-40 所示。

图 1-40　Main（主）工具栏

（4）Components（元器件）工具栏

Components（元器件）工具栏提供了从 Multisim 14.0 元器件库中调取元器件的操作方法，包含如图 1-41 所示的各类元器件。

图 1-41　Components（元器件）工具栏

Multisim 14.0 元器件库中包含实际元器件和虚拟元器件两大类。实际元器件是带封装的真实元器件，图标底色为白色，有确定的型号，其参数一般不可改变，除非修改其模型参数；虚拟元器件的图标带有绿色衬底，可通过其属性对话框设置参数。

在创建仿真电路时，为使仿真更接近于真实情况，应尽量选择实际元器件。

（5）Virtual（虚拟元器件）工具栏

Virtual（虚拟元器件）工具栏分类提供了元器件库中的虚拟元器件，共含 9 个虚拟元器件系列，如图 1-42 所示。

图 1-42　Virtual（虚拟元器件）工具栏

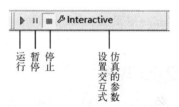

图 1-43　Simulation（仿真）工具栏

（6）Simulation（仿真）工具栏

Simulation（仿真）工具栏提供了控制仿真过程的快捷按钮，包括运行、暂停、停止运行仿真电路，以及以交互式仿真分析进行参数设置的快捷入口，如图 1-43 所示。

（7）Instruments（虚拟仪表）工具栏

Instruments（虚拟仪表）工具栏提供了用于测试电路的 21 种仪器仪表和探针，如图 1-44 所示。每种虚拟仪表的使用方法见第 2 章相关内容。

（8）Place probe（放置探针）工具栏

Place probe（放置探针）工具栏提供了在设计仿真电路时需放置的电压、电流、功率等测试探针，如图 1-45 所示。

1.3.4　电路工作区

电路工作区用来创建仿真电路，进行电路图的编辑、添加文字说明及标题框、添加虚拟仪器，以及仿真电路的运行结果显示和分析等，是 Multisim 14.0 仿真软件主操作界面的重要组成部分，如图 1-46 所示。

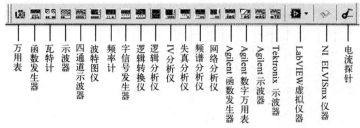

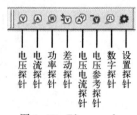

图 1-44　Instruments（虚拟仪表）工具栏

图 1-45　Place probe
（放置探针）工具栏

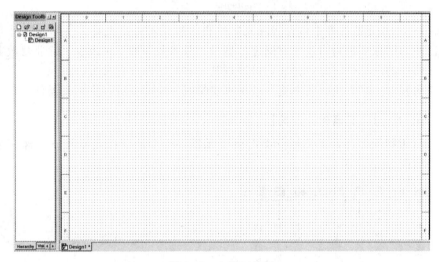

图 1-46　电路工作区

1.3.5　设计工具箱

Design Toolbox（设计工具箱）位于 Multisim 14.0 主操作界面的左侧，用来管理原理图文件和层级电路的显示，包含 3 个选项卡，如图 1-47 所示。

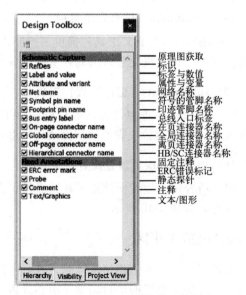

图 1-47　Design Toolbox（设计工具箱）

图 1-48　Visibility（可见度）选项卡

① Hierarchy（层级）选项卡：对不同电路进行分层显示。对于新建项目，软件默认以层级的形式显示。

② Visibility（可见度）选项卡：设置是否显示电路的各种参数标识，如元器件的标识、标签与数值、管脚名称、注释等，如图 1-48 所示。

③ Project View（项目视图）选项卡：显示同一电路的不同页。

1.3.6　电子表格视窗

Spreadsheet View（电子表格视窗）主要用于显示当前电路中元器件的属性信息统计、属性信息的修改、电路元器件的查找、ERC 校验以及电路仿真运行的结果。电子表格视窗位于 Multisim 14.0 软件主操作界面的最下方，包含 5 个选项卡，如图 1-49 所示。

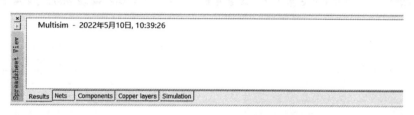

图 1-49　Spreadsheet View（电子表格视窗）

① Results：显示当前电路中元器件的查找结果和 ERC 校验结果。

② Nets：显示当前电路中所有网点的相关信息，部分参数可修改。

③ Components：显示当前电路中所有元器件的相关信息，部分参数可修改。

④ Copper layers：显示 PCB 层的相关信息。

⑤ Simulation：显示当前电路的仿真运行结果。

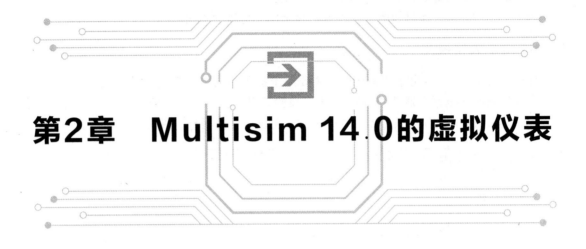

第2章　Multisim 14.0的虚拟仪表

Multisim 14.0仿真软件在主操作界面中提供了多种虚拟仪表，其使用方法与实验室的真实仪表类似。利用虚拟仪表，可方便地测试电路的参数和性能，还可对测试数据进行分析、打印、保存等，大大提高了电路设计的效率。

Multisim 14.0仿真软件提供的虚拟仪表有模拟类虚拟仪表、数字类虚拟仪表、探针、频域分析虚拟仪表、虚拟真实仪表、LabVIEW虚拟仪表和NI ELVISmx虚拟仪表。除此之外，用户还可以自定义虚拟仪表。

2.1　模拟类虚拟仪表

Multisim 14.0仿真软件提供了在模拟电路仿真过程中常用的虚拟仪表，主要有万用表、函数发生器、瓦特计、示波器、四通道示波器、波特图仪、伏安特性分析仪和失真分析仪。

2.1.1　万用表

万用表（Multimeter）与实际万用表一样，是用于测量交直流电压、交直流电流、电阻以及两点间的分贝损耗的常用测量仪表，其图标如图2-1所示。

图2-1　万用表的图标　　　　图2-2　万用表的操作面板

在 Multisim 14.0 的主操作界面中，点击虚拟仪表工具栏中的 图标，放置在电路工作区。双击该图标，可打开如图 2-2 所示的万用表操作面板。操作面板上方的黑色条形框为测量数据显示区，下方为参数设置区。各项参数说明如下：

① A V Ω dB ：选择被测量为电流、电压、电阻或分贝值。

② ～ — ：选择被测信号的类型为交流或直流。

③ ＋、－：万用表的正、负极。

④ Set... 按钮：单击该按钮，弹出如图 2-3 所示的万用表参数设置对话框，用来模拟实际万用表的测量条件。

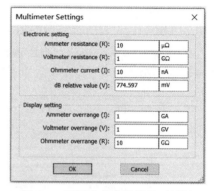

图 2-3　万用表的参数设置对话框

万用表的参数设置对话框包含 Electronic setting（电子设置）和 Display setting（显示设置）两项设置。

在 Electronic setting（电子设置）中：

a. Ammeter resistance（R）：设置电流表的内阻，即实际电流表的内阻很小，但并非为零，默认值为 $10\mu\Omega$；

b. Voltmeter resistance（R）：设置电压表的内阻，即实际电压表的内阻很大，但并非无穷大，默认值为 $1G\Omega$；

c. Ohmmeter current（I）：设置欧姆计的电流，即通过欧姆计的电流很小，但不为零，默认值为 10nA；

d. dB relative value（V）：设置 dB 相对值，默认为 774.597mV。

Display setting（显示设置）中：

a. Ammeter overrange（I）：设置电流表的最大量程，默认值为 1GA；

b. Voltmeter overrange（V）：设置电压表的最大量程，默认值为 1GV；

c. Ohmmeter overrange（R）：设置欧姆计的最大量程，默认值为 $10G\Omega$。

2.1.2　函数发生器

函数发生器（Function generator）是可提供正弦波、三角波和方波三种常用波形的电压信号源，其图标如图 2-4 所示。

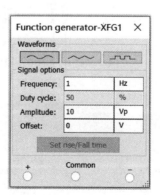

图 2-4　函数发生器的图标　　图 2-5　函数发生器的操作面板

在 Multisim 14.0 的主操作界面中，点击虚拟仪表工具栏中的 ▦ 图标，放置在电路工作区。双击该图标，可打开如图 2-5 所示的函数发生器操作面板。操作面板上方的 Waveforms 为波形选择，分为正弦波、三角波和方波，下方为所选信号的参数设置区，各项参数设置如下。

① Frequency：设置所选波形的频率。

② Duty cycle：设置三角波和方波的占空比。选择正弦波时，该值为 50%，不可调。

③ Amplitude：设置所选波形的幅值，数值为信号的对地电压值。

④ Offset：设置所选波形的偏移量，即电压信号中直流成分的大小。

⑤ Set rise/Fall time 按钮：当所选信号类型为方波时，此按钮被激活，如图 2-6 所示。单击该按钮，弹出图 2-7 所示的对话框，用于设置方波信号的上升沿和下降沿时间。

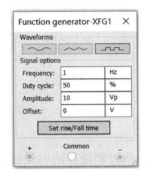
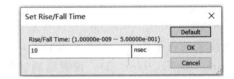

图 2-6 函数发生器的参数设置对话框　　图 2-7 方波信号的上升/下降沿时间设置

⑥ +、−：函数发生器的正、负极，Common 为公共接地端。当测量正极和公共端间的电压时，输出信号的幅值为函数发生器的幅值设置值 U_m；当测量正、负极间电压时，输出信号的幅值为函数发生器幅值设置值的 2 倍，即 $2U_m$。

【举例】　在图 2-8 所示的仿真电路中，当函数发生器输出正弦波的幅值设置为 10V 时，利用万用表 XMM2 的交流电压挡测得函数发生器的正极和公共端间电压的有效值为 7.068V，万用表 XMM1 测得正极和负极间电压的有效值为 14.137V，与理论值相符。

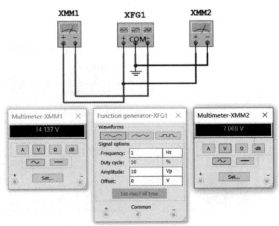

图 2-8 函数发生器的接法

2.1.3　瓦特计

瓦特计（Wattmeter）用于测量电路的有功功率和功率因数，其图标如图 2-9 所示。

图 2-9　瓦特计的图标　　　　　图 2-10　瓦特计的操作面板

在 Multisim 14.0 的主操作界面中，点击虚拟仪表工具栏中的 图标，放置在电路工作区。双击该图标，可打开如图 2-10 所示的瓦特计操作面板。操作面板上方的黑色条形框为有功功率的测量值显示区，中间 Power factor（功率因数）为功率因数的测量值显示区，下方为电压表和电流表的正、负极。需要注意的是，在对瓦特计接线时，电压表应与被测电路并联，电流表应与被测电路串联。

2.1.4　示波器

示波器（Oscilloscope）用于显示所测信号的波形，以及测量信号频率、幅值等参数，可同时显示最多两个通道的波形，因此又称双踪示波器，其图标如图 2-11 所示。

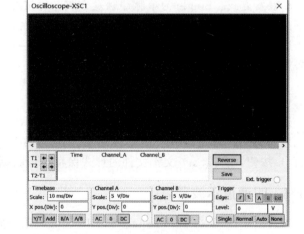

图 2-11　示波器的图标　　　　　图 2-12　示波器的操作面板

在 Multisim 14.0 的主操作界面中，点击虚拟仪表工具栏中的 图标，放置在电路工作区。双击该图标，可打开如图 2-12 所示的示波器操作面板，分参数设置区和波形显示区两部分。

（1）参数设置区

参数设置区有 Timebase（时基）、Channel A（通道 A）、Channel B（通道 B）和 Trigger（触发）共四项内容。

① Timebase（时基）用于设置时间轴参数。

a. Scale（标度）：设置示波器的时间基准，取值范围为 1fs/Div～1000Ts/Div。

b. X pos.（Div）（X 轴位移）：设置 X 轴的起始点。当设置为 0 时，波形的起始点为显示区的左边缘；正值时，起始点右移；负值时，起始点左移。X 轴起始点的设置范围为 −5～+5，单位为格。

c. 显示方式：设置双通道波形的显示方式。其中，Y/T 方式为显示电压瞬时值随时间变化的波形，是示波器最常用的显示方式，也是默认显示方式；Add 方式为 A、B 两通道电压瞬时值之和随时间变化的波形；B/A 方式为将 A 通道信号作为 X 轴扫描信号，B、A 通道电压瞬时值的比值作为 Y 轴信号；A/B 方式为将 B 通道信号作为 X 轴扫描信号，A、B 通道电压瞬时值的比值作为 Y 轴信号。B/A 和 A/B 方式常用于测试电路的电压传输特性。

② Channel A（通道 A）、Channel B（通道 B）用于设置 A、B 两通道的参数。

a. Scale（标度）：设置 Y 轴上每格代表通道 A 或通道 B 信号的电压值大小。在使用时，可根据信号的幅值调节此参数，以使波形显示合适。

b. Y pos.（Div）（Y 轴位移）：设置 Y 轴的起始点。设置方法与 Timebase（时基）中的 X pos.（Div）（X 轴位移）相同。调节此参数常用于对比观测两通道的波形。

c. 耦合方式：设置输入信号的耦合方式。其中 AC 方式为交流耦合，即滤除信号的直流成分，仅显示其交流成分；0 方式为将信号接地，在 Y 轴设置的原点位置显示一条水平直线；DC 方式为将信号的直流成分与交流成分叠加后进行显示。

③ Trigger（触发）用于设置信号触发的有关参数。

a. Edge（边沿）：设置触发边沿，可选的触发信号有上升沿、下降沿、A 通道信号、B 通道信号、示波器的外触发端所接信号。

b. Level（触发电平）：设置触发电平的大小。

c. 触发方式：Single 为单脉冲触发方式，每按此按钮一次仅产生一个触发脉冲，即触发电平高于所设置的触发电平时，示波器仅采样一次；Normal 为正常触发方式，在触发电平高于所设置的触发电平时，示波器仅采样并显示一次；Auto 为自动触发方式，只要有输入信号就采样并显示波形；None 为无触发方式。

(2) 波形显示区

黑色背景框部分为波形显示区。点击下方的 Reverse（反向）按钮，可将背景在黑色和白色之间切换。可通过移动波形显示区左侧的两个游标对波形数据进行测量。单击 Save（保存）按钮，将以.scp 文本文件的形式保存波形数据。

2.1.5 四通道示波器

四通道示波器（Four channel oscilloscope）用于同时显示最多四路信号的波形，以及测量信号的频率、幅值等参数，其图标如图 2-13 所示。

在 Multisim 14.0 的主操作界面中，点击虚拟仪表工具栏中的 图标，放置在电路工作区。双击该图标，可打开如图 2-14 所示的四通道示波器操作面板。四通道示波器的操作面板与双通道示波器基本相同，这里仅介绍两者的不同之处。

① 波形显示方式：除 Y/T 方式外，单击 A/B> 按钮，弹出图 2-15（a）所示的显示方式选择快捷菜单，用于显示所选两路信号的电压传输特性；单击 A+B> 按钮，弹出图 2-15（b）所示的显示方式选择快捷菜单，用于所选两路信号的电压求和。

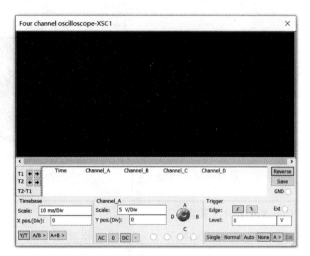

图 2-13　四通道示波器的图标　　　　　　图 2-14　四通道示波器的操作面板

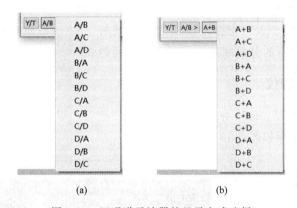

(a)　　　　　　　　　　(b)

图 2-15　四通道示波器的显示方式选择

② 通道选择方式：通过控制旋钮选择某通道的信号。例如，当旋钮转到 A 时，可对 A 通道信号的显示进行参数设置。同样，可通过分别设置 A、B、C、D 四个通道的 Scale（标度）和 Y pos.（Div）（Y 轴位移）实现四路波形的不重叠对比显示。

2.1.6　波特图仪

波特图仪（Bode plotter）用于测量和显示电路的幅频特性和相频特性，其图标如图 2-16 所示。

在 Multisim 14.0 的主操作界面中，点击虚拟仪表工具栏中的 图标，放置在电路工作区。双击该图标，可打开如图 2-17 所示的波特图仪操作面板，操作面板的参数设置如下。

（1）Mode（显示模式）

设置显示模式为 Magnitude（幅频特性）或 Phase（相频特性）。

（2）Horizontal（水平）

设置水平坐标（X 轴）频率的显示格式为 Log（对数）或 Lin（线性）。当被测电路的频率范围较宽时，适合选择 Log 显示格式。F 和 I 分别用于设置水平坐标频率的最大值和最小值。

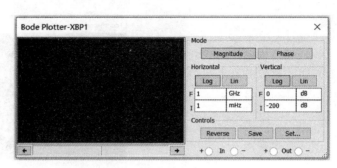

图 2-16 波特图仪的图标 　　图 2-17 波特图仪的操作面板

（3） Vertical（垂直）

设置垂直坐标（Y 轴）频率的显示格式为 Log（对数）或 Lin（线性）。F 和 I 分别用于设置垂直坐标的最大值和最小值。

（4） Controls（控制）

Reverse（反向）和 Save（保存）按钮的作用同前，Set（设置）用于设置扫描的分辨率。数值越大，波形显示的分辨率越高，但运行时间越长。

2.1.7 伏安特性分析仪

伏安特性分析仪（IV analyzer）专门用于测量二极管、双极型晶体管和 MOS 场效应管的伏安特性曲线，其图标如图 2-18 所示。

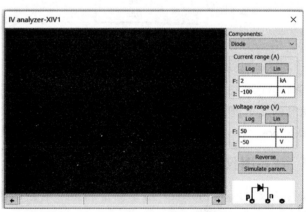

图 2-18 伏安特性分析仪的图标 　　图 2-19 伏安特性分析仪的操作面板

在 Multisim 14.0 的主操作界面中，点击虚拟仪表工具栏中的 图标，放置在电路工作区。双击该图标，可打开如图 2-19 所示的伏安特性分析仪操作面板，操作面板的参数设置如下。

（1） Components（元器件）

选择被测半导体器件的类型，有如图 2-20 所示的五种类型。

（2） Current range（电流范围）

电流作为伏安特性曲线的垂直轴（Y 轴）。分别在 F 和 I 条形框内设置电流的最大值和最小值，有 Log（对数）或 Lin（线性）两种格式。

（3）Voltage range（电压范围）

电压作为伏安特性曲线的水平轴（X 轴）。分别在 F 和 I 条形框内设置电压的最大值和最小值，有 Log（对数）或 Lin（线性）两种格式。

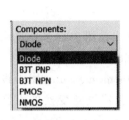

图 2-20　伏安特性分析仪的
被测元器件类型

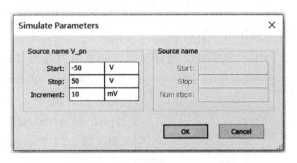

图 2-21　伏安特性分析仪的仿真参数设置对话框

（4）Simulate param.（仿真参数）

单击该按钮，弹出如图 2-21 所示的仿真参数设置对话框，设置仿真时接在 PN 结两端电压的起始值、终止值及步进增量值。

2.1.8　失真分析仪

失真分析仪（Distortion analyzer）通过测量电路的总谐波失真和信噪比，来检测电路的失真程度，常用于检测存在较小失真的低频电路，其图标如图 2-22 所示。

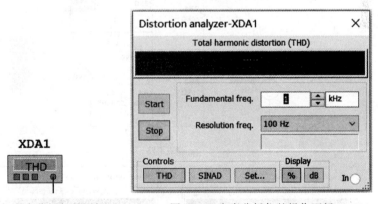

图 2-22　失真分析仪的图标　　　　图 2-23　失真分析仪的操作面板

在 Multisim 14.0 的主操作界面中，点击虚拟仪表工具栏中的 图标，放置在电路工作区。双击该图标，可打开如图 2-23 所示的失真分析仪操作面板，操作面板的组成如下。

（1）失真参数显示区

操作面板的上方用于显示电路的 Total harmonic distortion（THD，总谐波失真）或 Signal noise distortion（SINAD，信噪比），THD 默认以％显示，SINAD 只能以 dB 显示。

（2）参数设置区

操作面板的中间部分用于设置失真分析的以下参数。

① Fundamental freq.：设置失真分析的基频。

② Resolution freq.：设置失真分析的频率分辨率。

③ Start、Stop：启动、停止失真分析。

（3）Controls（控制）

① THD、SINAD：选择显示区的显示内容为 THD 或 SINAD。

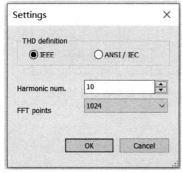

② Set：单击该按钮，弹出如图 2-24 所示的参数设置对话框。其中，THD definition（THD 定义）方式有 IEEE 和 ANSI/IEC 两种；Harmonic num. 用于设置谐波的次数；FFT points 用于设置傅里叶变换的点数，默认值为 1024。

（4）Display（显示）

设置显示格式，有％和 dB 两种可选。

图 2-24　失真分析仪的参数设置对话框

（5）In（输入）

失真分析仪输入信号的连接端子。

【**举例**】　利用失真分析仪分析单管共射放大电路的谐波失真，其仿真电路和仿真结果如图 2-25 所示。

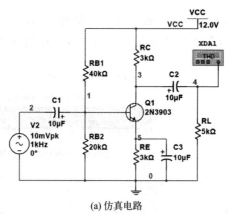

(a) 仿真电路

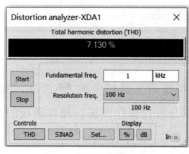

(b) THD测量

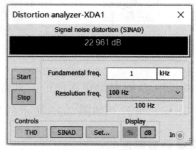

(c) SINAD测量

图 2-25　利用失真分析仪分析单管共射放大电路的谐波失真

2.2　数字类虚拟仪表

Multisim 14.0 仿真软件提供了在数字电路仿真过程中常用的虚拟仪表，主要有频率计数器、字信号发生器、逻辑分析仪和逻辑转换仪。

2.2.1　频率计数器

频率计数器（Frequency counter）用于测量数字信号的频率、周期、脉冲的上升沿和下降沿，其图标如图 2-26 所示。

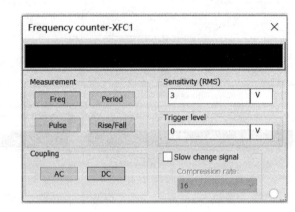

图 2-26　频率计数器的图标　　　　图 2-27　频率计数器的操作面板

在 Multisim 14.0 的主操作界面中，点击虚拟仪表工具栏中的 图标，放置在电路工作区。双击该图标，可打开如图 2-27 所示的频率计数器操作面板，操作面板的组成如下。

（1）测量值显示区

操作面板最上方的黑色条形框为测量数据显示区。

（2）参数设置区

① Measurement（测量值）：选择被测量为 Freq（频率）、Period（周期）、Pulse（脉冲）或 Rise/Fall（上升/下降沿）。其中，Pulse 用于测量正/负脉冲的持续时间；Rise/Fall 用于测量上升/下降沿的时间。

② Coupling（耦合）：设置频率计数器与被测电路间的耦合方式为 AC（交流耦合）或 DC（直流耦合）。

③ Sensitivity（灵敏度）：设置测量的灵敏度。

④ Trigger level（触发电平）：设置触发电平值。当被测信号的幅值大于触发电平时，才有测量值。

⑤ Slow change signal（动态显示）：用于动态显示被测信号的频率值。

【举例】利用频率计数器测量某脉冲信号的参数值，其仿真电路和仿真结果如图 2-28 所示。

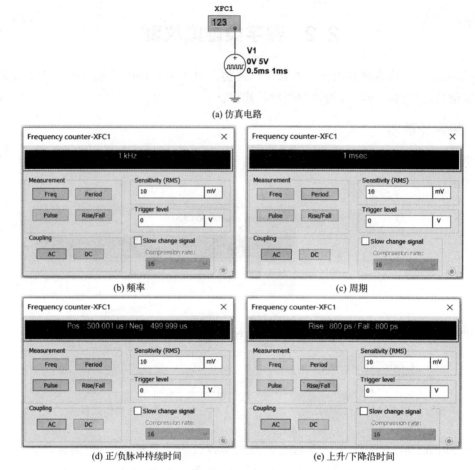

(a) 仿真电路

(b) 频率

(c) 周期

(d) 正/负脉冲持续时间

(e) 上升/下降沿时间

图 2-28　利用频率计数器测量脉冲信号的参数值

2.2.2　字信号发生器

字信号发生器（Word generator）是一个能产生 32 路（位）同步逻辑信号的多路逻辑信号源，用于数字逻辑电路的测试，其图标如图 2-29 所示。

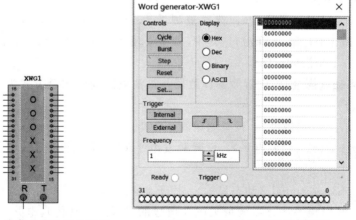

图 2-29　字信号发生器的图标　　图 2-30　字信号发生器的操作面板

在 Multisim 14.0 的主操作界面中，点击虚拟仪表工具栏中的 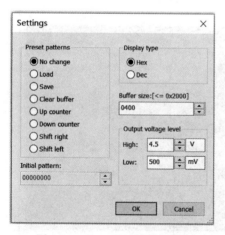 图标，放置在电路工作区。双击该图标，可打开如图 2-30 所示的字信号发生器操作面板，操作面板的组成如下。

（1）参数设置区

① Controls：字信号输出控制，用于设置右侧字符编辑显示区中字符的输出方式。单击 Set... 按钮，弹出如图 2-31 所示的设置对话框。其中，Preset patterns（预置模式）默认为 No change（无变化），若单击 Up counter（按递增方式计数），则字信号以递增方式输出显示。Buffer size（缓冲大小）用于设置字信号的最大范围。

② Display：选择字信号的类型，有 Hex（十六进制）、Dec（十进制）、Binary（二进制）和 ASCII 码共四种类型。

③ Trigger：选择触发方式，有 Internal（内部触发）、External（外部触发）、 ƒ （上升沿）和 ↳ （下降沿）共四种方式。

④ Frequency：设置输出字信号的频率。

⑤ Ready、Trigger：Ready 为输出信号准备好标志信号，Trigger 为外部触发信号输入端。

图 2-31　Controls 设置对话框

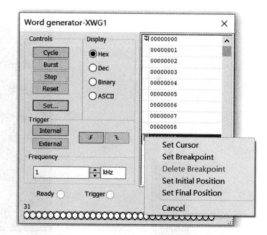

图 2-32　字符编辑显示区的参数设置

（2）字符编辑显示区

操作面板最右侧的空白显示区，用来编辑和显示字信号格式的相关信息。在字符编辑显示区左上角的字信号对应位置点击右键，可设置字信号循环显示的初始值和终止值，如图 2-32 所示，还可设置光标、断点。

【举例】　利用数码管显示字信号发生器产生的字信号（00H～09H），其仿真电路和参数设置如图 2-33 所示。

运行仿真电路，数码管循环显示十六进制数对应的十进制数 0～9。在字符编辑显示区，蓝色框高亮动态指示当前的十六进制数，与数码管显示的十进制数相对应。

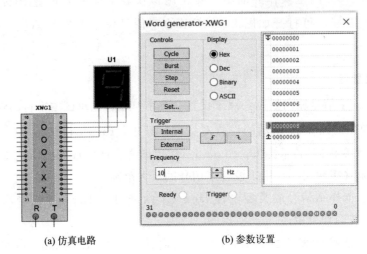

(a) 仿真电路　　　　　　　　　(b) 参数设置

图 2-33　字信号发生器检测电路的分析

2.2.3　逻辑分析仪

逻辑分析仪（Logic analyzer）可同步显示和记录 16 路数字信号，用于数字逻辑信号的高速采集和时序分析，其图标如图 2-34 所示。

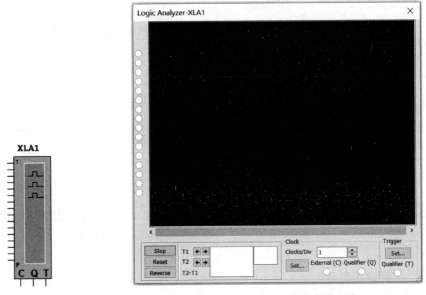

图 2-34　逻辑分析仪的图标　　　　　图 2-35　逻辑分析仪的操作面板

在 Multisim 14.0 的主操作界面中，点击虚拟仪表工具栏中的 ▨ 图标，放置在电路工作区。双击该图标，可打开如图 2-35 所示的逻辑分析仪操作面板，操作面板的组成如下。

（1）波形显示区

操作面板上方的黑色区域为所测逻辑信号的波形显示区。区域左侧的 16 个小圆圈对应

16 个信号输入端，若某个信号输入端有被测信号接入，则对应的小圆圈内出现黑点。每路信号波形的颜色可通过设置输入端子连线的颜色来确定。

（2）参数设置区

① Stop：停止逻辑信号波形的显示，但电路的仿真仍继续。

② Reset：清除显示区域的波形。

③ Reverse：切换波形显示区域的背景色为白色或黑色。

④ T1、T2、T2－T1：游标控制，用于读取 T1、T2 所在位置的时刻及数值，以及 T1、T2 的时间差。

⑤ Clock：时钟设置。Clock/Div（Div 表示示波器显示屏的每格）用于设置每个水平刻度所显示时钟脉冲的个数；Set 按钮用于设置时钟的来源、频率、采样方式等参数。

⑥ Trigger：设置触发方式。

【举例】　利用逻辑分析仪显示字信号发生器产生的多路字信号，其仿真电路和参数设置如图 2-36 所示。

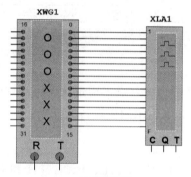

(a) 仿真电路

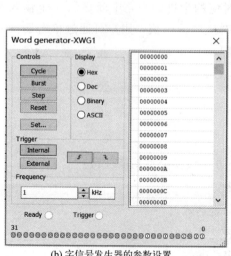

(b) 字信号发生器的参数设置

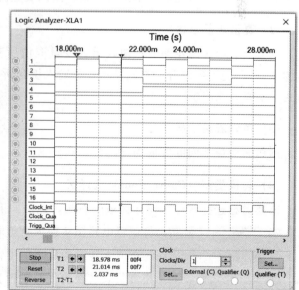

(c) 逻辑分析仪显示的波形

图 2-36　利用逻辑分析仪显示字信号发生器产生的信号

2.2.4 逻辑转换仪

逻辑转换仪（Logic converter）可实现逻辑表达式、真值表和逻辑电路图三种逻辑函数常用表示方法之间的相互转换，其图标如图 2-37 所示。逻辑转换仪是 NI Multisim 仿真软件所特有的虚拟仪表，实验室中并不存在具有此功能的真实仪器。

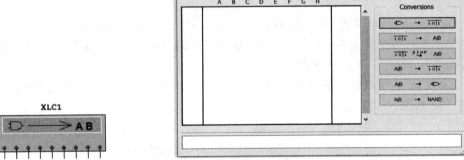

图 2-37　逻辑转换仪的图标　　　　　　　图 2-38　逻辑转换仪的操作面板

在 Multisim 14.0 的主操作界面中，点击虚拟仪表工具栏中的 图标，放置在电路工作区。双击该图标，可打开如图 2-38 所示的逻辑转换仪操作面板，操作面板的组成如下。

（1）变量设置区

操作面板左侧最上方的 A、B、C、D、E、F、G、H 和 Out 共 9 个圆圈分别对应 8 个输入变量和 1 个输出变量。单击某变量，则该变量将自动添加到下方的真值表显示区。

（2）真值表显示区

真值表显示区的左侧显示输入组合变量取值所对应的十进制数，中间显示 n 个输入变量的 2^n 种二进制数组合，右侧显示每种输入组合所对应的输出值，用户可通过单击切换的方式手动修改输出值。

（3）逻辑表达式显示区

操作面板最下面的方框为逻辑表达式显示区。

（4）转换类型（Conversions）选择区

转换类型选择区位于操作面板的右侧，包括如下 6 个转换类型功能按钮。

① [图标]：将逻辑电路图转换为真值表。

② [图标]：将真值表转换为最小项逻辑表达式。

③ [图标]：将真值表转换为最简逻辑表达式。

④ [图标]：将逻辑表达式转换为真值表。

⑤ [图标]：将逻辑表达式转换为逻辑电路图。

⑥ [图标]：将逻辑表达式转换为由与非门组成的逻辑电路。

【举例】　某逻辑函数的真值表如表 2-1 所示，利用逻辑转换仪求该真值表所对应的最小项逻辑表达式、最简逻辑表达式和逻辑电路图。

表 2-1　真值表

A	B	C	Y
0	0	0	0
0	0	1	0
0	1	0	0
0	1	1	1
1	0	0	0
1	0	1	1
1	1	0	1
1	1	1	1

首先在逻辑转换仪操作面板中的变量设置区，选择 A、B、C 共 3 个输入变量，并按表 2-1 输入真值表。单击 $\boxed{\text{1011} \rightarrow \text{AIB}}$ 按钮，求得对应的最小项逻辑表达式如图 2-39（a）所示；单击 $\boxed{\text{1011 SIMP AIB}}$ 按钮，求得对应的最简逻辑表达式如图 2-39（b）所示；单击 $\boxed{\text{AIB} \rightarrow \text{◇}}$ 按钮，求得对应的逻辑电路图如图 2-39（c）所示；单击 $\boxed{\text{AIB} \rightarrow \text{NAND}}$ 按钮，求得对应的由与非门组成的逻辑电路图如图 2-39（d）所示。

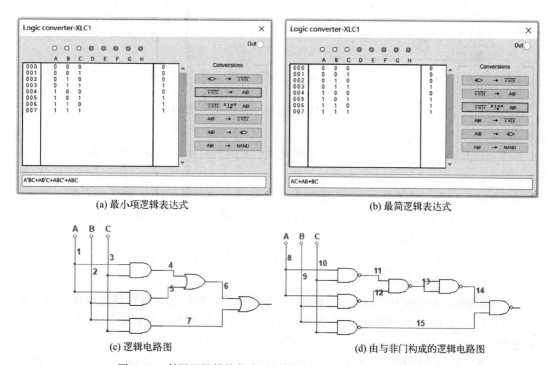

(a) 最小项逻辑表达式　　　　　　　　(b) 最简逻辑表达式

(c) 逻辑电路图　　　　　　　　　(d) 由与非门构成的逻辑电路图

图 2-39　利用逻辑转换仪实现逻辑函数表示方法间的相互转换

2.3 探 针

Multisim 14.0 提供的探针包括测量探针和钳式电流探针两种类型。

2.3.1 测量探针

测量探针（Probe）可直接放置在电路连接线上，方便快捷地测量放置点处的电压、电流、频率、功率等参数。

与其他虚拟仪表不同，测量探针不在虚拟仪表工具栏中，用户可从 Place→Probe 菜单中选择，如图 2-40 所示；也可从探针工具栏或在电路工作区单击鼠标右键选择。根据被测量的不同，测量探针有如图 2-41 所示的 7 种类型。

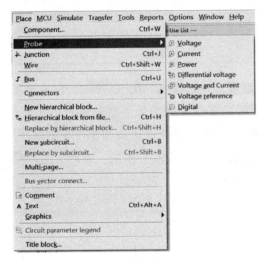

图 2-40 测量探针的选取

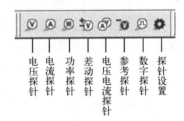

图 2-41 测量探针的类型

① Voltage probe（电压探针）：测量被测点对地电压的瞬时值、幅值、有效值、直流分量和频率。

② Current probe（电流探针）：测量被测点电流的瞬时值、幅值、有效值、直流分量和频率。

③ Power probe（功率探针）：测量被测电路或元器件的瞬时功率和有功功率。

④ Differential probe（差动探针）：有两个探头，接在被测电路或元器件两端，测量电压的瞬时值、幅值、有效值、直流分量和频率。

⑤ Voltage and Current probe（电压电流探针）：同时测量被测点对地电压和电流的瞬时值、幅值、有效值、直流分量和频率。

⑥ Voltage reference probe（参考探针）：与电压探针相配合，可实现差动探针的功能。

⑦ Digital probe（数字探针）：在数字电路中，测量被测点的逻辑值和频率。在交互式仿真条件下，1、0 和 X 分别表示高电平、低电平和任意状态。

⑧ Probe settings（探针设置）：双击放置在电路工作区的探针图标，弹出探针属性设置对话框，对显示参数、外观等参数进行设置。电压、电流和电压电流探针的属性设置对话框如图 2-42 所示。

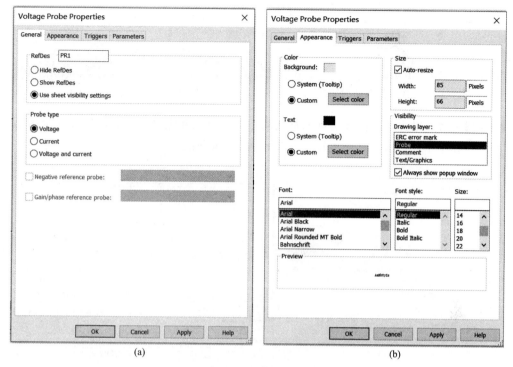

(a)　　　　　　　　　　　　　　(b)

图 2-42　测量探针的属性设置对话框

【举例】　利用测量探针实时测量 *RL* 串联正弦交流电路的参数，仿真电路如图 2-43 所示。

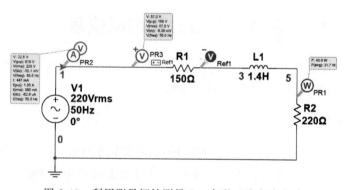

图 2-43　利用测量探针测量 *RL* 串联正弦交流电路

2.3.2　钳式电流探针

钳式电流探针（Current clamp）将被测连线的电流转换为对应的电压，再通过与其相连接的示波器进行显示，解决示波器无法对电流进行直接观测的问题。钳式电流探针与工业用钳式电流表相对应，其图标如图 2-44 所示。

在 Multisim 14.0 的主操作界面中，点击虚拟仪表工具栏中的 图标，放置在电路工作区。双击该图标，可打开如图 2-45 所示的钳式电流探针属性对话框，可设置 Ratio of voltage to current（电压与电流之比），默认值为 1V/mA。

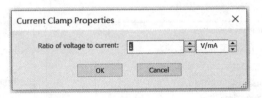

图 2-44　钳式电流探针的图标　　　图 2-45　钳式电流探针的属性设置对话框

【举例】　通过钳式电流探针实现示波器对电流的显示和测量，仿真电路和显示结果如图2-46 所示，其中钳式电流探针的电压电流比设置为 1V/mA。

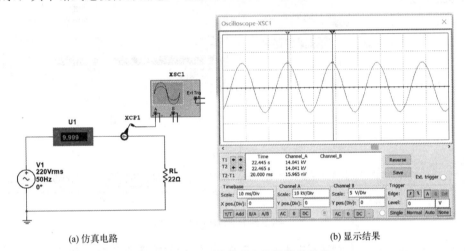

(a) 仿真电路　　　　　　　　　　　　(b) 显示结果

图 2-46　利用钳式电流探针测量电流

2.4　频域分析虚拟仪表

Multisim 14.0 仿真软件中提供了两种常用的频域分析虚拟仪表，即频谱分析仪（Spectrum analyzer）和网络分析仪（Network analyzer）。

2.4.1　频谱分析仪

频谱分析仪（Spectrum analyzer）用于分析信号的频率特性，其图标如图 2-47 所示。

在 Multisim 14.0 的主操作界面中，点击虚拟仪表工具栏中的 图标，放置在电路工作区。双击该图标，可打开如图 2-48 所示的频谱分析仪属性对话框。

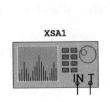

图 2-47　频谱分析仪的图标

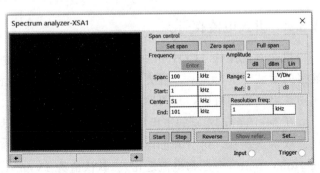

图 2-48　频谱分析仪的属性设置对话框

频谱分析仪属性对话框的各部分功能如下。

（1）频谱图显示区

属性对话框的左侧用于显示所测信号的频谱图，利用游标可读取曲线上每点的数据，且数据可显示在下方的条形框内。

（2）参数设置区

① Span control（量程控制）：设置频率范围，有 3 种方式。分别为：

a. Set span 表示频率由 Frequency 区域决定；

b. Zero span 表示仅显示以中心频率为中心的小范围频率，其中中心频率在 Frequency 区域中的 Center 条形框设定；

c. Full span 表示整个频率范围，为 0~4GHz。

② Frequency（频率）：设置频率范围、起始频率、中心频率和终止频率。

③ Amplitude（幅值）：设置频谱纵坐标的刻度。

④ Resolution freq（频率分辨率）：设置频率的分辨率，即分辨频谱的最小谱线间隔。

【举例】 利用频谱分析仪检测混频器输出信号的频谱结构，仿真电路如图 2-49（a）所示。混频器的输入为两路不同频率的正弦电压信号，混频器的输出信号中含有两种频率，即 $f_1=1\text{MHz}+2\text{MHz}=3\text{MHz}$ 和 $f_2=2\text{MHz}-1\text{MHz}=1\text{MHz}$。运行仿真电路，仿真结果如图 2-49（b）和图 2-49（c）所示，与理论分析相符。

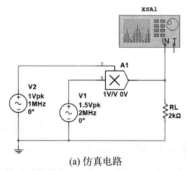

(a) 仿真电路

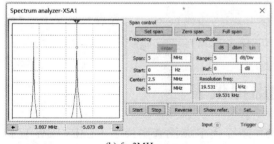

(b)f_1=3MHz

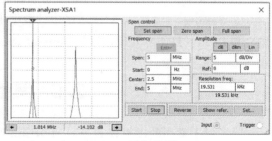

(c)f_2=1MHz

图 2-49　利用频谱分析仪检测信号

2.4.2　网络分析仪

网络分析仪（Network analyzer）是一种用于分析双端口网络的虚拟仪表，可以测量衰减器、放大器、混频器和功率分配器等高频电子电路及元器件的特性，其图标如图 2-50 所示。

在 Multisim 14.0 的主操作界面中，点击虚拟仪表工具栏中的 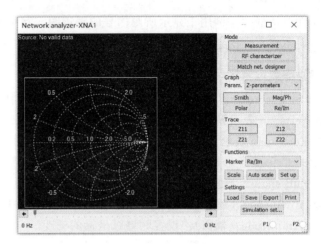 图标，放置在电路工作区。双击该图标，可打开如图 2-51 所示的网络分析仪属性对话框。

图 2-50　网络分析仪的图标　　　　图 2-51　网络分析仪的属性设置对话框

网络分析仪属性对话框的各部分功能如下。

(1) 显示区

以图表和测量曲线的形式显示电路的散射参数 S、混合参数 H、导纳参数 Y、阻抗参数 Z，同时以文本的形式显示相关的电路信息。

(2) 参数设置区

① Mode（模式）：设置仿真分析模式，其中 Measurement 表示测量模式；RF characterizer 表示射频电路分析模式；Match net. designer 表示高频电路设计模式。

② Graph（曲线图）：设置仿真分析的参数及结果显示模式。

③ Trace（光迹）：设置 Graph 区 Parameters 下拉菜单中所选参数类型的具体数值。

④ Functions（功能）：设置仿真分析所需其他功能的参数。

⑤ Settings（设置）：对显示区中的数据进行 Load（加载）、Save（保存）、Export（输出）和 Print（打印）处理，以及 Simulation set（仿真设置）。

2.5　其他虚拟仪表

除了以上常用的虚拟仪表外，Multisim 14.0 还提供了虚拟真实仪表、LabVIEW 虚拟仪表和 NI ELVISmx 虚拟仪表。

(1) 虚拟真实仪表

与 Multisim 14.0 提供的一般虚拟仪表不同，虚拟真实仪表是指与实际某型号的仪器仪表在外观、功能、操作界面和操作方式上完全相同的虚拟仪表。与对应的真实仪表相比，虚拟真实仪表功能更强大，使用更便捷。

Multisim 14.0 提供的虚拟真实仪表有 Agilent function generator（安捷伦函数信号发生

器)、Agilent multimeter（安捷伦数字万用表）、Agilent oscilloscope（安捷伦数字示波器）和 Tektronix oscilloscope（泰克数字示波器）。可从虚拟仪表工具栏中选取虚拟真实仪表，如图 2-52 所示。

以上虚拟真实仪表的图标及操作面板如图 2-53 所示。

以上虚拟真实仪表的操作方法不再赘述。

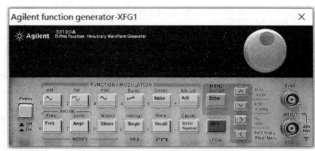

—— 安捷伦函数信号发生器
—— 安捷伦数字万用表
—— 安捷伦数字示波器
—— 泰克数字示波器

图 2-52 虚拟仪表工具栏中的
虚拟真实仪表

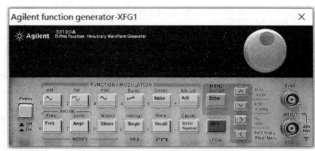

(a) 安捷伦函数信号发生器的图标和操作面板

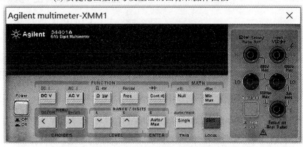

(b) 安捷伦数字万用表的图标和操作面板

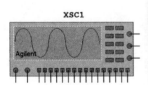

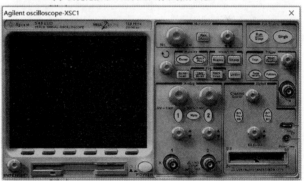

(c) 安捷伦数字示波器的图标和操作面板

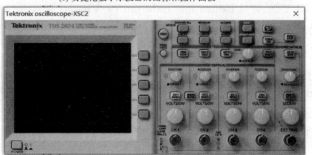

(d) 泰克数字示波器的图标和操作面板

图 2-53 虚拟真实仪表的图标和操作面板

（2）LabVIEW 虚拟仪表

LabVIEW（Laboratory Virtual Instrument Engineering Workbench）是由美国 NI 公司开发的一款功能可自定义的仪器仪表应用和开发软件。LabVIEW 采用图形化编程语言绘制虚拟仪器流程图，由 LabVIEW 开发的程序称为 Virtual Instrument，简称 VI，即虚拟仪器。

在 Multisim 14.0 仿真软件中引入 LabVIEW，使得 Multisim 14.0 的电路仿真功能更强大。Multisim 14.0 提供了 7 种 LabVIEW 虚拟仪表，如图 2-54 所示。

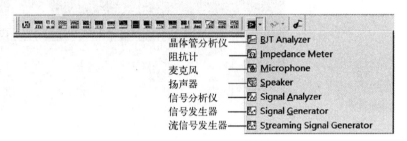

图 2-54　LabVIEW 虚拟仪表

LabVIEW 虚拟仪表有以下 3 种打开方式：

① 单击虚拟仪表工具栏中 LabVIEW 虚拟仪表图标 中的子菜单，如图 2-55 所示。

② 单击菜单 Simulate→instruments→LabVIEW instruments。

③ 单击菜单 View→Toolbars→勾选 LabVIEW instruments，则在 Multisim 14.0 的主界面中添加 LabVIEW 虚拟仪表工具栏，如图 2-55 所示。

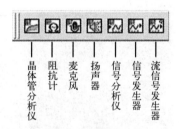

图 2-55　LabVIEW 虚拟仪表工具栏

（3）NI ELVISmx 虚拟仪表

NI ELVIS（NI Education Laboratory Virtual Instrumentation Suit，NI ELVIS）是美国 NI 公司针对高校实验室开发的教学实验室虚拟仪表套件，由硬件和软件两部分组成。NI ELVIS 硬件为用户提供一个搭建实际电路的平台，软件为实际电路的测试提供虚拟仪表。

Multisim 14.0 仿真软件提供了 9 种 NI ELVISmx 虚拟仪表，有 NI ELVISmx Arbitrary Waveform Generator（任意波形发生器）、NI ELVISmx Digital Reader（数字读取器）、NI ELVISmx Digital Writer（数字写入器）、NI ELVISmx Digital Multimeter（数字万用表）、NI ELVISmx Dynamic Signal Analyzer（动态信号分析仪）、NI ELVISmx Function Generator（函数发生器）、NI ELVISmx Oscilloscope（示波器）、NI ELVISmx

Variable Power Supplies（可变电源）和 NI ELVISmx Bode Analyzer（波特图仪），如图 2-56 所示。

图 2-56　NI ELVISmx 虚拟仪表

第3章 Multisim 14.0的仿真分析方法

对电子电路的分析就是要对电路的各项技术参数进行测量和研究，从而判断电路的性能指标是否达到设计和使用要求。在 Multisim 14.0仿真环境中，获取电压、电流、频率和波形等电路参数最直接的方法是利用虚拟仪表，但这种方式有时并不能全面体现电路的特性。据此，Multisim 14.0仿真软件还提供了丰富的仿真分析功能。

本章在介绍 Multisim 14.0一般仿真流程的基础上，分别介绍 Multisim 14.0提供的20种仿真分析方法的使用方法。

3.1 Multisim 14.0仿真分析的一般流程

下面以图 3-1 所示的单管共发射极放大电路为例，说明 Multisim 14.0仿真分析的一般流程。

（1）建立仿真电路文件

可通过以下两种方法建立仿真电路文件。

① 运行 Multisim 14.0仿真软件，在项目管理器中出现默认名称为 Design1 的仿真文件。可通过 File → Save as 修改文件名称为"单管共发射极放大电路"。

② 通过点击菜单 File → New，创建一个新的仿真文件，并命名。

（2）编辑仿真电路图

根据电路原理图，在 Multisim 14.0仿真软件中编辑对应的仿真电路图。

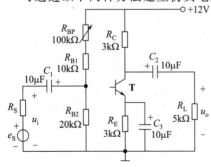

图 3-1　单管共发射极放大电路原理图

① 选择元器件并设置属性　按照 1.3 节所述的操作方法，选择图 3-1 所示电路中的元器件，并设置元器件的属性。可在选择元器件的同时设置元器件属性，也可在电路编辑区通过双击或右键单击元器件，在元器件属性对话框中进行设置。

② 电路连线　选中某元件的端子，移动鼠标到目标端子，单击左键确定可完成连线。选中某连线，Delete 或右键可删除该连线。按电路原理图，连接仿真电路，如图 3-2 所示，其中信号源用理想交流电压源等效。

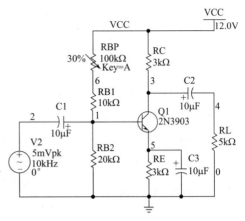

图 3-2　图 3-1 所示电路的仿真电路

（3）选择仿真分析方法并设置参数

在电路仿真时，可根据不同的仿真需求，通过单击菜单 Simulate→Analyses and Simulation 命令，从弹出的对话框里选择所需要的仿真分析方法。

Multisim 14.0 仿真软件默认的仿真分析方法为交互式仿真（Interactive Simulation）。在交互式仿真分析时，可通过添加虚拟仪表来观测电路中某节点相关参数的仿真结果。具体操作方法是：在虚拟仪表工具栏中选择合适的虚拟仪表，放置在对应节点处，并连线；同时双击该虚拟仪表，进行相关的属性设置。

（4）运行仿真电路并观测结果

运行仿真电路有 3 种方法：①单击工具栏中的绿色按钮 ▶ Run；②单击菜单栏中 Simulate→Run；③按快捷键 F5。

双击万用表、示波器等显示仪表，则打开仪表显示窗口，观察相关数据和波形，并进行记录。

在图 3-3(a) 所示的共发射极放大电路中，利用虚拟示波器观测节点 4 的对地电压 V_4 的仿真波形，如图 3-3(b) 所示。

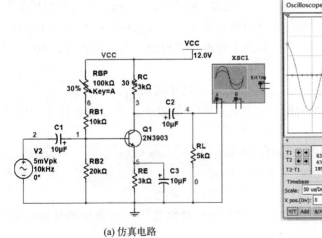

(a) 仿真电路

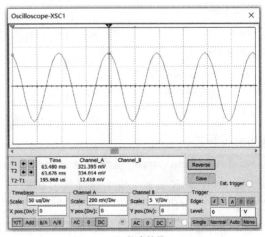

(b) 仿真结果

图 3-3　共发射极放大电路的交互式仿真分析

需要注意的是，在修改电路及参数时，一定要在仿真软件停止运行的状态下进行。

3.2 Multisim 14.0 仿真分析

Multisim 14.0 提供了交互式仿真分析、瞬态分析、直流工作点分析、交流扫描分析、单一频率交流分析、傅里叶分析、直流扫描分析、参数扫描分析、温度扫描分析、失真分析、噪声分析、噪声系数分析、灵敏度分析、传递函数分析、零极点分析、蒙特卡罗分析、最坏情况分析、布线宽度分析、批处理分析和用户自定义分析共 20 种仿真分析方法。

Analyses and Simulation

Active Analysis:

- Interactive Simulation
- DC Operating Point
- AC Sweep
- Transient
- DC Sweep
- Single Frequency AC
- Parameter Sweep
- Noise
- Monte Carlo
- Fourier
- Temperature Sweep
- Distortion
- Sensitivity
- Worst Case
- Noise Figure
- Pole Zero
- Transfer Function
- Trace Width
- Batched
- User-Defined

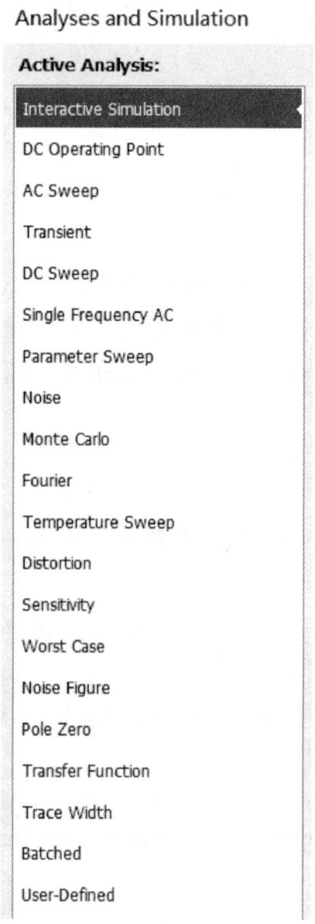

图 3-4　Multisim 14.0 的
仿真分析方法

单击菜单 Simulate→Analyses and Simulation 命令，弹出的对话框里列出了如图 3-4 所示的 20 种仿真分析方法。

3.2.1 交互式仿真分析

交互式仿真分析（Interactive Simulation）是 Multisim 14.0 默认的仿真分析方法，是对电路的时域仿真，其分析结果常借助虚拟仪表或各种显示器件显示。

(1) 参数设置

在 Multisim 14.0 仿真环境中，搭建图 3-2 所示的共发射极放大电路。单击菜单 Simulate→Analyses and Simulation 命令，弹出 Analyses and Simulation 对话框，Active Analysis 中的第一种仿真分析方法即为交互式仿真分析（Interactive Simulation）。

选中 Interactive Simulation 仿真分析方法，右侧出现图 3-5 所示的 Interactive Simulation 参数设置对话框，含 Analysis parameters、Output 和 Analysis options 共 3 个选项卡。

① Analysis parameters 用于设置分析参数，包括：

a. Initial conditions：设置初始条件，有 Determine automatically（由程序自动设置初始值）、Set to zero（设初始值为 0）、User-defined（由用户自定义初始值）、Calculate DC operating point（由静态工作点计算得到）共四种情况，如图 3-6 所示。

b. End time：设置分析的终止时间。

c. Maximum time step：设置分析时间的最大步长。参数值越小，则分析越精确，相应地用时也越长。

d. Initial time step：设置仿真分析的初始时间步长。

② Output 选项卡　用于选择待分析电路节点的电压、电流、功率、探针等。在交互式仿真分析中，常借助虚拟仪表或各种显示器件观测电路的各个参数。

③ Analysis options 选项卡　用于设置器件模型、分析参数及图形记录仪的数据格式，一般保持默认设置，如图 3-7 所示。

参数设置完成后，单击"Save"按钮，保存参数设置。

图 3-5　Interactive Simulation 参数设置对话框

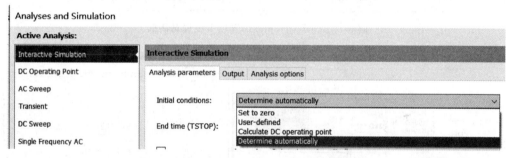

图 3-6　Initial conditions 设置对话框

（2）电路仿真

在图 3-2 所示的共发射极放大电路中，可借助虚拟示波器对比观测输入电压 V_2 和输出电压 V_4 的波形，如图 3-8（a）所示。单击"Run"按钮运行仿真电路，仿真结果如图 3-8（b）所示。

利用游标可测量出输出电压 V_4 的幅值约为 368mV，经计算得此电路工作在 10kHz 时的电压增益约为 73。

当选择交互式仿真分析方法仿真电路时，对于一般用户，选择 Interactive Simulation 属性对话框的默认设置即可。在实际进行交互式仿真分析时，若参数选择默认值，则直接在 Multisim 14.0 主界面中运行仿真程序即可，无须进入图 3-5 所示的属性设置界面。

3.2.2　瞬态分析

瞬态分析（Transient）是对所选电路节点时域响应的分析，分析结果以节点电压的波形显示。瞬态分析时，直流电源保持常数不变，交流信号源的输出随时间变化，电容和电感用储能元件的模型等效。

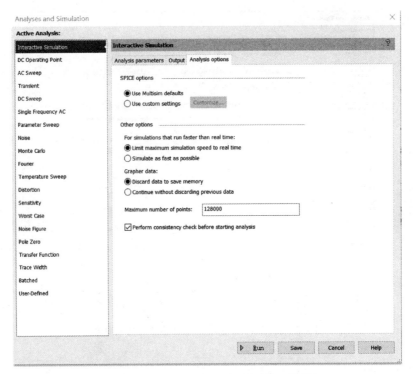

图 3-7　Analysis options 选项卡设置对话框

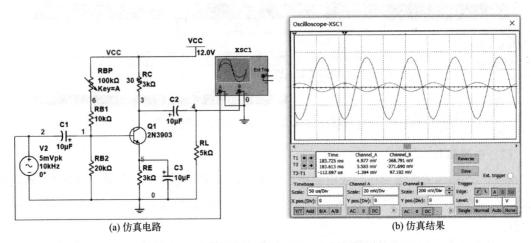

(a) 仿真电路　　　　　　　　　　　　　　　　　　(b) 仿真结果

图 3-8　共发射极放大电路的交互式仿真分析

（1）参数设置

在 Multisim 14.0 仿真环境中，搭建图 3-2 所示的共发射极放大电路。单击菜单 Simulate→Analyses and Simulation 命令，选择 Transient 分析方法，进入如图 3-9 所示的瞬态分析参数设置对话框，包含 Analysis parameters、Output、Analysis options 和 Summary 共 4 个选项卡。

① Analysis parameters 和 Analysis options 选项卡的设置方法与交互式仿真分析（Interactive Simulation）中对应选项卡的设置相同。

② Output 选项卡　瞬态分析的 Output 选项卡如图 3-10 所示。

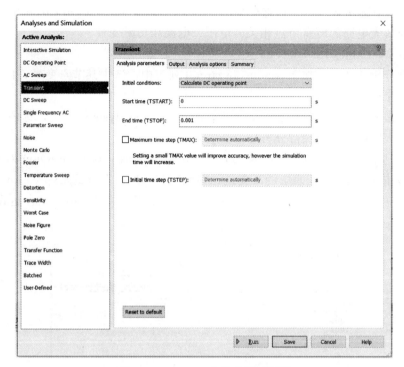

图 3-9　Transient 参数设置对话框

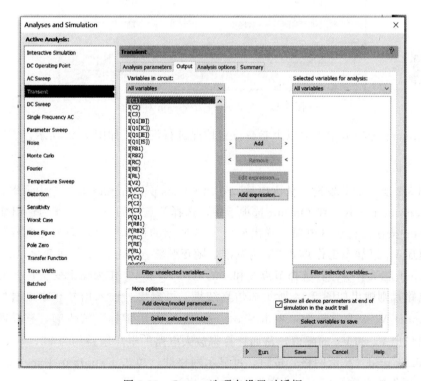

图 3-10　Output 选项卡设置对话框

a. Variables in circuit：列出了电路中所有节点相关的电压、电流、功率、探针等变量，也可从下拉菜单中选择某一类变量进行显示。图 3-10 中的 Variables in circuit 中列出了图 3-2 所示共发射极放大电路的所有节点相关的电压、电流和功率变量。

b. Selected variables for analysis：

• 选择待分析的变量：在 Variables in circuit 列表中，选中某节点变量，再单击 Add 按钮，待分析变量则出现在 Selected variables for analysis 列表中。

• 删除不需要分析的变量：在 Selected variables for analysis 列表中，选中某节点变量，再单击 Remove 按钮，可删除待分析变量。

• 添加表达式：单击 Add expression 按钮，弹出 Analysis Expression 对话框，如图 3-11 所示。双击 Variables 列表中的某变量，则此变量出现在下方的 Expression 栏中，可从 Functions 列表中选择所需的运算符号。完成表达式编辑后，单击 OK，则表达式出现在 Selected variables for analysis 列表中。

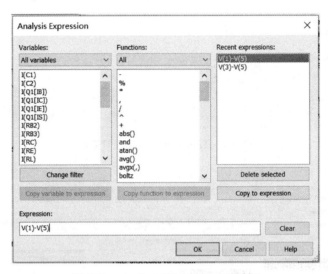

图 3-11　Analysis Expression 对话框

③ Summary 选项卡用于对以上参数设置情况进行汇总，如图 3-12 所示。

（2）电路仿真

对于图 3-2 所示的共发射极放大电路，在 Analysis parameters 选项卡中设置初始条件为 Determine automatically。在 Output 选项卡中，选择节点 3 的电压 V_3 作为输出变量。

单击 Run 按钮运行仿真电路，弹出如图 3-13 所示的仿真结果，即未经电容隔离直流成分的输出电压 V_3 以静态工作点 8.9V 为基准，随正弦输入信号的变化而变化。

在 Output 选项卡中，若选择节点 2 和 4 的电压 V_2 和 V_4 作为输出变量，单击 Run 按钮运行仿真电路，则弹出如图 3-14 所示的仿真结果。可看出，输入信号和输出信号的相位相反。在 Grapher View 显示框中，单击 Show cursors（显示游标）按钮，移动两个游标的位置，可测量出 V_2 和 V_4 的幅值，从而计算得放大电路的电压增益约为 72。

单击 Show grid（显示网格）按钮，可显示网格线。单击 Export to Excel（导出到 Excel）按钮，可将仿真数据以 Excel 文件的形式输出。

瞬态分析（Transient）与交互式仿真分析（Interactive Simulation）都是对所选节点的

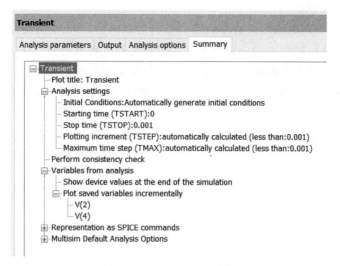

图 3-12　Summary 对话框

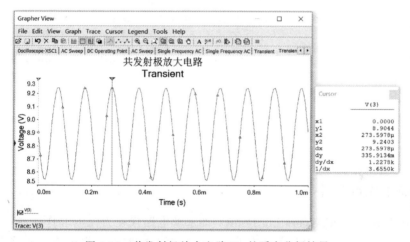

图 3-13　共发射极放大电路 V_3 的瞬态分析结果

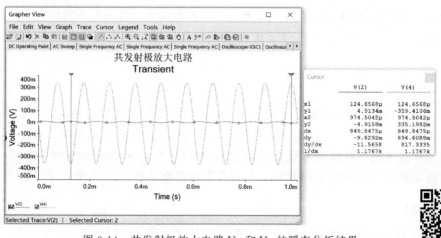

图 3-14　共发射极放大电路 V_2 和 V_4 的瞬态分析结果

时域分析，两者的区别是：

① 瞬态分析（Transient）设置参数后，运行仿真电路，即在 Grapher View 显示框中以波形的形式显示所选电路节点的分析结果；而进行交互式仿真分析（Interactive Simulation）时，若要显示所选电路节点的输出波形，需要在编辑电路图时借助虚拟示波器。

② 除了可显示所选电路节点电压的波形外，瞬态分析（Transient）还可在 Output 选项卡中通过 Add expression（增加表达式）显示相关节点变量间运算后的波形。例如对于图 3-2 所示的共发射极放大电路，在 Output 选项卡中增加表达式 $V_1 - V_5$，输出波形如图 3-15 所示，即晶体三极管的发射结压降约为 0.66V。而交互式仿真分析中，利用一个虚拟示波器只能显示 $1\sim4$ 个实际电路节点的波形。

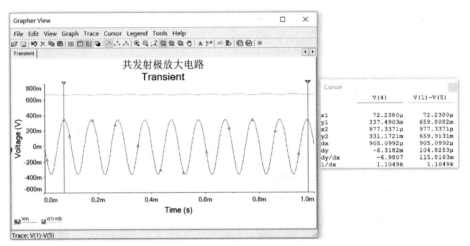

图 3-15　共发射极放大电路 $V_1 - V_5$ 的瞬态分析结果

3.2.3　直流工作点分析

直流工作点分析（DC Operating Point）即求解电路仅在直流电源作用时，各节点的电压及流过各元器件的电流。因此在直流工作点分析时，电路中的交流信号源将自动被置零，即交流电压源视为短路，交流电流源视为开路；电容视为开路，电感视为短路，数字元器件的输入/输出端视为高阻接地。直流工作点分析的分析结果以数据列表的形式显示。

放大电路分析中的静态分析（仅在直流电源作用下）是直流工作点仿真分析的典型应用。

(1) 参数设置

在 Multisim 14.0 仿真环境中，搭建图 3-2 所示的共发射极放大电路。单击菜单 Simulate→Analyses and Simulation 命令，选择 DC Operating Point 分析方法，进入如图 3-16 所示的直流工作点分析参数设置对话框，包含 Output、Analysis options 和 Summary 共 3 个选项卡。设置输出变量如图 3-16 所示，其他参数选择默认值。

(2) 电路仿真

点击 Run 按钮，运行仿真程序，弹出如图 3-17 所示的 Grapher View 显示框，显示框中列出了所分析变量的工作点数值。

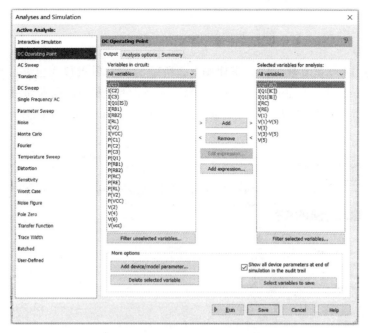

图 3-16　DC Operating Point 参数设置对话框

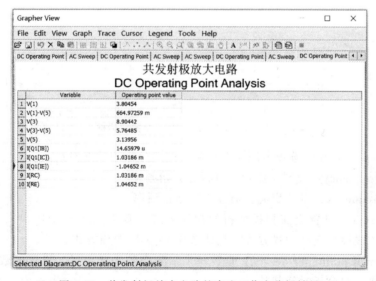

图 3-17　共发射极放大电路的直流工作点分析结果

3.2.4　交流扫描分析

交流扫描分析是对电路进行小信号交流频率响应的分析，分析结果以曲线的形式显示电路的幅频特性和相频特性。分析过程中，Multisim 14.0 仿真软件要进行如下操作：

① 首先对电路进行直流工作点分析，为电路中的非线性元器件建立交流小信号模型，以便进行电路的频率响应分析。

② 原电路用交流小信号模型电路代替，即电路的直流电源被置零，所有交流信号源均

用正弦波信号代替，电容和电感元件分别用交流模型代替，非线性元器件用交流小信号模型代替。

(1) 参数设置

在 Multisim 14.0 仿真环境中，搭建图 3-2 所示的共发射极放大电路。单击菜单 Simulate→Analyses and Simulation 命令，选择 AC Sweep 分析方法，进入如图 3-18 所示的交流扫描分析参数设置对话框，包含 Frequency parameters、Output、Analysis options 和 Summary 共 4 个选项卡。

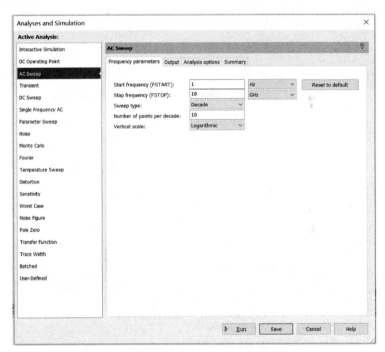

图 3-18　AC Sweep 参数设置对话框

Frequency parameters 选项卡用于设置交流扫描分析的频率参数。

① Start Frequency：设置交流扫描分析的起始频率。

② Stop Frequency：设置交流扫描分析的终止频率。

③ Sweep type：设置交流扫描分析的扫描方式，有 Decade（十倍程）、Octave（八倍程）和 Linear（线性）三种扫描方式，默认选择 Decade 扫描方式。

④ Number of pointsper decade：设置每十倍频率的采样数量。设置的数值越大，分析结果曲线越光滑，但分析时间越长。

⑤ Vertical scale：设置纵坐标的刻度，有 Linear（线性）、Logarithmic（对数）、Decibel（分贝）和 Octave（八倍）四种形式，默认选择 Logarithmic 形式。

Output、Analysis options 和 Summary 选项卡的设置方法与前述相同。

(2) 电路仿真

图 3-2 所示共发射极放大电路的交流扫描分析参数设置均选择默认值。在 Output 选项卡中，选择节点 4 的电压 V_4 作为输出变量进行仿真分析。单击 Run 按钮运行仿真电路，弹出如图 3-19 所示的仿真结果。

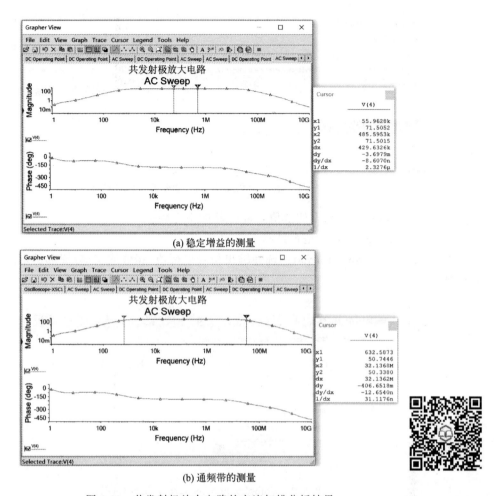

(a) 稳定增益的测量

(b) 通频带的测量

图 3-19　共发射极放大电路的交流扫描分析结果

在 Grapher View 显示框中，移动游标位置可在幅频特性曲线中读取放大电路在中频段的稳定增益约为 71.5，如图 3-19(a) 所示。再移动游标，可测得 $71.5/\sqrt{2}=50.56$ 所对应的下限截止频率为 633Hz，上限截止频率为 32.1MHz，如图 3-19(b) 所示。经计算可得此放大电路的通频带约为 32.1MHz。

3.2.5　单一频率交流分析

单一频率交流分析（Single Frequency AC）用于测试电路对某个特定频率的频率响应，分析结果以输出信号的幅值/相位或实部/虚部显示。

(1) 参数设置

在 Multisim 14.0 仿真环境中，搭建图 3-2 所示的共发射极放大电路。单击菜单 Simulate→Analyses and Simulation 命令，选择 Single Frequency AC 分析方法，进入如图 3-20 所示的单一频率交流分析参数设置对话框，包含 Frequency parameters、Output、Analysis options 和 Summary 共 4 个选项卡。其中，Frequency parameters 选项卡用于设置以下参数。

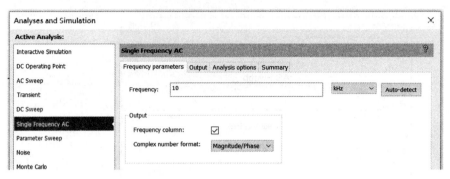

图 3-20　Single Frequency AC 参数设置对话框

① Frequency：单一频率的数值，即电路的工作频率；

② Frequency column：是否显示工作频率；

③ Complex number format：选择输出信号以幅值/相位或实部/虚部的形式显示，如图 3-21 所示。

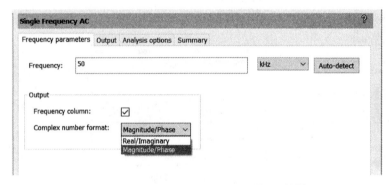

图 3-21　Complex number format 设置对话框

（2）电路仿真

对于图 3-2 所示的共发射极放大电路，设单一频率值为 50kHz，输出信号以幅值/相位的形式显示；在 Output 选项卡中，选择节点 4 的电压 V_4 作为输出变量。单击 Run 按钮运行仿真电路，弹出如图 3-22 所示的仿真结果。

图 3-22　共发射极放大电路的单一频率交流分析结果

从仿真结果可看出，共发射极放大电路工作在 50kHz 时，电压增益约为 71.5，相位约为 $-179.4°$，即输出信号与输入信号相位相反，仿真结果与理论分析结论相符。

3.2.6 傅里叶分析

傅里叶分析（Fourier）是一种用于周期性非正弦信号的数学分析方法。当非正弦独立源作为线性电路的激励时，根据叠加定理，电路的响应等效于该非正弦量经傅里叶变换后所得各分量分别作用于电路的响应的代数和。

在图 3-23 所示的共发射极放大电路中，用幅值相同、频率不同的 8 个正弦交流电压源的串联等效一个非正弦交流信号，作为放大电路的输入信号。

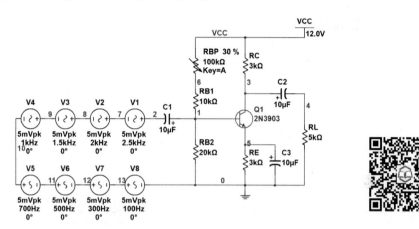

图 3-23　非正弦独立源作用的共发射极放大电路

（1）参数设置

在 Multisim 14.0 仿真环境中，搭建图 3-23 所示的共发射极放大电路。单击菜单 Simulate→Analyses and Simulation 命令，选择 Fourier 分析方法，进入如图 3-24 所示的傅里叶分析参数设置对话框，包含 Analysis parameters、Output、Analysis options 和 Summary 共 4 个选项卡。

Analysis parameters 选项卡用于设置傅里叶分析的基本采样参数和显示方式。

① Sampling options 用于设置基本采样参数：

a. Frequency resolution（fundamental frequency）：设置基波频率，默认值为 1kHz。当电路有多个交流信号源时，则取各信号源频率的最小公约数作为基波频率，也可单击 Estimate 按钮，程序会自动设置。

b. Number of harmonics：设置包括基波在内的谐波数，系统默认值为 9。

c. Stop time for sampling（TSTOP）：设置停止采样的时间，也可单击 Estimate 按钮，程序会自动设置。

d. Edit transient analysis 按钮：设置瞬态分析，设置方法同 3.2.2 小节瞬态分析对应内容。

② Results 用于选择仿真结果的显示方式，如图 3-25 所示。

a. Display phase：显示傅里叶分析的相频特性，默认不显示。

b. Display as bar graph：频谱图以条形图的形式显示。

c. Normalize graphs：显示归一化频谱图。

d. Display：选择显示方式，其下拉列表中包含 Chart（图表）、Graph（曲线）和 Chart and Graph（图表和曲线）共 3 种显示方式。

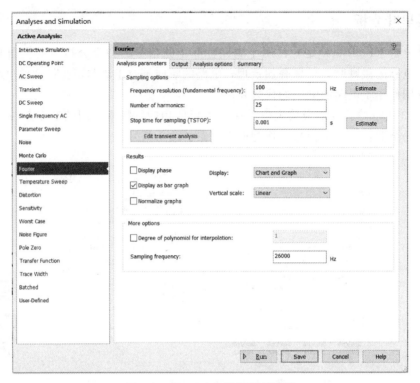

图 3-24　Fourier 参数设置对话框

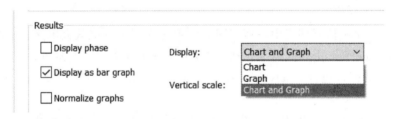

图 3-25　Fourier 分析中的 Results 对话框

　　e. Vertical scale：选择 Y 轴刻度类型，其下拉列表中包括 Linear（线性）、Log（对数）和 Decibel（分贝）共 3 种类型，默认设置为线性。

　　③ More options 包括以下两项设置：

　　a. Degree of polynomial for interpolation：设置仿真中用于点间插值的多项式的维数。数值越大，则仿真运算的精度越高。

　　b. Sampling frequency：设置采样频率。

（2）电路仿真

　　对于图 3-23 所示电路，在 Output 选项卡中，分别选择节点 2 和节点 4 的电压 V_2 和 V_4 作为输出变量进行傅里叶仿真分析。单击 Save 按钮，保存参数设置。单击 Run 按钮运行仿真电路，弹出如图 3-26 所示的仿真结果，同时以图表和曲线的形式进行显示。

　　从图 3-26 显示的幅度频谱图可以看出，输入信号 V_2 包含 8 个等幅但不同频率的正弦信号，V_2 经放大后所得的输出信号 V_4 中，低频分量的幅度有衰减，且频率越低衰减越多，这体现了电容通高频阻低频的特性。

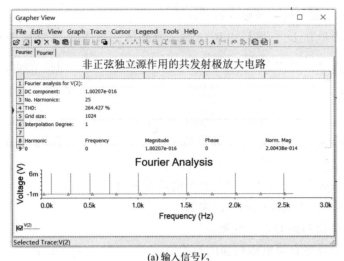

(a) 输入信号 V_2

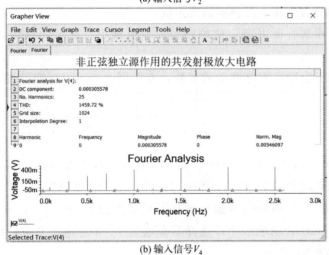

(b) 输入信号 V_4

图 3-26 共发射极放大电路的傅里叶分析结果

3.2.7 直流扫描分析

直流扫描分析（DC Sweep）用于分析电路中某节点的直流工作点随一个或两个直流电源变化的规律，用曲线显示分析结果。在进行直流扫描仿真分析时，电容视为开路。下面以晶体三极管的输入特性为例，介绍直流扫描分析的使用方法。

(1) 分析原理

晶体三极管的输入特性是指当集-射极电压 U_{CE} 为常数时，基极电流 I_B 与基-射极电压 U_{BE} 之间的关系曲线 $I_B = f(U_{BE})\,|\,_{U_{CE}=常数}$。在 Multisim 14.0 仿真环境中搭建图 3-27 所示的晶体三极管输入特性测试电路。

利用 DC Sweep 分析获得晶体三极管输入特性曲线的原理如下。

① 对晶体三极管的发射结压降 U_{BE} 进行电压扫描作为输入特

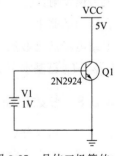

图 3-27 晶体三极管的
输入特性测试电路

曲线的横轴变量；输出变量为基极电流 I_B，即输入特性曲线的纵轴变量，这样可得到在集-射极电压 U_{CE} 一定情况下的一条输入特性曲线。

② 再对集-射极电压 U_{CE} 进行电压扫描，为晶体三极管提供阶梯变化的集-射极电压 U_{CE}，从而得到 $I_B = f(U_{BE})$ 随 U_{CE} 变化的一组曲线。

(2) 参数设置

单击菜单 Simulate →Analyses and Simulation 命令，选择 DC Sweep 分析方法，进入如图 3-28(a) 所示的直流扫描分析参数设置对话框，包含 Analysis parameters、Output、Analysis options 和 Summary 共 4 个选项卡。

在 Analysis parameters 选项卡中有 2 个电源设置项。

① Source 1 用于设置直流电源 1 的参数。

a. Source：选择要扫描的直流电源。

b. Start value：设置直流电源扫描的初始值。

c. Stop value：设置直流电源扫描的终止值。

d. Increment：设置直流电源扫描的增量，数值越小，显示曲线越光滑，但分析时间越长。

② Source 2 用于设置直流电源 2 的参数，方法同 Source 1。要设置 Source 2，需勾选 Use source 2 选项。

Output、Analysis options 和 Summary 选项卡的设置方法同前述分析方法中的相应内容。

晶体三极管输入特性测试的 Analysis parameters 参数设置如图 3-28(a) 所示。晶体三极管基-射极间所加直流电压 V_1 作为 Source 1，即 U_{BE} 为输入特性曲线的横轴变量，增量设为 0.01V。晶体三极管集-射极间所加直流电压 V_{CC} 作为 Source 2，以 0.2V 的增量对 U_{CE} 进行电压扫描。在 Output 选项卡中，选择基极电流 I_B 作为输出变量，即输入特性曲线的纵轴变量，如图 3-28(b) 所示。

(3) 电路仿真

单击 Run 按钮运行仿真电路，显示晶体三极管的输入特性曲线如图 3-29 所示。

由图 3-29 可看出，2N2924 型晶体三极管发射结的导通压降约为 0.6~0.8V，输入特性曲线随 U_{CE} 的增大而右移。当 $U_{CE} > 1V$ 时，各条输入特性曲线基本重合。因为随 U_{CE} 的增大，由发射区注入基区的非平衡少子有一部分越过基区和集电结形成 I_C，使在基区参与复合运动的非平衡少子随 U_{CE} 的增大而减少。对于确定的 U_{BE}，当 U_{CE} 增大到一定值后，集电结电场已足够强，可将发射区注入基区的绝大部分非平衡少子都收集到集电区，再增大 U_{CE}，I_B 已基本不变。

3.2.8 参数扫描分析

参数扫描分析（Parameter Sweep）用于分析电路中某参数变化对电路的直流工作点、瞬态特性、交流频率特性等的影响，用曲线显示分析结果。在实际电路设计过程中，利用参数扫描分析可直观方便地选择合适的元器件参数值，对电路的技术指标进行优化。

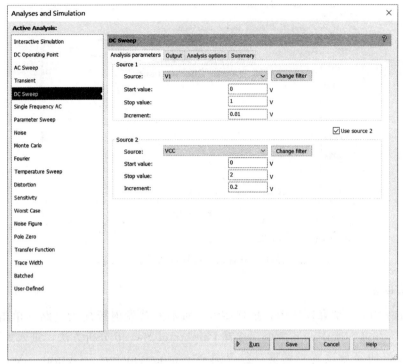

(a) Analysis parameters设置

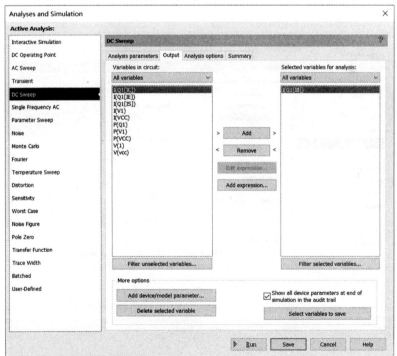

(b) Output参数设置

图 3-28　DC Sweep 参数设置对话框

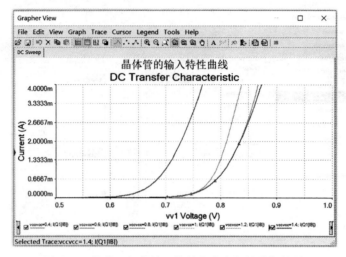

图 3-29　晶体三极管输入特性的直流扫描分析结果

（1）参数设置

在 Multisim 14.0 仿真环境中，搭建图 3-2 所示的共发射极放大电路。单击菜单 Simulate→Analyses and Simulation 命令，选择 Parameter Sweep 分析方法，进入如图 3-30 所示的参数扫描分析的参数设置对话框，包含 Analysis parameters、Output、Analysis options 和 Summary 共 4 个选项卡。

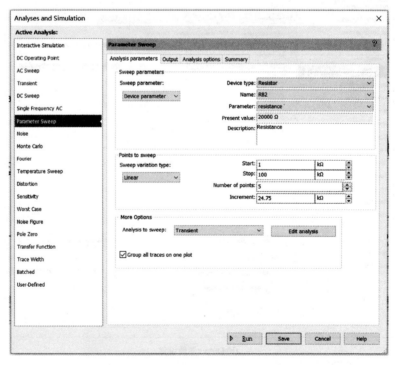

图 3-30　Parameter Sweep 参数设置对话框

Analysis parameters 选项卡的参数设置如下：

① Parameters Sweep 用于设置扫描参数。在下拉列表中选择 Device parameter，如图 3-31 所示。

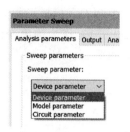

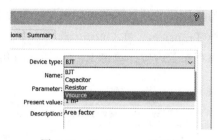

图 3-31　Sweep parameters 对话框　　　　图 3-32　Device type 对话框

在右边的 5 个条形框中选择相关元器件的如下参数。

a. Device type：在下拉列表中选择要扫描的元器件类型，下拉列表中列出了该电路含有的所有元器件类型，如图 3-32 所示。

b. Name：在下拉列表中选择要扫描的元器件标识，如 "RB2"。

c. Parameter：在下拉列表中选择要扫描元器件的参数，参数类别依元器件不同而有所区别，因此下拉列表中所列参数类别与 Device type 的选择相关。

d. Present value：显示所选扫描元器件的当前值，此值不能改变。

e. Description：显示所选参数的描述信息，不能改变。

② Points to sweep 用于设置扫描方式，在 Sweep variation type 下拉菜单中，有 Decade （十倍程）、Linear （线性）、Octave （八倍程） 和 List （列表） 共 4 种扫描方式，默认选择 Decade 方式。

若选择 Decade、Linear 或 Octave 扫描方式，还需设置扫描元器件设定参数的起始值、终止值和扫描点数；若选择 List 扫描方式，则需要在 Value list 框中设置扫描元器件的参数，若要设置多个不同的参数值，则在参数值之间以逗号隔开。

③ More options 包括以下两项设置。

a. Analysis to sweep：用于设置分析类型，在下拉列表中有 DC Operating Point （直流工作点分析）、AC Sweep （交流扫描分析）、Single Frequency AC （单一频率交流分析）、Transient （瞬态分析） 和 Nested sweep （巢状扫描分析） 共 5 种分析类型，如图 3-33 所示，默认设置为 Transient。

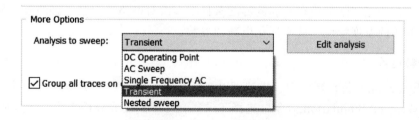

图 3-33　Analysis to sweep 对话框

b. Group all traces on one plot：默认勾选，即将所有分析曲线放置在同一个分析图中。

Output、Analysis options 和 Summary 选项卡的设置方法同前述分析方法中的相应内容。

（2）电路仿真

图 3-2 所示共发射极放大电路的 Analysis parameters 参数设置如图 3-30 所示，选择扫描元件为晶体管的基极下偏电阻 R_{B2}，参数扫描范围为 $1\sim100\text{k}\Omega$，扫描点数为 5，扫描分析类型选择 Transient。在 Output 选项卡中，选择节点 4 的电压 V_4 作为输出变量。单击 Save 按钮，保存参数设置。单击 Run 按钮运行仿真电路，弹出如图 3-34 所示的仿真结果。

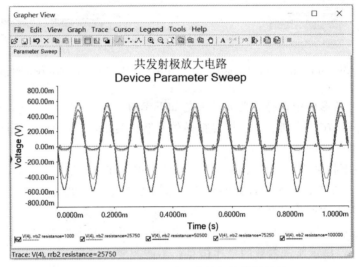

图 3-34　共发射极放大电路的参数扫描分析结果（R_{B2}）

由图 3-34 可看出，随晶体管的基极下偏电阻 R_{B2} 从 $1\text{k}\Omega$ 增大到 $100\text{k}\Omega$ 时，放大电路的输出先后出现截止失真、线性放大和饱和失真三种工作状态。R_{B2} 在 $25\sim50\text{k}\Omega$ 时，输出不失真，且 R_{B2} 越大，放大电路的增益越高。若想在其他参数不变的条件下，更准确地确定放大电路输出不失真时的 R_{B2} 取值范围，可根据初次扫描分析的结果重新确定 R_{B2} 的扫描范围及扫描点数，并多次重复进行参数扫描分析。

3.2.9　温度扫描分析

温度扫描分析（Temperature Sweep）用于分析温度变化对电路性能指标的影响。在电子电路中，温度对电子元器件的性能影响较大，尤其是半导体器件，比如晶体管的发射结导通压降 U_{BE}、电流放大系数 β 等参数的稳定性都与温度有关。Multisim 14.0 仿真软件提供的温度扫描分析功能实际上是在不同的温度条件下多次对电路进行某一种仿真分析，可方便地获得放大电路的温度特性，从而优化电路的参数。

（1）参数设置

在 Multisim 14.0 仿真环境中，搭建图 3-2 所示的共发射极放大电路。单击菜单 Simulate→Analyses and Simulation 命令，选择 Temperature Sweep 分析方法，进入如图 3-35 所示的温度扫描分析参数设置对话框，包含 Analysis parameters、Output、Analysis options 和 Summary 共 4 个选项卡。

其中 Analysis parameters 选项卡的参数设置如下。

① Sweep parameter：下拉菜单中只有 Temperature 一个选项。Present value 显示当前的温度值，此值不能修改；Description 说明对电路进行温度扫描。

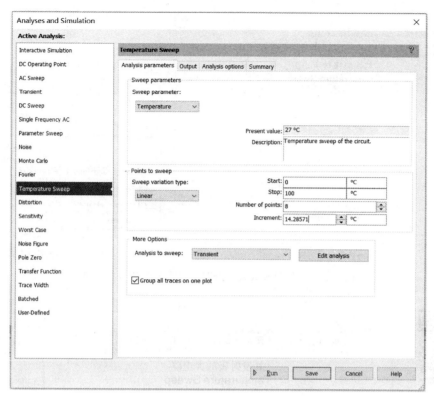

图 3-35　Temperature Sweep 参数设置对话框

② Points to sweep、More Options 的设置方法同参数扫描分析。

（2）电路仿真

对于图 3-2 所示的共发射极放大电路，温度扫描分析中 Analysis parameters 选项卡的参数设置如图 3-35 所示，扫描分析类型选择 DC Operating Point 分析。在 Output 选项卡中，通过 Edit expression，选择节点 1 和节点 5 间的电压 $V_1 - V_5$（晶体管的发射结导通压降 U_{BE}）作为输出变量。单击 Save 按钮，保存参数设置。单击 Run 按钮运行仿真电路，弹出如图 3-36 所示的仿真结果。

由图 3-36 可看出，晶体管的发射结导通压降 U_{BE} 随温度的升高而减小。

对于图 3-2 所示的共发射极放大电路，温度扫描分析中的 Analysis Parameters 参数仍按图 3-35 所示设置，扫描分析类型选择 Transient 分析。在 Output 选项卡中，选择节点 4 的电压 V_4 作为输出变量。单击 Save 按钮，保存参数设置。单击 Run 按钮运行仿真电路，弹出如图 3-37 所示的仿真结果。

由图 3-37 可看出，共发射极放大电路的电压增益随温度的升高有所降低。

3.2.10　失真分析

失真分析（Distortion）主要用于分析小信号模型电路的非线性失真和相位偏移，特别适合分析瞬态分析中无法观察到的较小失真。

通常非线性失真会导致谐波失真，相位偏移会导致互调失真。如果电路中有一个交流信号源，失真分析将检测电路中每一个节点的二次谐波和三次谐波所造成的失真。如果电路中

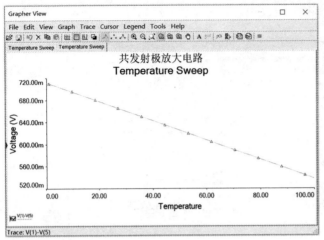

(a) 曲线显示方式   (b) 图表显示方式

图 3-36   共发射极放大电路 U_{BE} 的温度扫描分析结果

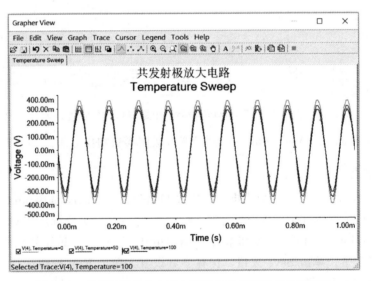

图 3-37   共发射极放大电路电压增益的温度扫描分析结果

有 F_1 和 F_2 两个不同频率的交流信号源（设 $F_1 > F_2$），失真分析将检测电路节点在 $F_1 + F_2$、$F_1 - F_2$ 和 $2F_1 - F_2$ 共 3 个频率上的失真。

（1）参数设置

在 Multisim 14.0 仿真环境中，搭建图 3-2 所示的共发射极放大电路。单击菜单 Simulate→Analyses and Simulation 命令，选择 Distortion 分析方法，进入如图 3-38 所示的失真分析参数设置对话框，包含 Analysis parameters、Output、Analysis options 和 Summary 共 4 个选项卡。其中 Analysis parameters 选项卡中，默认为谐波失真方式，即分析交流信号源作用时电路产生的二次谐波和三次谐波失真。若勾选 F2/F1 ratio 选项，则为互调失真分析方式，需在 0~1 范围内设置 F_2/F_1 的比值，分析结果为 $F_1 + F_2$、$F_1 - F_2$ 和 $2F_1 - F_2$ 相对 F_1 的互调失真。其他参数设置方法同前。

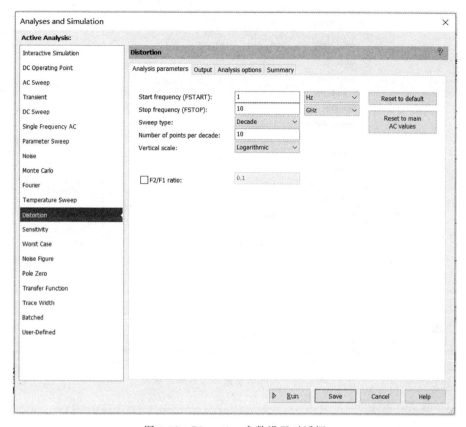

图 3-38　Distortion 参数设置对话框

（2）电路仿真

在图 3-2 所示的共发射极放大电路中，双击交流信号源，弹出图 3-39 所示的对话框，设 Distortion frequency 1 magnitude（失真频率 1 的幅值）为 0.1V。打开失真分析参数设置对话框，在 Output 选项卡中，选择节点 4 的电压 V_4 作为输出变量，其他参数均采用默认值，保存参数设置。

单击 Run 按钮运行仿真电路，弹出如图 3-40 所示的仿真结果。

由图 3-40 可看出，当设定失真频率 1 的幅值为 0.1V 时，二次谐波和三次谐波的幅值相对主信号幅值的比值约为 10，而不失真时约为 73，说明电路发生严重失真。

3.2.11　噪声分析

噪声是指电路中出现的非信号电压或电流，它们会对高频电路、小信号模拟电路、数字电路等造成不同程度的干扰，是影响实际电路性能的随机因素之一。

噪声分析（Noise）用于分析电路中所有元器件的噪声对电路性能的影响程度。噪声分析会计算所有元器件对指定输出节点的噪声贡献。总噪声是所有噪声源对输出节点产生噪声的均方根之和，该和再除以增益得出等价输入噪声。总噪声电压以地或电路中的其他节点为参考。

（1）参数设置

在 Multisim 14.0 仿真环境中，搭建图 3-2 所示的共发射极放大电路。单击菜单 Simu-

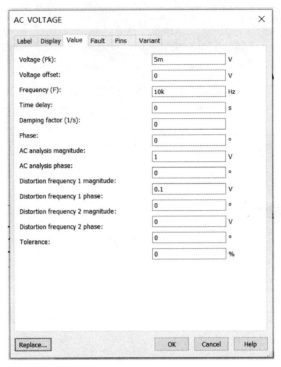

图 3-39　交流信号源的失真频率设置

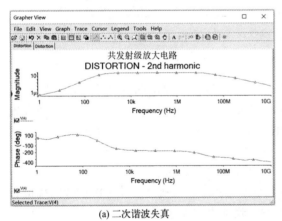

(a) 二次谐波失真　　　　　　　　　　　(b) 三次谐波失真

图 3-40　共发射极放大电路的失真分析结果

late→Analyses and Simulation 命令，选择 Noise 分析方法，进入如图 3-41 所示的噪声分析参数设置对话框，包含 Analysis parameters、Frequency parameters、Output、Analysis options 和 Summary 共 5 个选项卡。

① Analysis parameters 选项卡用于设置 Noise 分析的电路参数和显示方式。

a. Input noise reference source：选择交流信号输入噪声的参考电源。

b. Output node：选择噪声输出节点，在此节点将对所有噪声的贡献求和。

c. Reference node：设置参考电压的节点，默认设置为电路的接地点。

d. More options：选择分析计算内容。选择 Calculate spectral density curves 时，噪声分析会以频谱密度的方式显示分析结果，此时还需设置 Points per summary（每次求和采样点

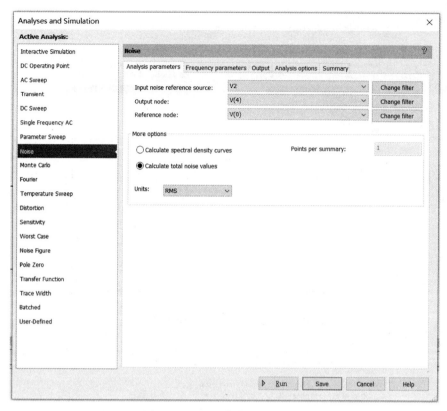

图 3-41　Noise 参数设置对话框

数），此数值越大，频率的步进数越大，输出曲线的分辨率越低。Calculate total noise val-ues 用于计算总噪声，以列表的方式显示分析结果。

　　e. Units：下拉菜单中有 Power（幂）和 RMS（均方根）两种方式。

　　② Frequency parameters 选项卡的设置方法同交流扫描分析。实际上，噪声分析就是通过交流扫描分析来获取噪声的分析结果的。

　　Output、Analysis options 和 Summary 选项卡的设置方法同前。

（2）电路仿真

　　对于图 3-2 所示的共发射极放大电路，噪声分析中 Analysis parameters 选项卡的设置如图 3-41 所示，其中分析计算内容选择 Calculate spectral density curves，即以频谱密度的方式显示分析结果。在 Output 选项卡中，选择 onoise_qq1 和 onoise_rrb2 作为输出变量，如图 3-42 所示，保存参数设置。

　　单击 Run 按钮运行仿真电路，弹出如图 3-43 所示的仿真结果。其中，频谱密度曲线（红色，上面）表示晶体管 Q1 对输出节点的噪声贡献，频谱密度曲线（绿色，下面）表示基极下偏电阻 R_{B2} 对输出节点的噪声贡献。

3.2.12　噪声系数分析

　　噪声系数分析（Noise Figure）用于计算电路的输入信噪比与输出信噪比的变化程度，以此来衡量噪声对信号的干扰程度。

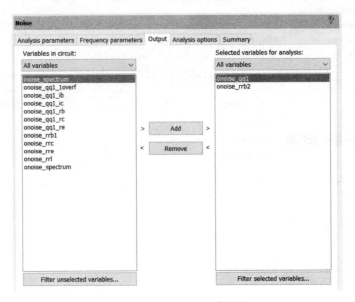

图 3-42　Output 选项卡参数设置

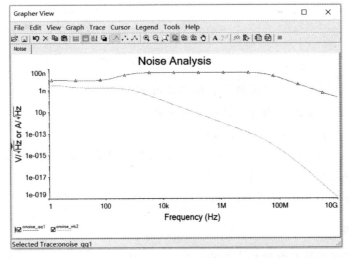

图 3-43　共发射极放大电路的噪声分析结果

（1）参数设置

在 Multisim 14.0 仿真环境中，搭建图 3-2 所示的共发射极放大电路。单击菜单 Simulate→Analyses and Simulation 命令，选择 Noise Figure 分析方法，进入如图 3-44 所示的噪声系数分析参数设置对话框，包含 Analysis parameters、Analysis options 和 Summary 共 3 个选项卡。

其中 Analysis parameters 选项卡中的 Input noise reference source、Output node 和 Reference node 的参数设置方法与噪声分析相同。Frequency 用于设置输入信号的频率，Temperature 用于设置输入温度，默认值为 27℃。

Analysis options 和 Summary 选项卡的设置方法同前。

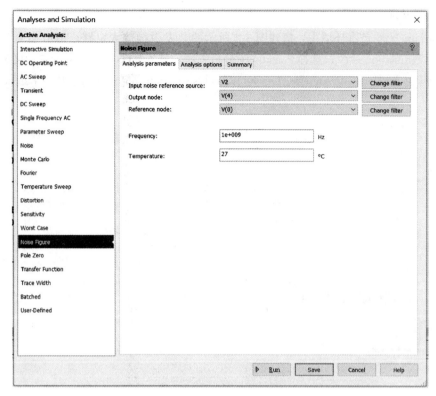

图 3-44　Noise Figure 参数设置对话框

（2）电路仿真

对于图 3-2 所示的共发射极放大电路，噪声系数分析中 Analysis parameters 选项卡的设置如图 3-44 所示，保存参数设置。单击 Run 按钮运行仿真电路，弹出如图 3-45 所示的仿真结果，即图 3-2 所示共发射极放大电路的噪声系数为－5.36994dB。

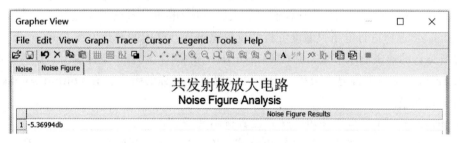

图 3-45　共发射极放大电路的噪声系数分析结果

3.2.13　灵敏度分析

灵敏度分析（Sensitivity）用于分析当电路中某元器件的参数变化时，对电路节点电压和支路电流的影响程度。灵敏度分析包括直流灵敏度分析和交流灵敏度分析。在直流灵敏度分析中，计算直流工作点对某元器件参数变化的灵敏度，分析结果以数值列表的形式显示；在交流灵敏度分析中，计算输出变量对某元器件参数变化的灵敏度，分析结果以曲线的形式显示。

(1) 参数设置

在 Multisim 14.0 仿真环境中，搭建图 3-2 所示的共发射极放大电路。单击菜单 Simulate →
Analyses and Simulation 命令，选择 Sensitivity 分析方法，进入如图 3-46 所示的灵敏度分析参数设
置对话框，包含 Analysis parameters、Output、Analysis options 和 Summary 共 4 个选项卡。

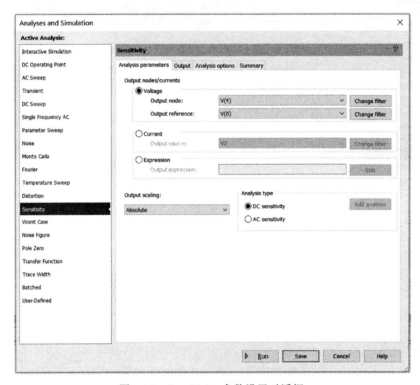

图 3-46　Sensitivity 参数设置对话框

其中 Analysis parameters 选项卡的参数设置如下。

① Output nodes/currents：设置输出节点的电压/电流，包含 3 个选项。

a. Voltage：选择进行电压灵敏度分析并设置输出节点电压的参数。在 Output node 下拉列
表中选择要分析的输出电压节点，并在 Output reference 下拉列表中选择输出节点的参考节点。

b. Current：选择进行电流灵敏度分析并设置输出电源的参数。在 Output source 下拉列
表中选择输出电源。

c. Expression：通过编辑输出表达式设置输出变量。

② Output scaling：选择灵敏度输出格式，有 Absolute（绝对灵敏度）和 Relative（相
对灵敏度）两种格式。

③ Analysis type：选择灵敏度的分析类型，有 DC sensitivity（直流灵敏度分析）和 AC
sensitivity（交流灵敏度分析）两种类型。

Output、Analysis options 和 Summary 选项卡的设置方法同前。

(2) 电路仿真

对于图 3-2 所示的共发射极放大电路，选择电压灵敏度分析，设节点 4（电压 V_4）为输
出节点，节点 0（电压 V_0）为参考节点，灵敏度分析类型选择 DC sensitivity。在 Output 选

项卡中，选择 vccvcc、rrb1、rrb2、rrc 和 rre 作为输出变量，保存参数设置。单击 Run 按钮运行仿真电路，弹出如图 3-47(a) 所示的仿真结果，列表中显示了 V_{CC}、R_{B1}、R_{B2}、R_C 和 R_E 对输出电压 V_4 变化的灵敏度。

对于图 3-2 所示的共发射极放大电路，选择电流灵敏度分析，设节点 4（电压 V_4）为输出节点，节点 0（电压 V_0）为参考节点，灵敏度分析类型选择 AC sensitivity。在 Output 选项卡中，选择 cc1、cc2、cc3、rrb1、rrb2、rrc 和 vv2 作为输出变量，保存参数设置。单击 Run 按钮运行仿真电路，弹出如图 3-47(b) 所示的仿真结果，各条曲线反映了 C_1、C_2、C_3、R_{B1}、R_{B2}、R_C 和 V_2 对输出电压 V_4 变化的灵敏度。

(a) 直流灵敏度分析

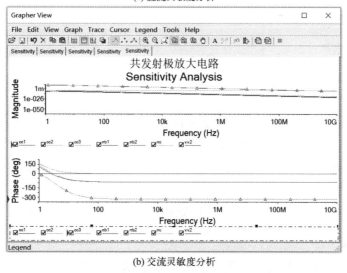

(b) 交流灵敏度分析

图 3-47　共发射极放大电路的灵敏度分析结果

3.2.14　传递函数分析

传递函数是指零初始条件下线性系统响应与激励的拉普拉斯变换之比，或离散系统响应与激励的 Z 变换之比，是一种系统分析方法。经典控制理论的频率响应、根轨迹等主要研究方法都是建立在传递函数基础之上的。

传递函数分析（Transfer Function）用于分析在小信号状态下，电路的输出节点或输出变量与某一输入信号源间的电压或电流的传输比、电路的输入阻抗和输出阻抗。

(1) 参数设置

在 Multisim 14.0 仿真环境中，搭建图 3-48 所示的同相比例运算电路。单击菜单 Simulate→Analyses and Simulation 命令，选择 Transfer Function 分析方法，进入如图 3-49 所示的传递函数分析参数设置对话框，包含 Analysis parameters、Analysis options 和 Summary 共 3 个选项卡。

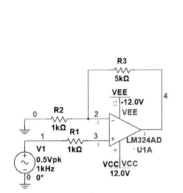

图 3-48　同相比例运算电路

图 3-49　Transfer Function 参数设置对话框

其中 Analysis parameters 选项卡的参数设置如下。

① Input source：从下拉列表中选择输入信号源。

② Output nodes/source：设置输出节点的电压/电流，包含 2 个选项，设置方法同灵敏度分析中相关内容。

Analysis options 和 Summary 选项卡的设置方法同前。

（2）电路仿真

对于图 3-48 所示的同相比例运算电路，参数设置如图 3-49 所示，设 V_1 为输入信号源，节点 4 为输出电压节点，节点 0 为参考节点，保存参数设置。单击 Run 按钮运行仿真电路，弹出如图 3-50 所示的仿真结果，以数值列表的形式显示。

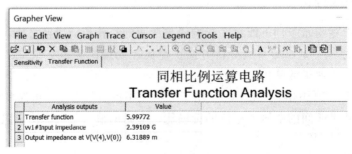

图 3-50　同相比例运算电路的传递函数分析结果

由图 3-50 可看出，同相比例运算电路的传递函数值约为 6，即输入信号经同相比例运算电路所得的输出信号的幅值放大 6 倍，且输入输出同相；同相比例运算电路的输入阻抗很高，输出阻抗很低。

3.2.15　零极点分析

零极点分析（Pole Zero）用于分析模拟小信号电路的传递函数的极点和零点的个数及数值，从而反映系统是否稳定。传递函数的零点反映输入、输出信号的相位特性，极点反映系统的稳定性。当极点的实部为负值时，系统稳定；否则电路对某一特定频率的响应将不稳定。

Multisim 14.0 仿真软件在进行零极点分析时，首先计算电路的直流工作点，再求得非线性元器件的小信号模型，最后在此基础上计算出交流小信号电路传递函数的零点和极点。零极点分析时，数字器件将被视为高阻接地。

（1）参数设置

对于图 3-2 所示的共发射极放大电路，单击菜单 Simulate → Analyses and Simulation 命令，选择 Pole Zero 分析方法，进入如图 3-51 所示的零极点分析参数设置对话框，包含 Analysis parameters、Analysis options 和 Summary 共 3 个选项卡。

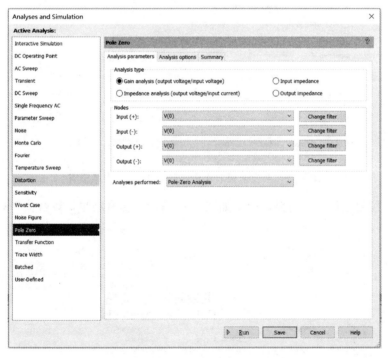

图 3-51　Pole Zero 参数设置对话框

其中 Analysis parameters 选项卡的参数设置如下。

① Analysis type：根据分析需求设置零极点分析的类型。

a. Gain analysis（output voltage/input voltage）：增益分析（输出电压/输入电压）用于分析电压增益表达式中的零点和极点，为默认设置选项。

b. Impedance analysis（output voltage/input current）：互阻抗分析（输出电压/输入电

流）用于分析互阻表达式中的零点和极点。

c. Input impedance：输入阻抗分析，用于分析输入阻抗表达式中的零点和极点。

d. Output impedance：输出阻抗分析，用于分析输出阻抗表达式中的零点和极点。

② Nodes：设置输入节点和输出节点的正、负端。

a. Input（+）：在下拉列表中选择输入节点的正端。

b. Input（-）：在下拉列表中选择输入节点的负端。

c. Output（+）：在下拉列表中选择输出节点的正端。

d. Output（-）：在下拉列表中选择输出节点的负端。

③ Analyses performed：设置要执行的分析类型，有 Pole-Zero Analysis、Pole Analysis 和 Zero Analysis 三种类型，默认设置为 Pole-Zero Analysis。

Analysis options 和 Summary 选项卡的设置方法同前。

（2）电路仿真

对于图 3-2 所示的共发射极放大电路，零极点分析的参数设置如图 3-52 所示。

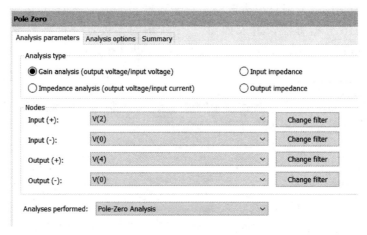

图 3-52 共发射极放大电路的 Pole Zero 参数设置

单击 Run 按钮运行仿真电路，弹出如图 3-53 所示的仿真结果，以数值列表的形式显示。

图 3-53 共发射极放大电路的零极点分析结果

由图 3-53 可看出，该放大电路的传递函数中有 3 个极点和 4 个零点，且 3 个极点的实部均为负值，即极点均在复平面的左半部分，从而可判定该放大电路是稳定的。

3.2.16　蒙特卡罗分析

电子产品是按照元器件的标准值来设计的，而实际产品的参数值与标准值间总会存在误差。实际产品的参数值可以看成以标准值（数学期望）为平均值，服从于某种分布方式，分布于一定误差范围内的随机值。

蒙特卡罗分析（Monte Carlo）是利用统计模拟方法分析电路中元器件参数的分散性对电路性能的影响的方法。利用蒙特卡罗分析还可以预测电子产品在批量生产时的合格率和生产成本。

（1）参数设置

对于图 3-2 所示的共发射极放大电路，单击菜单 Simulate→Analyses and Simulation 命令，选择 Monte Carlo 分析方法，进入如图 3-54 所示的蒙特卡罗分析参数设置对话框，包含 Tolerances、Analysis parameters、Analysis options 和 Summary 共 4 个选项卡。

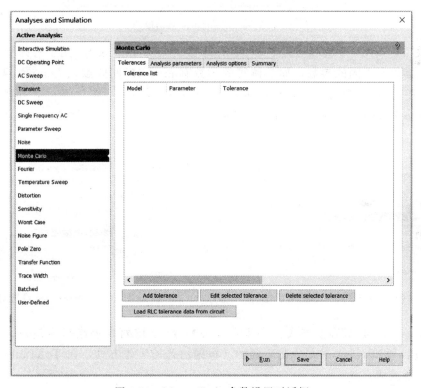

图 3-54　Monte Carlo 参数设置对话框

① Tolerances 选项卡用于设置当前电路元器件的容差，可通过该界面中的以下 4 个按钮对元器件的容差进行添加、编辑、删除等操作。

a. Add tolerance：添加容差设置。单击 Add tolerance，弹出如图 3-55 所示的 Tolerance 对话框，包含 Parameter type、Parameter 和 Tolerance 共 3 项设置。

• Parameter type：在下拉列表中选择元器件的参数类型，有 Model parameter（模型参数）、Device parameter（器件参数）和 Circuit parameter（电路参数）共 3 种类型。

• Parameter：设置元器件的具体参数。Device type 下拉列表中列出了当前电路所包含的所有元器件类型，如图 3-56 所示。Name 用于选择所要设置参数的元器件编号，若 Device

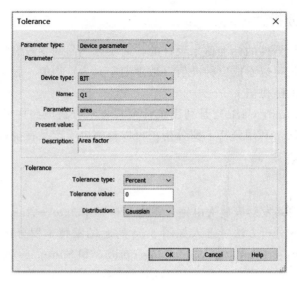

图 3-55　Tolerance 对话框

type 选择 BJT，则图 3-2 所示电路中的 Name 参数为 Q1。Parameter 用于选择所要设置的参数，不同元器件有不同的参数，如晶体管的参数有 area（区间因素）、temp（温度）、sensarea（灵敏度）、off（关）、icvbe（i_C，u_{BE}）、icvce（i_C，u_{CE}）和 ic（i_C），如图 3-57 所示。Present value 和 Description 参数的含义同前。

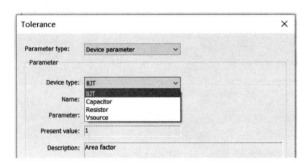

图 3-56　Device type 设置对话框

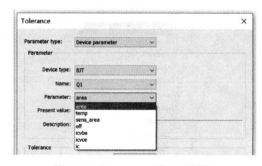

图 3-57　Parameter 设置对话框

- Tolerance：设置容差方式。在 Tolerance type 下拉列表中选择容差方式，有 Absolute（绝对值）和 Percent（百分比）两种。根据已选的容差方式，在 Tolerance value 下拉列表中设置容差值。

以上参数设置完成后，单击 OK，在 Tolerances 选项卡的 Tolerance list 显示框中显示以上参数信息。

b. Edit selected tolerance：单击 Edit selected tolerance，弹出图 3-55 所示的 Tolerance 对话框，可对已有的某元器件容差设置参数进行编辑。

c. Delete selected tolerance：删除所选元器件的容差设置。

d. Load RLC tolerance data from circuit：添加电路中电阻、电感、电容的容差设置。

② Analysis parameters 选项卡用于设置电路的分析参数，包含 Analysis parameters（分析参数）和 Output control（输出控制），如图 3-58 所示。

a. Analysis parameters：包含以下 4 个分析参数。

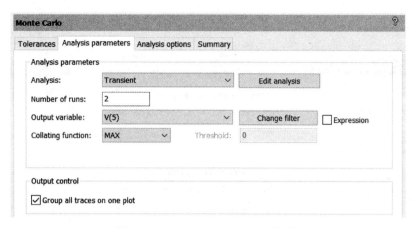

图 3-58　Analysis parameters 对话框

• Analysis：设置分析类型，包括 DC Operating Point（直流工作点分析）、AC analysis（交流分析）和 Transient（瞬态分析）。

• Number of runs：设置蒙特卡罗分析的次数，数值必须≥2。

• Output variable：选择所要分析的输出变量。

• Collating function：从下拉列表中选择比较函数，有 MAX（最大值分析）、MIN（最小值分析）、RISE ＿ EDGE（上升沿分析）、FALL ＿ EDGE（下降沿分析）和 FREQUENCY（AC Analysis 和 Transient Analysis 时的频率分析）五种，如图 3-59 所示。

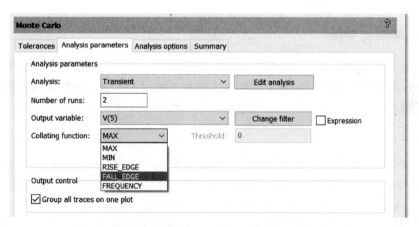

图 3-59　Collating function 选择对话框

b. Output control：若勾选此项，则所有仿真结果显示在同一个图形中；若不勾选，则将标称值仿真、最坏情况仿真和 Run Log Description 分别显示出来。

Analysis options 和 Summary 选项卡的设置方法同前。

（2）电路仿真

对于图 3-2 所示的共发射极放大电路，在 Tolerances 选项卡中设置晶体管 Q1 的容差为 5％，在 Analysis parameters 选项卡中设置分析类型为 Transient，选择节点 5（电压 V_5）为输出节点，保存参数设置。单击 Run 按钮运行仿真电路，弹出如图 3-60 所示的仿真结果。

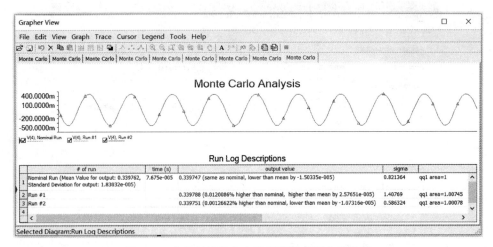

图 3-60　共发射极放大电路的蒙特卡罗分析结果

　　在晶体管 Q1 的容差为 5％的情况下，进行两次蒙特卡罗分析。元件参数分别为标称值、高于标称值和低于标称值三种情况下的瞬态响应曲线如图 3-60 所示。同时 Run Log Descriptions 以数值列表的形式显示分析参数，标称值时曲线的 σ（均方差）＝0.821364，输出值为 0.339747；第 1 次蒙特卡罗分析时曲线的 σ＝1.40769，输出值为 0.339788；第 2 次蒙特卡罗分析时曲线的 σ＝0.586324，输出值为 0.339751。

3.2.17　最坏情况分析

　　最坏情况分析（Worst Case）是在给定电路元器件参数容差的条件下，利用统计分析的方法，估算出电路性能相对于标称值时的最大偏差。通过最坏情况分析，电路设计人员可方便地掌握元器件参数变化时对电路性能造成的最大影响。

（1）参数设置

　　对于图 3-2 所示的共发射极放大电路，单击菜单 Simulate→Analyses and Simulation 命令，选择 Worst Case 分析方法，进入如图 3-61 所示的最坏情况分析参数设置对话框，包含 Tolerances、Analysis parameters、Analysis options 和 Summary 共 4 个选项卡。

　　① Tolerances 选项卡用于设置当前电路元器件的容差，设置方法同蒙特卡罗分析方法。

　　② Analysis parameters 选项卡用于设置电路分析参数，包含 Analysis parameters（分析参数）和 Output control（输出控制），如图 3-62 所示。

　　a. Analysis parameters：包含以下 4 个分析参数。

　　● Analysis：设置分析类型，包括 DC Operating Point（直流工作点分析）和 AC Sweep（交流扫描分析）两种类型。

　　● Output variable：选择所要分析的输出变量。

　　● Collating function：设置方法同蒙特卡罗分析方法，此选项仅在 AC Sweep 时才为可选项，DC Operating Point 时默认为 MAX。

　　● Direction：选择容差的变化方向，有 Low 和 High 两个选项。

　　b. Output control：若勾选此项，则所有仿真结果显示在同一个图形中；若不勾选，则

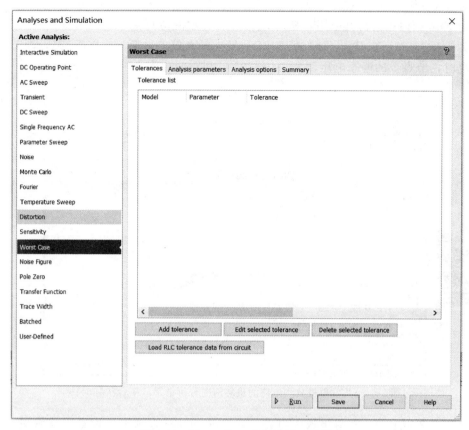

图 3-61　Worst Case 参数设置对话框

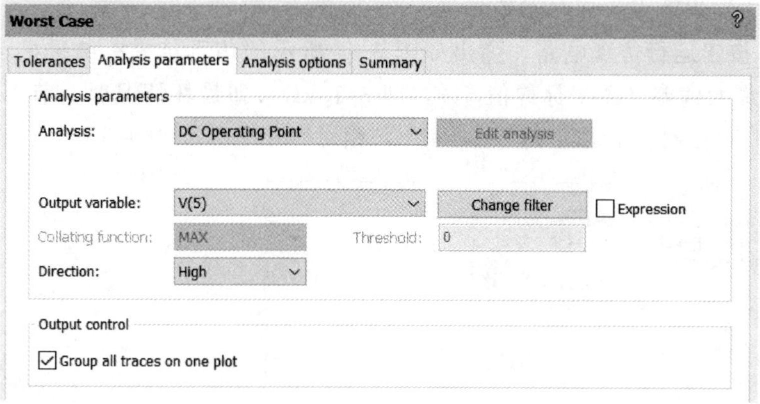

图 3-62　Analysis parameters 对话框

将标称值仿真、最坏情况仿真和 Run Log Description 分别显示出来。

Analysis options 和 Summary 选项卡的设置方法同前。

（2）电路仿真

对于图 3-2 所示的共发射极放大电路，在 Tolerances 选项卡中设置晶体管基极下偏电阻 R_{B2} 的容差为 5%，在 Analysis parameters 选项卡中设置分析类型为 DC Operating Point，选择节点 3（电压 V_3）为输出节点，保存参数设置。

单击 Run 按钮运行仿真电路，弹出如图 3-63 所示的仿真结果。结果显示节点 3 的静态电压值为 8.90442V，在 R_{B2}（标称值 $20\text{k}\Omega$）发生最大偏差（低于标称值 5%，即 $19\text{k}\Omega$）即最坏情况时，节点 3 的静态电压值为 9.02379V，相对变化率为 1.34059%。

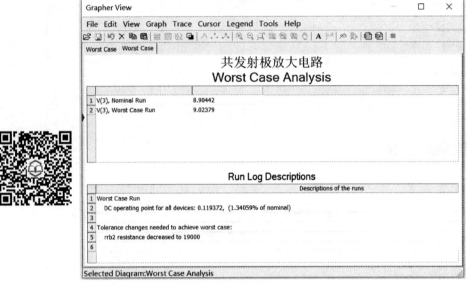

图 3-63　共发射极放大电路的最坏情况分析结果（R_{B2} 容差 5%）

对于图 3-2 所示的共发射极放大电路，在 Tolerances 选项卡中设置晶体管集电极电阻 R_{C} 的容差为 5%，在 Analysis parameters 选项卡中设置分析类型为 AC analysis，选择节点 4（电压 V_4）为输出节点，保存参数设置。

单击 Run 按钮运行仿真电路，弹出如图 3-64 所示的仿真结果。结果显示在 R_{C}（标称值 $3\text{k}\Omega$）发生最大偏差（高于标称值 5%，即 $3.15\text{k}\Omega$）即最坏情况时，节点 4 的输出电压在频率 125.893kHz 时比标称值高 2.12341V，相对变化率为 2.96945%。

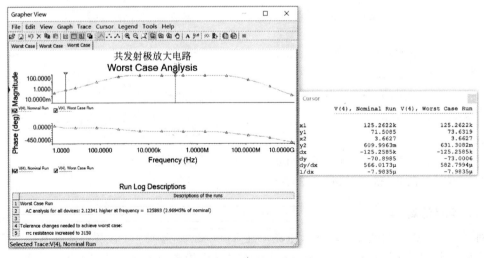

图 3-64　共发射极放大电路的最坏情况分析结果（R_{C} 容差 5%）

3.2.18　布线宽度分析

导线在通过电流时会引起温升，导线散发的热量不仅与电流有关，还与导线的电阻有关，而导线的电阻又与导线的横截面积有关。单位长度导线的电阻是横截面（导线的宽度乘以厚度）的函数。因此，导线散发的热量是电流、布线宽度、厚度等参数的非线性函数。在制作 PCB 时，导线的厚度受板材的限制，而导线的电阻由设计人员对导线宽度的设置来决定。

布线宽度分析（Trace Width）用于确定在设计 PCB（印制电路板）时所允许的最小导线宽度。

（1）参数设置

对于图 3-2 所示的共发射极放大电路，单击菜单 Simulate→Analyses and Simulation 命令，选择 Trace Width 分析方法，进入如图 3-65 所示的布线宽度分析参数设置对话框，包含 Trace width analysis、Analysis parameters、Analysis options 和 Summary 共 4 个选项卡。

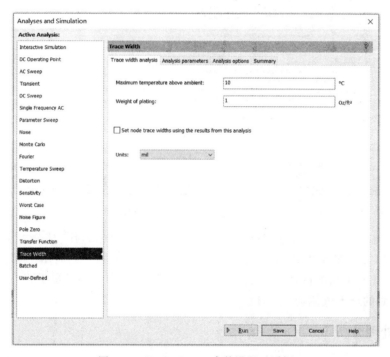

图 3-65　Trace Width 参数设置对话框

其中 Trace width analysis 选项卡用于设置布线宽度的相关参数，包含如下选项。

① Maximum temperature above ambient：设置导线温度超过环境温度的最大值，默认值为 10℃。

② Weight of plating：设置每平方英尺的铜膜重量，即铜膜的厚度，以 oz/ft^2（盎司/英尺[2]）● 表示，默认值为 1。

③ Set node trace widths using the results from this analysis：选择是否使用分析结果确定导线的宽度。

● 1 盎司＝28.3495g，1 英尺＝0.3048m。

④ Units：设置线宽的单位，有 mil❶ 和 mm 两个选项，默认选择 mil。

Analysis parameters、Analysis options 和 Summary 选项卡的设置方法同前。

（2）电路仿真

对于图 3-2 所示的共发射极放大电路，布线宽度分析的所有参数采用默认值。单击 Run 按钮运行仿真电路，弹出如图 3-66 所示的仿真结果。

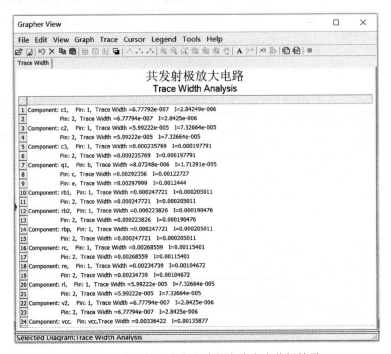

图 3-66　共发射极放大电路的布线宽度分析结果

图 3-66 中列出了当导线温度超过环境温度 $10℃$、线宽为 $1oz/ft^2$ 时，共发射极放大电路中元器件连接导线的最小宽度和允许通过的最大电流。例如，电阻 R_C 引脚 1 的线宽为 0.00268559mil，电流为 0.00115401A，即在 PCB 设计时 R_C 引脚 1 的线宽要大于 0.00268559mil，允许通过此引脚的最大电流为 0.00115401A。

3.2.19　批处理分析

在实际电路分析中，有时需要对同一电路进行多种分析或对多种电路进行同一分析，利用批处理分析（Batched）方法可高效地执行以上操作。在电路优化设计时，多次利用批处理分析，可方便快捷地建立电路的分析记录。

（1）参数设置

对于图 3-2 所示的共发射极放大电路，单击菜单 Simulate→Analyses and Simulation 命令，选择 Batched 分析方法，进入如图 3-67 所示的批处理分析参数设置对话框，包含 Batched Settings 选项卡。

在 Batched Settings 选项卡的 Available analyses 栏中列出了可选的仿真分析方法，包括

---

❶ 1mil（英里）＝1.609344km。

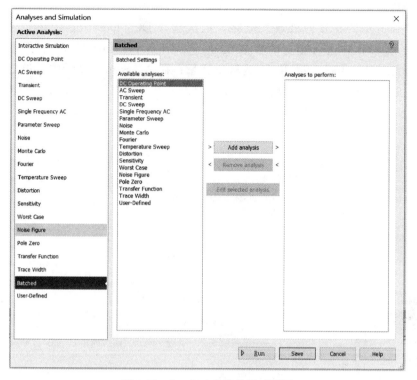

图 3-67　Batched 参数设置对话框

除交互式仿真分析（Interactive Simulation）和批处理分析本身外的 18 种分析方法。

选中所要进行的分析方法，点击 Add analysis 按钮，则弹出对应分析方法的参数设置对话框，参数设置完成后，单击 Add to list，则该分析方法的相关信息会在 Batched Settings 选项卡的 Analyses to perform 栏中显示，如图 3-68 所示。可利用 Remove analysis 按钮删除所选中的分析方法，还可利用 Edit selected analysis 按钮对已选分析方法的参数设置进行编辑。

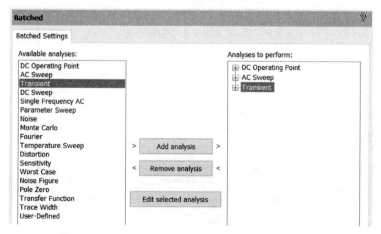

图 3-68　Batched Settings 对话框

（2）电路仿真

对于图 3-2 所示的共发射极放大电路，依次选择 DC Operating Point、AC Sweep 和 Transient 分析方法，并进行相应的参数设置。在 DC Operating Point 分析中，设置 U_{BE} （$V_1 - V_5$）、U_{CE} （$V_3 - V_5$）、I_B 和 I_C 为输出变量；在 AC Sweep 分析中，设置节点 4 的电压 V_4 为输出变量；在 Transient 分析中，设置节点 2 和 4 的电压 V_2 和 V_4 为输出变量。单击 Run 按钮运行仿真电路，弹出如图 3-69 所示的仿真结果。

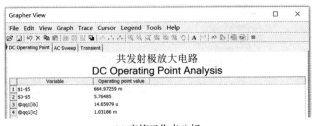

(a) 直流工作点分析

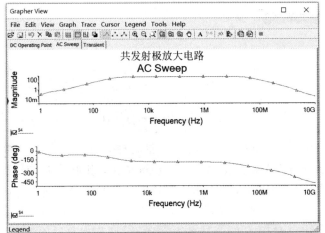

(b) 交流扫描分析

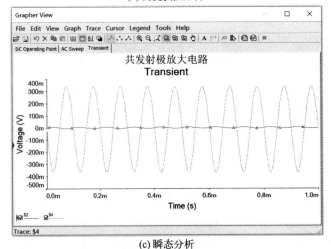

(c) 瞬态分析

图 3-69　共发射极放大电路的批处理分析结果

图 3-69 所示的批处理分析结果与分别进行以上单项分析所得的分析结果一致。

3.2.20　用户自定义分析

用户自定义分析（User-Defined）利用 SPICE 命令进行仿真分析的参数设置，从而实现仿真功能的扩展，为用户提供了一种自行编辑和扩充仿真分析功能的方式。SPICE 是 NI Multisim 的仿真内核，它以命令行的形式与用户接口，而 NI Multisim 则以图形界面的形式与用户接口。

（1）参数设置

对于图 3-2 所示的共发射极放大电路，单击菜单 Simulate→Analyses and Simulation 命令，选择 User-Defined 分析方法，进入如图 3-70 所示的用户自定义分析参数设置对话框，包含 Commands、Analysis options 和 Summary 共 3 个选项卡。

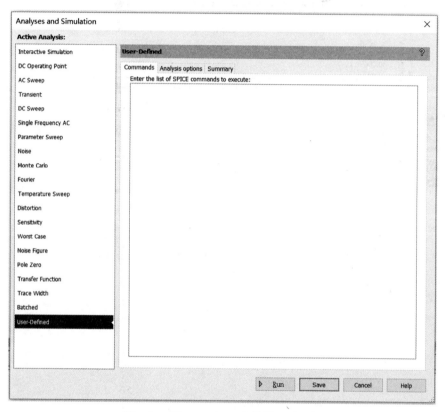

图 3-70　User-Defined 参数设置对话框

在 Commands 选项卡中，输入由 SPICE 分析命令组成的命令行，执行前面介绍的某种仿真分析。例如，对于 AC Sweep 分析，输入 SPICE 命令如图 3-71 所示。其中 ac 表示 AC Sweep 分析，dec 表示设置扫描方式为十倍频程，10 表示频率的步进幅度，100 和 300000k 分别表示扫描的起始频率和终止频率，plot v（4）表示输出变量为节点 4 的电压。

Analysis options 和 Summary 选项卡的设置方法同前。

（2）电路仿真

对于图 3-2 所示的共发射极放大电路，在 Commands 选项卡中输入 SPICE 命令如图 3-71 所示，其他参数选择默认设置。单击 Run 按钮运行仿真电路，弹出如图 3-72 所示的仿真结果，与利用 Multisim 14.0 的 AC Sweep 分析所得分析结果一致。

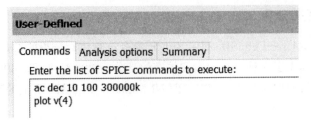

图 3-71　AC Sweep 分析的 SPICE 命令

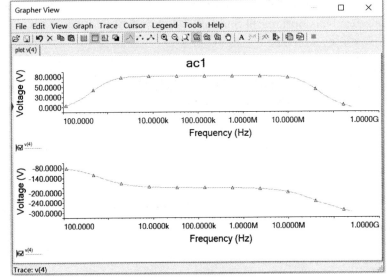

图 3-72　共发射极放大电路的用户自定义分析结果

第4章 基于Multisim 14.0的 电路分析仿真

电路中的电源或信号源称为激励，由激励在电路中产生的电压和电流称为响应。电路分析，就是在已知电路结构和元器件参数的条件下，研究电路的激励与响应之间的关系，包括由激励求响应或由响应反求激励，从而了解电路的性能、能量转换和信号传输关系，为电路的综合分析奠定基础。

本章利用 Multisim 14.0 仿真软件，对电路的基本定律和常用分析方法进行仿真分析。利用 Multisim 14.0 仿真软件分析电路的常用方法有以下两种：

① 仪表直接测量法：当需要求解电路中某节点的电压、某支路的电流或功率时，只需在对应节点或支路中添加电压表、电流表、瓦特计或对应的测量探针即可。

② 直流/交流工作点分析法：当电路较复杂或待求参数较多时，可采用 Multisim 14.0 提供的瞬态分析、直流工作点分析、交流扫描分析等方法完成电路的求解。

4.1 电路基本定律的仿真分析

电路的基本定律指欧姆定律和基尔霍夫定律，它们共同构成了电路分析理论的基础，为后续的各种电路分析方法提供依据。本节利用 Multisim 14.0 仿真软件分析电路基本定律的原理及其应用。

4.1.1 欧姆定律

欧姆定律是由于元件本身的性质，使元件的电压与电流间形成约束关系，是对电路的元件约束。

(1) 欧姆定律的内容

对于线性电阻元件，其两端的电压 U 与通过的电流 I 成正比。在电压、电流参考方向

相同的情况下，比例系数即为该电阻的阻值，即

$$U=IR$$

当电压、电流参考方向相反时，有

$$U=-IR$$

（2）仿真分析

在 Multisim 14.0 仿真环境中搭建如图 4-1 所示的电路，利用直流电压表和直流电流表分别测量电阻 R_1 和 R_2 的电压和电流。

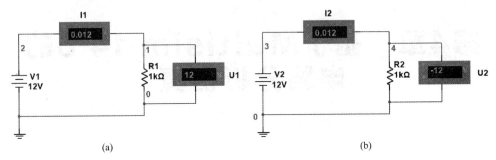

图 4-1　欧姆定律仿真电路

下面以电压表为例，说明电压表和电流表的选取和属性设置方法。在元器件工具栏中，单击 Place Indicators（放置显示类器件），选择 VOLTMETER（电压表），有 VOLTME-TER＿H（水平放置电压表）、VOLTMETER＿HR（水平反向放置电压表）、VOLTME-TER＿V（垂直放置电压表）、VOLTMETER＿VR（垂直反向放置电压表）四种形式，如图 4-2 所示。选取某种形式的电压表放置在电路图编辑区，双击电压表，弹出电压表的属性设置对话框。在 Label（标签）选项卡中，RefDes（标识号）设为 U_1；在 Value（数值）选项卡中，电阻值选择默认值，Mode（状态）选择 DC（直流），如图 4-3 所示。

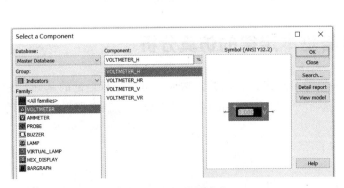

图 4-2　电压表的选取

图 4-3　电压表的属性设置

在电压表和电流表接线时，需注意其正、负极性。在图 4-1(a) 所示电路中，对于电阻 R_1，电压 U_1 和电流 I_1 的参考方向相同；在图 4-1(b) 所示电路中，对于电阻 R_2，电压 U_2

和电流 I_2 的参考方向相反。

运行仿真电路，由电压表和电流表的显示值可以看出，在图 4-1(a) 中 $U_1 = I_1 R_1$；在图 4-1(b) 中 $U_2 = -I_2 R_2$，符合欧姆定律。

4.1.2　基尔霍夫定律

基尔霍夫定律是由于元件间的相互连接，使支路电流间或回路电压间形成约束。因此，基尔霍夫定律仅与电路结构有关，是对电路的拓扑约束，而与元件性质无关。基尔霍夫定律是分析电路的重要依据，综合利用基尔霍夫定律和欧姆定律，可以求解任意复杂的电路。

(1) 基尔霍夫电流定律（KCL）

① KCL 的内容　基尔霍夫电流定律，简称 KCL，指在任一瞬时，对于集总参数电路的任意节点，流入该节点的电流之和等于流出电流之和，即 $\sum I_入 = \sum I_出$；或任意节点的电流代数和等于零，即 $\sum I = 0$。KCL 反映了支路电流之间的约束关系。

KCL 的实质是：在任意时刻，电路中任意节点既不能产生电荷，也不消耗电荷，即有多少电荷流入节点，就有多少电荷流出该节点，节点上不会有电荷的堆积。因此，KCL 体现电荷的连续性，是电荷守恒的体现。

② 仿真分析　在 Multisim 14.0 仿真环境中搭建如图 4-4 所示的电路，其中各电流的参考方向由各电流表的接法确定。

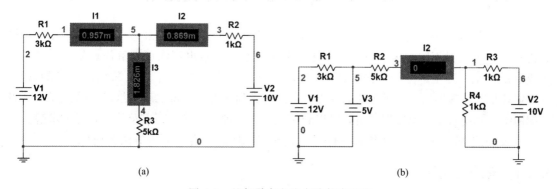

图 4-4　基尔霍夫电流定律仿真电路

运行仿真电路，从图 4-4(a) 中的电流表显示结果可以看出，对于节点 5，有 $I_1 + I_2 = I_3$ 或 $I_1 + I_2 - I_3 = 0$。在图 4-4(b) 所示电路中，测得 $I_2 = 0$，即 KCL 还适用于电路中任意假想的闭合面，称为广义节点。

(2) 基尔霍夫电压定律（KVL）

① KVL 的内容　基尔霍夫电压定律，简称 KVL，指在任一瞬时，对于集总参数电路的任意回路，沿回路循行一周，则在这个方向上电位升之和等于电位降之和，即 $\sum U_升 = \sum U_降$；或任意回路的电压代数和等于零，即 $\sum U = 0$。KVL 反映了回路电压之间的约束关系。

KVL 的实质是：在任意时刻，若电荷沿闭合回路移动一周，则获得或失去的净能量为 0。因此，KVL 是能量守恒的体现。

② 仿真分析　在 Multisim 14.0 仿真环境中搭建如图 4-5 所示的电路，其中电压表用于测量电阻的端电压，参考方向由各电压表的接法确定。

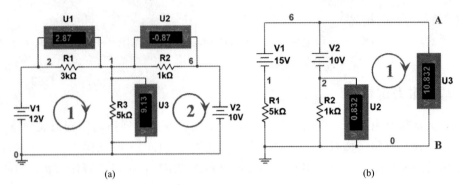

图 4-5　基尔霍夫电压定律仿真电路

运行仿真电路，从图 4-5(a) 中的电压表显示结果可以看出，对于回路 1，有 $V_1 = U_1 + U_3$ 或 $-V_1 + U_1 + U_3 = 0$；同样，对于回路 2，有 $U_3 = U_2 + V_2$ 或 $-U_3 + U_2 + V_2 = 0$。

在图 4-5(b) 所示电路中，测得开路电压 $U_{AB} = 10.832V$，与通过假想回路 1 所列写 KVL 方程 $U_{AB} = U_2 + V_2$ 的计算结果相符，说明 KVL 还适用于求解电路中的开路电压。

需要注意的是，在列写 KCL 方程和 KVL 方程时，要先假设电压、电流的参考方向，并依此确定电压、电流数值的正负号。

4.2　直流稳态电路的仿真分析

在直流电源作用下处于稳定状态的电路，称为直流稳态电路。根据直流稳态电路的不同结构特点，可选择不同的求解方法。利用支路电流法和节点电压法可求解任意复杂电路的电压或电流，是一种全解分析方法，具有普遍适用性。叠加定理用于多电源线性电路的求解，齐性定理是其特殊形式。基于等效的观点，可通过化简无源和有源二端网络的方法来求解线性二端网络，其中对于有源二端网络，可以利用戴维宁定理、诺顿定理以及替代定理来求解。

本节利用 Multisim 14.0 仿真软件介绍直流稳态电路的各种分析方法的应用。

4.2.1　支路电流法

支路电流法是一种电路的系统求解方法，也是其他常用电路分析方法的基础。

(1) 支路电流法的内容

支路电流法是以支路电流为未知量，利用电路的结构约束列写 KCL 和 KVL 方程求解所有支路电流的方法。在利用支路电流法列写 KVL 方程时，要用到元件约束。

应用支路电流法求解电路的一般步骤：

① 确定支路数 b、节点数 n 和网孔数 m；

② 设定各支路电流的参考方向，对所选回路标出循行方向；

③ 列 b 个独立方程，其中 $(n-1)$ 个 KCL 方程，$(b-n+1)$（网孔数 m）个 KVL 方程；

④ 联立求解 b 个未知数，即可求出各支路的电流。

(2) 仿真分析

在 Multisim 14.0 仿真环境中搭建如图 4-6 所示的电路，可通过以下两种方法求解各支路电流。

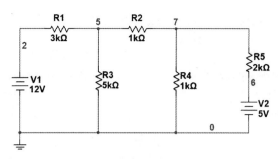

图 4-6　支路电流法仿真电路

① 仪表直接测量法　在图 4-6 所示电路中，对各条支路添加直流电流表，电路如图 4-7 所示。运行仿真电路，各电流表的示数即为各条支路电流的大小，方向由电流表的正极流向负极。

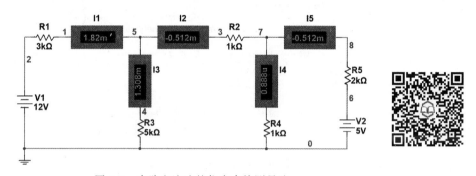

图 4-7　支路电流法的仪表直接测量法

② 直流工作点分析法　图 4-6 所示电路的支路数较多，即待求参数较多。在这种情况下，采用 Multisim 14.0 提供的直流工作点分析（DC Operating Point）方法进行电路求解将更为方便。

单击菜单 Simulate→Analyses and Simulation 命令，在 Analyses and Simulation 对话框中，选择 DC Operating Point 分析方法，进入直流工作点分析参数设置对话框，将所有支路的电流设置为输出变量，如图 4-8(a) 所示。

运行仿真电路，仿真结果如图 4-8(b) 所示，数据与仪表直接测量法所得数据一致。

4.2.2　节点电压法

节点电压法也是一种电路的系统求解方法，是计算机求解电路的基础。

(1) 节点电压法的内容

节点电压是电路中节点相对参考节点之间的电压。节点电压法是以节点电压为未知量，利用结构约束列写 KCL 方程求解所有节点电压的方法。

由于节点电压自动满足 KVL，因此在用节点电压法求解电路时，不必列写 KVL 方程，仅需列写 $(n-1)$ 个节点的 KCL 方程即可。

应用节点电压法求解电路的一般步骤：

① 确定节点数 n，设定参考节点，即确定 $(n-1)$ 个节点电压未知量；

② 对 $(n-1)$ 个节点列写 KCL 方程；

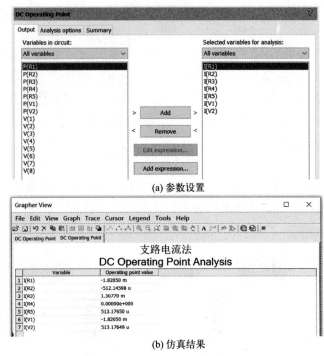

(a) 参数设置

(b) 仿真结果

图 4-8   支路电流法的直流工作点分析

③ 联立求解 $(n-1)$ 个未知数，即 $(n-1)$ 个节点电压。

(2) 仿真分析

在 Multisim 14.0 仿真环境中搭建如图 4-9 所示的电路。电路中含有 3 个节点，设接地点为参考节点，需要求出节点 3 和节点 4 相对参考节点的电压。

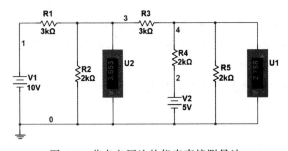

图 4-9   节点电压法的仪表直接测量法

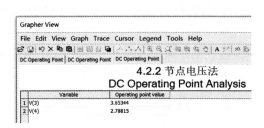

图 4-10   节点电压法的直流工作点分析

与支路电流法相同，可采用仪表直接测量和直流工作点分析两种方法求解各节点电压。运行图 4-9 所示仿真电路，由电压表的示数可测得节点 3 和节点 4 的电压值。在直流工作点分析的参数设置中，设置节点 3 和节点 4 的电压 V_3 和 V_4 为输出变量，仿真结果如图 4-10 所示，两种方法的仿真结果一致。

4.2.3   叠加定理

叠加定理仅适用于求解线性电路的电压和电流。应用叠加定理可将一个较复杂的电路等效分解为多个简单电路，从而降低电路求解的难度。

（1）定理内容

叠加定理指出，对于线性电路，任何一条支路的电流（电压），都可看作是由电路中各独立电源分别作用时，在该支路中所产生的电流（电压）的代数和。在应用叠加定理时，需要注意以下几个问题：

① 叠加定理仅适用于求解线性电路中的电压和电流，不能用于求解功率；

② 不作用电压源的电压为零，用短路线来代替电压源；不作用电流源的电流为零，将电流源移去后作开路处理；

③ 若分电流（电压）与原电流（电压）的参考方向相同，叠加时相应项前取正号；反之，取负号；

④ 由于受控源并不是电路的激励源，在对含受控源的电路应用叠加定理分解时，应将其保留。

（2）仿真分析

对于图 4-11（a）所示的线性电路，当电压源 V_1 和电流源 I_1 分别单独作用于电路时的等效电路如图 4-11（b）和图 4-11（c）所示。

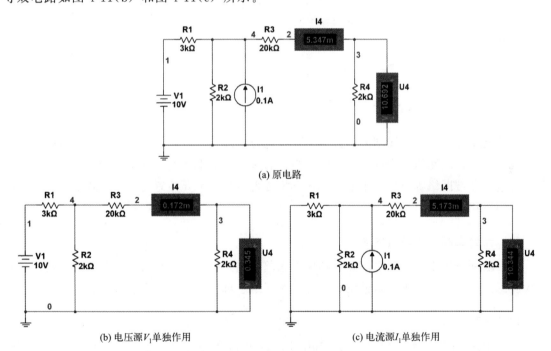

(a) 原电路

(b) 电压源 V_1 单独作用

(c) 电流源 I_1 单独作用

图 4-11　叠加定理仿真电路

运行仿真电路，在图 4-11 所示的电压、电流参考方向下，仿真结果显示，当两个电源同时作用时，电阻 R_4 通过的电流 $I_4 = 5.347\text{mA}$，R_4 两端的电压 $U_4 = 10.692\text{V}$；仅电压源 V_1 作用时，$I'_4 = 0.172\text{mA}$，$U'_4 = 0.345\text{V}$；仅电流源 I_1 作用时，$I''_4 = 5.173\text{mA}$，$U''_4 = 10.344\text{V}$。显然可得，$I_4 = I'_4 + I''_4$，$U_4 = U'_4 + U''_4$，仿真结果符合叠加定理。

4.2.4 齐性定理

齐性定理是叠加定理的特殊形式。

（1）定理内容

齐性定理指出，对于一个具有唯一解的线性电阻电路，若所有的激励（独立电压源的电压或独立电流源的电流）都变化 k 倍，则电路中所有的响应（各支路电流和各节点电压）同样也变化 k 倍。如果电路中只有一个独立电源时，则齐性定理表述为：电路中所有的响应与激励成正比。

（2）仿真分析

将图 4-9 所示电路中的电压源 V_1 由 10V 增大为 20V，电压源 V_2 由 5V 增大为 10V，即所有激励源均增大为原来的 2 倍，如图 4-12 所示。运行仿真电路，从仿真结果可看出，节点 3 和节点 4 的电压值也分别增大为原来的 2 倍，仿真结果与理论分析结果一致。

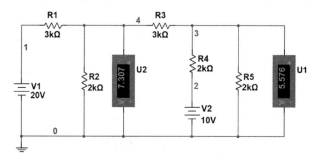

图 4-12　齐性定理仿真电路

4.2.5　无源二端网络的等效

二端网络指有两个出线端的部分电路。在进行电路分析时，常将与待求支路连接的部分电路看作一个二端网络。当这个二端网络内部较复杂时，将给电路的求解带来难度。此时，若能将这个二端网络等效为简单电路，求解将变得容易。需要注意的是，等效是对于二端网络之外的电路而言。

（1）无源二端网络等效的内容

若二端网络中不含有独立电源，则称为无源二端网络；若二端网络中含有独立电源，则称为有源二端网络。对于电阻电路，无源二端网络总可以用一个电阻来等效。

（2）仿真分析

① 电阻串并联的等效电路　在 Multisim 14.0 仿真环境中搭建如图 4-13 所示的电路，选用虚拟万用表测量该电阻电路的等效电阻。注意虚拟万用表需接地。

运行仿真电路，在虚拟万用表的属性对话框中选择欧姆挡，显示电阻值为 5kΩ，与利用电阻串并联计算的理论值相符。仿真结果说明，在电路分析时，此无源二端网络可用一个 5kΩ 的电阻来等效代替。

② 电阻三角形（△形）与星形（Y形）连接的等效电路　图 4-14（a）所示无源二端网络中的电阻连接形式既非串联，又非并联，因此不能用电阻串并联方法来等效化简，此时可采用电阻△形与 Y 形连接的等效互换方法来化简。

图 4-14（a）中虚线框内的 3 个电阻连接成△形，可将其等效变换为图 4-14（b）所示的 Y

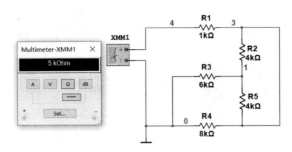

图 4-13　电阻串并联的仿真电路

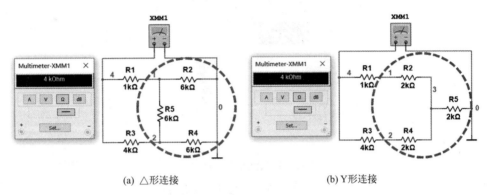

（a）△形连接　　　　　　　　　　　　　（b）Y形连接

图 4-14　电阻△形与 Y 形连接的仿真电路

形，对应电阻的阻值为原电阻阻值的 $\frac{1}{3}$。

分别运行以上仿真电路，仿真结果显示电阻值均为 4kΩ，仿真结果与理论计算结果一致。

4.2.6　戴维宁定理

当与待求支路相连的部分电路为有源二端网络时，对于待求支路，该有源二端网络相当于一个电源，即可以用电源的模型等效代替。若该有源二端网络用电压源模型代替，则应用戴维宁定理。

（1）定理内容

戴维宁定理指出，任何一个有源二端线性网络都可用一个电动势为 E 的理想电压源和内阻 R_0 串联的电压源模型等效代替。等效电压源的电动势 E 等于该有源二端线性网络的开路电压 U_{OC}；等效电压源的内阻 R_0 等于该有源二端线性网络除源（理想电压源短路，理想电流源开路）后所得无源二端网络的等效电阻。

（2）仿真分析

在图 4-11（a）所示电路中，待求量为电阻 R_4 通过的电流 I_4 和两端的电压 U_4。根据戴维宁定理，求戴维宁等效电路开路电压 U_{OC} 的仿真电路如图 4-15（a）所示，求等效电阻 R_0 的仿真电路如图 4-15（b）所示。分别运行以上仿真电路，测得 $U_{\mathrm{OC}} = 123.738\mathrm{V}$，$R_0 = 21.2\mathrm{k\Omega}$。根据以上数据求得戴维宁等效电路，如图 4-15（c）所示。运行仿真电路，测得 I_4 和 U_4 的数值与理论计算结果一致。

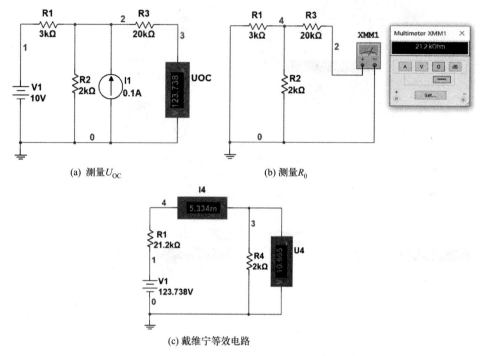

(a) 测量 U_{OC} (b) 测量 R_0

(c) 戴维宁等效电路

图 4-15 戴维宁定理仿真电路

4.2.7 诺顿定理

在对有源二端网络等效时，若有源二端网络用电流源模型代替，则应用诺顿定理。

（1）定理内容

诺顿定理指出，任何一个有源二端线性网络都可用一个电流为 I_S 的理想电流源和内阻 R_0 并联的等效电流源来等效代替。等效电流源的电流 I_S 等于有源二端线性网络的短路电流 I_{SC}；等效电源的内阻 R_0 等于有源二端线性网络除源（理想电压源短路，理想电流源开路）后所得无源二端网络的等效电阻。

（2）仿真分析

在图 4-11(a) 所示电路中，待求量为电阻 R_4 通过的电流 I_4 和两端的电压 U_4。根据诺顿定理，求诺顿等效电路短路电流 I_{SC} 的仿真电路如图 4-16(a) 所示，求等效内阻 R_0 的仿真电路如图 4-16(b) 所示。分别运行以上仿真电路，测得 $I_{SC}=5.849\text{mA}$，$R_0=21.2\text{k}\Omega$。根据以上数据求得诺顿等效电路，如图 4-16(c) 所示。运行仿真电路，测得 I_4 和 U_4 的数值与理论计算结果一致。

4.2.8 替代定理

替代定理用于在电路分析过程中，根据求解需要对电路进行等效变换。替代定理不仅适用于线性电路，也适用于非线性电路。

（1）定理内容

替代定理指出，在任意电路中，设某支路两端的电压为 u，支路电流为 i，则在任意时刻，该支路可以用一个电压为 u 的独立电压源替代，也可以用一个电流为 i 的独立电流源替

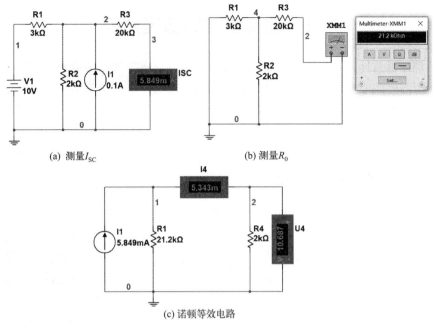

(a) 测量 I_{SC}　　　　(b) 测量 R_0

(c) 诺顿等效电路

图 4-16　诺顿定理仿真电路

代，替代前后电路中各支路电压和电流均不发生变化。

（2）仿真分析

在 Multisim 14.0 仿真环境中搭建如图 4-17(a) 所示的电路。运行仿真电路，测得虚线框部分电路的端口电压 $U=2.863\text{V}$，端口电流 $I=0.432\text{mA}$。将虚线框部分电路用电压 $V_2=2.863\text{V}$ 的电压源替代，如图 4-17(b) 所示。运行仿真电路，仿真结果显示电路中其他参数不变。再将虚线框部分电路用电流 $I_1=0.432\text{mA}$ 的电流源替代，如图 4-17(c) 所示，运行仿真电路，仿真结果显示电路中其他参数也不变，从而验证了替代定理。

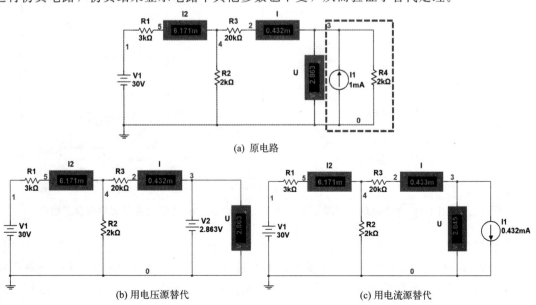

(a) 原电路

(b) 用电压源替代　　　　(c) 用电流源替代

图 4-17　替代定理仿真电路

4.3 动态电路的仿真分析

电容元件和电感元件的伏安关系不再是线性关系，而是要用微分或积分关系来描述，即电路中的响应与时间 t 有关，因此称电容和电感为动态元件。含有动态元件的电路称为动态电路。当动态电路的结构或参数发生变化时，电路会由原来的稳定状态转变为另一种稳定状态，即产生过渡过程或称暂态过程。

本节利用 Multisim 14.0 仿真软件分析动态电路在暂态过程中电压和电流的变化规律。

4.3.1 一阶线性动态电路的响应

由元件的伏安特性和 KCL、KVL 可建立描述动态电路过渡过程的微分方程。若所建立的微分方程为 n 阶，则称电路为 n 阶动态电路。若动态电路中仅含有一个线性动态元件（电容元件或电感元件），则称此电路为一阶线性动态电路，描述电路的方程为一阶线性微分方程。电路的激励（输入）可以是由电源（或信号源）输入的信号，也可以是动态元件的初始储能（电感的初始电流或电容的初始电压）。

（1）零状态响应

储能元件的初始能量为零，仅由电源激励所产生的响应称为动态电路的零状态响应。

在 Multisim 14.0 仿真环境中搭建如图 4-18 所示的 RC 电路，经计算可得暂态过程的时间常数 $\tau = R_1 C_1 = 10\text{ms}$。利用双踪示波器的 A 通道观测电容 C_1 的电压 u_C 的变化，通过 B 通道观测电阻 R_1 端电压的变化来反映电流 i_C 的变化。

运行仿真电路，首先将开关 S_1 向下拨接地，使电容 C_1 放电完毕，满足零状态响应时电容电压的初始值 $u_{C(0+)} = u_{C(0-)} = 0\text{V}$，即电容 C_1 的初始储能为 0；再将 S_1 向上拨接通直流电压源 V_1。双击双踪示波器，显示波形如图 4-19 所示。

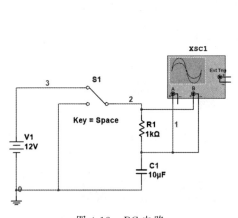

图 4-18　RC 电路

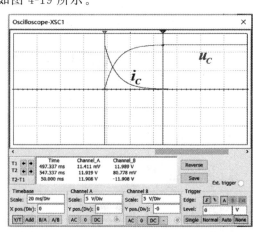

图 4-19　RC 电路的零状态响应仿真结果

由仿真波形可知，当暂态过程经过 $5\tau = 50\text{ms}$ 时，$u_{C(5\tau)} = 11.919\text{V}$，接近稳态值 $u_{C(\infty)} = 12\text{V}$，过渡过程基本结束，工程上认为经过 $(3 \sim 5)\tau$ 过渡过程结束。RC 电路零状态响应的实质是 RC 电路的充电过程。在充电开始瞬间，电流 i_C 最大，随着充电过程的进行，逐渐衰减为 0，电路达到新的稳定状态。

（2）零输入响应

无电源激励作用，即输入信号为零，仅由储能元件的初始储能所产生的响应称为动态电路的零输入响应。

运行图 4-18 所示的 RC 电路，首先将开关 S_1 向上拨接通直流电压源 V_1，使电容 C_1 充电完毕，满足零输入响应时电容电压的初始值 $u_{C(0+)} = u_{C(0-)} = 12V$，即电容 C_1 具有一定的初始储能；再将 S_1 向下拨接地。双击双踪示波器，显示波形如图 4-20 所示。

由仿真波形可知，当暂态过程经过 $5\tau = 50ms$ 时，$u_{C(5\tau)} = 83.580mV$，接近

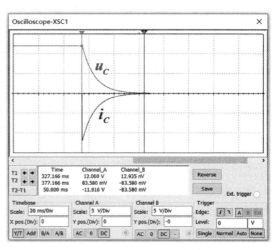

图 4-20　RC 电路的零输入响应仿真结果

稳态值 $u_{C(\infty)} = 0V$，过渡过程基本结束。RC 电路零输入响应的实质是 RC 电路的放电过程。在放电开始瞬间，电流反方向最大，随着放电过程的进行，逐渐衰减趋近于 0，电路达到新的稳定状态。

（3）全响应

动态电路中，动态元件的初始储能往往不为零。当动态电路的电源激励和储能元件的初始储能均不为零时的响应称为动态电路的全响应。例如，当在手机还有电量的情况下进行充电的过程，就是全响应。

在 Multisim 14.0 仿真环境中搭建如图 4-21 所示的 RC 全响应电路，经计算可得暂态过程的时间常数 $\tau = R_1C_1 = 10ms$。选用双踪示波器的 A 通道观测电容 C_1 的电压 u_C 的变化，通过 B 通道观测电阻 R_1 端电压的变化来反映电流 i_C 的变化。

运行仿真电路，首先将开关 S_1 向下拨接通直流电压源 V_2，即电容电压的初始值 $u_{C(0+)} = u_{C(0-)} = 5V$，使电容 C_1 具有一定的初始储能；再将 S_1 向上拨接通直流电压源 V_1。双击双踪示波器，显示波形如图 4-22 所示。

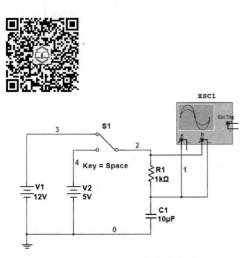

图 4-21　RC 的全响应电路

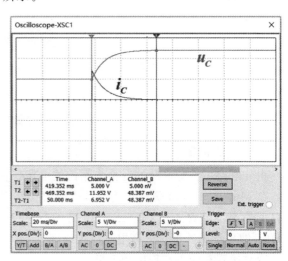

图 4-22　RC 电路的全响应仿真结果

由仿真波形可知，当暂态过程经过 $5\tau = 50\text{ms}$ 时，$u_{C(5\tau)} = 11.952\text{V}$，接近稳定值 $u_{C(\infty)} = 12\text{V}$，过渡过程基本结束。$RC$ 电路全响应的实质是 RC 电路在初始储能基础上的充电或放电过程。在此电路充电开始瞬间，电流最大，随着充电过程的进行，逐渐衰减为 0，电路达到新的稳定状态。

（4）微分电路

微分电路和积分电路有分立元件和集成电路两种构成形式，其中典型的由分立元件构成的微分电路和积分电路为 RC 电路。RC 电路可通过充放电过程实现输出信号对输入信号的微分或积分关系。

微分电路可将矩形脉冲变换为尖脉冲，作为触发信号在电子电路中广泛应用。

在 Multisim 14.0 仿真环境中搭建如图 4-23 所示的 RC 微分电路，经计算可得暂态过程的时间常数 $\tau = R_1C_1 = 2\mu\text{s}$。电路的输入为占空比等于 50％ 的矩形脉冲，频率设为 1kHz，即矩形脉冲信号的高电平持续时间 $t_p = 0.5\text{ms}$；输出为电阻 R_1 的端电压。利用双踪示波器对比观测输入和输出的波形。

运行仿真电路，双击双踪示波器，显示波形如图 4-24 所示。由仿真波形可知，当输入为周期性矩形脉冲时，因为 $\tau \ll t_p$，即电容 C_1 的充电和放电时间很短，使输出为周期性的正、负尖脉冲。输出反映了输入矩形脉冲的跃变情况，是对矩形脉冲微分的结果。

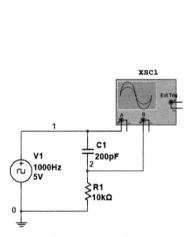
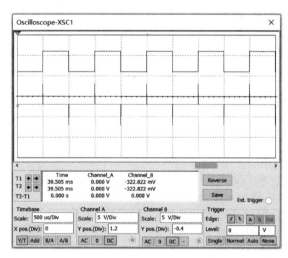

图 4-23　微分电路　　　　　图 4-24　微分电路的仿真结果

由以上仿真分析可知，微分电路应满足两个条件：
① $\tau \ll t_p$，一般 $\tau \ll 0.2t_p$；② 从电阻两端输出。

（5）积分电路

积分电路可将矩形脉冲变换为锯齿波电压，在信号扫描中应用广泛。

在 Multisim 14.0 仿真环境中搭建如图 4-25 所示的 RC 积分电路，经计算可得暂态过程的时间常数 $\tau = R_1C_1 = 1.6\text{ms}$。电路的输入为占空比等于 50％ 的矩形脉冲，频率设为 1kHz，即矩形脉冲信号中高电平持续时间 $t_p = 0.5\text{ms}$；输出为电容 C_1 的端电压。利用双踪示波器对比观察输入和输出的波形。

运行仿真电路，双击双踪示波器，显示波形如图 4-26 所示。由仿真波形可知，因为 $\tau >$

t_p，电容 C_1 的充电和放电过程相对缓慢，在矩形脉冲的高电平持续期间，电容 C_1 不能充电到最大值，低电平持续期间也不能完全放电为 0，这使得当输入为周期性矩形脉冲时，输出为锯齿波，输出是对输入矩形脉冲积分的结果。时间常数越大，充放电越缓慢，输出锯齿波电压的线性度越好。

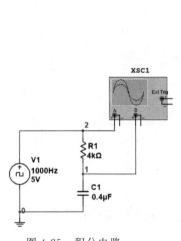

图 4-25　积分电路　　　　　　　　　图 4-26　积分电路的仿真结果

由以上仿真分析可知，积分电路应满足两个条件：

① $\tau \gg t_p$；② 从电容两端输出。

4.3.2　二阶线性动态电路的响应

用二阶线性微分方程描述的动态电路称为二阶线性动态电路。由于 R、L、C 元件的参数不同，使得二阶动态电路暂态过程的响应有着不同的变化规律，据此将二阶动态电路暂态过程的响应分为欠阻尼振荡、过阻尼非振荡和临界阻尼非振荡三种情况。

(1) 欠阻尼振荡过程

在二阶线性动态电路中，若 $R < 2\sqrt{\dfrac{L}{C}}$，则电路存在欠阻尼振荡过程。

在 Multisim 14.0 仿真环境中搭建如图 4-27 所示电路，其中 $R_1 = 0.5\text{k}\Omega$，经计算可得 $2\sqrt{\dfrac{L_1}{C_1}} = 2\text{k}\Omega$，即满足 $R_1 < 2\sqrt{\dfrac{L_1}{C_1}}$。利用双踪示波器的 A 通道观测电容 C_1 的电压波形，通过 B 通道观测电阻 R_1 的电压波形来反映电流的变化情况。

运行仿真电路，首先将开关 S 向左拨接通直流电压源 V_1，使电容电压的初始值 $u_{C(0+)} = u_{C(0-)} = 10\text{V}$，即电容 C_1 具有一定的初始储能；再将 S 向右拨接通 RLC 串联电路。双击双踪示波器，显示波形如图 4-28 所示。

由仿真波形可看出，因为电路满足 $R_1 < 2\sqrt{\dfrac{L_1}{C_1}}$，所以电路的零输入响应呈现欠阻尼振荡过程。

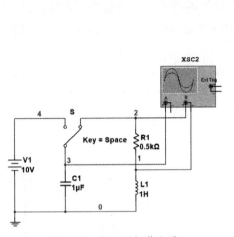

图 4-27　欠阻尼振荡电路

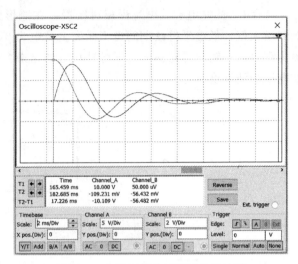

图 4-28　欠阻尼振荡过程的仿真波形

（2）过阻尼非振荡过程

在二阶线性动态电路中，若 $R > 2\sqrt{\dfrac{L}{C}}$，则电路存在过阻尼非振荡过程。

在 Multisim 14.0 仿真环境中搭建如图 4-29 所示电路，其中 $R_1 = 4\text{k}\Omega$，经计算可得 $2\sqrt{\dfrac{L_1}{C_1}} = 2\text{k}\Omega$，即满足 $R_1 > 2\sqrt{\dfrac{L_1}{C_1}}$。利用双踪示波器的 A 通道观测电容 C_1 的电压波形，通过 B 通道观测电阻 R_1 的电压波形来反映电流的变化情况。

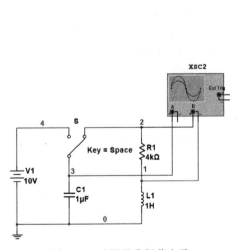

图 4-29　过阻尼非振荡电路

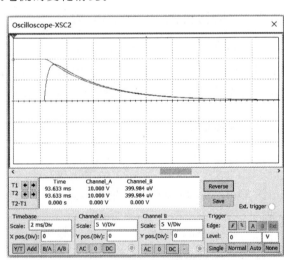

图 4-30　过阻尼非振荡过程的仿真波形

运行仿真电路，首先将开关 S 向左拨接通直流电压源 V_1，使电容电压的初始值 $u_{C(0+)} = u_{C(0-)} = 10\text{V}$，即电容 C_1 具有一定的初始储能；再将 S 向右拨接通 RLC 串联电路。双击双踪示波器，显示波形如图 4-30 所示。

由仿真波形可看出，因为电路满足 $R_1 > 2\sqrt{\dfrac{L_1}{C_1}}$，所以电路的零输入响应呈现过阻尼非振荡过程。

（3）临界阻尼非振荡过程

在二阶线性动态电路中，若 $R = 2\sqrt{\dfrac{L}{C}}$，则电路存在临界阻尼非振荡过程。临界阻尼是欠阻尼和过阻尼状态的分界线，因此 $R = 2\sqrt{\dfrac{L}{C}}$ 称为临界电阻。显然，当电阻小于临界电阻时，电路呈欠阻尼状态；电阻大于临界电阻时，电路呈过阻尼状态。

在 Multisim 14.0 仿真环境中搭建如图 4-31 所示电路，其中 $R_1 = 2\text{k}\Omega$，经计算可得 $2\sqrt{\dfrac{L_1}{C_1}} = 2\text{k}\Omega$，即满足 $R_1 = 2\sqrt{\dfrac{L_1}{C_1}}$。利用双踪示波器的 A 通道观测电容 C_1 的电压波形，通过 B 通道观测电阻 R_1 的电压波形来反映电流的变化情况。

运行仿真电路，首先将开关 S 向左拨接通直流电压源 V_1，使电容电压的初始值 $u_{C(0+)} = u_{C(0-)} = 10\text{V}$，即电容 C_1 具有一定的初始储能；再将 S 向右拨接通 RLC 串联电路。双击双踪示波器，显示波形如图 4-32 所示。

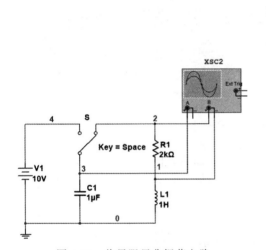

图 4-31　临界阻尼非振荡电路

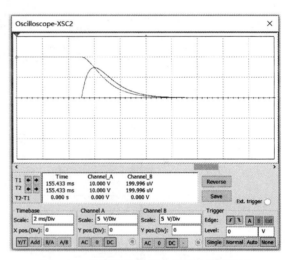

图 4-32　临界阻尼非振荡过程的仿真波形

由仿真波形可看出，因为电路满足 $R_1 = 2\sqrt{\dfrac{L_1}{C_1}}$，所以电路的零输入响应呈现临界阻尼过程。与过阻尼过程类似，临界阻尼过程也具有非振荡的特点。

（4）RLC 串联电路的动态响应

在 Multisim 14.0 仿真环境中搭建如图 4-33 所示的 RLC 串联电路。设置信号发生器输出频率 1kHz、占空比 50% 的方波，利用双踪示波器对比观测输入方波和电容 C_1 的电压波形。

经计算可得 $2\sqrt{\dfrac{L_1}{C_1}} = 200\Omega$，给定 $R_1 = 50\Omega$，即满

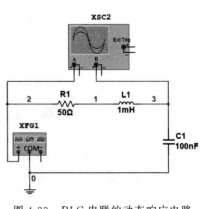

图 4-33　RLC 串联的动态响应电路

足 $R_1 < 2\sqrt{\dfrac{L_1}{C_1}}$。运行仿真电路，仿真波形如图 4-34（a）所示，电路的动态响应为欠阻尼振

荡过程。改变电阻的阻值使 $R_1 = 400\Omega$，即满足 $R_1 > 2\sqrt{\dfrac{L_1}{C_1}}$，仿真波形如图 4-34（b）所示，

电路的动态响应为过阻尼非振荡过程。再改变电阻的阻值使 $R_1 = 200\Omega$，即满足 $R_1 =$

$2\sqrt{\dfrac{L_1}{C_1}}$，仿真波形如图 4-34（c）所示，电路的动态响应为临界阻尼非振荡过程。

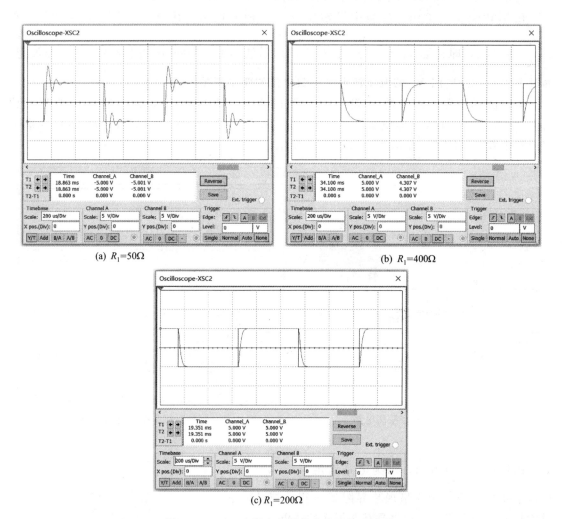

(a) $R_1 = 50\Omega$ (b) $R_1 = 400\Omega$

(c) $R_1 = 200\Omega$

图 4-34　RLC 串联电路的动态响应仿真波形

4.4　正弦稳态电路的仿真分析

正弦稳态电路是指在正弦电压（电流）的激励下处于稳定状态的线性电路，电路中的响应也是同频率的正弦电压（电流）。

本节利用 Multisim 14.0 仿真软件研究正弦稳态电路的响应。

4.4.1　元件约束的相量形式

欧姆定律是对电路的元件约束。在正弦电压（电流）激励下，电路元件电压与电流之间的关系可以用相量形式表示，称为元件约束的相量形式。

在电压、电流参考方向相同的情况下，对于电阻元件，有 $\dot{U}_R = \dot{I}_R R$，即电压、电流同频率；u_R、i_R 相位相同；在幅值上，$U_R = I_R R$。对于电感元件，有 $\dot{U}_L = \mathrm{j}\omega L \dot{I}_L$，即电压、电流同频率；在相位上，$u_L$ 超前 $i_L 90°$；在幅值上，$U_L = \omega L I_L$。对于电容元件，有 $\dot{U}_C = -\mathrm{j}\dfrac{1}{\omega C}\dot{I}_C$，即电压、电流同频率；在相位上，$i_C$ 超前 $u_C 90°$；在幅值上，$U_C = \dfrac{1}{\omega C} I_C$。

在 Multisim 14.0 仿真环境中搭建如图 4-35 所示的 RLC 串联电路，选用 100Hz 的正弦交流电压源 V_1 作为电路的激励，分析 R、L 和 C 元件的相位和幅值关系。

(1) 相位关系分析

单击菜单 Simulate →Analyses and Simulation 命令，选择 Transient 分析方法，进入瞬态分析对话框。在 Output 选项卡中，选择串联电路的电流 I (R1)，R_1、L_1 和 C_1 元件的电压 $V(2)-V(1)$、$V(1)-V(3)$ 和 $V(3)$ 作为输出变量，如图 4-36 所示。

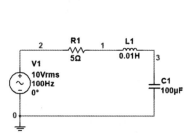

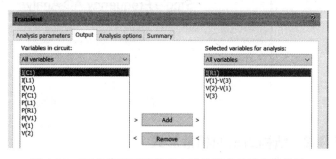

图 4-35　RLC 串联正弦稳态电路　　　　图 4-36　RLC 串联正弦稳态电路的瞬态分析参数设置

单击 Run 按钮，弹出如图 4-37 所示的瞬态分析结果。从仿真结果可看出，在 RLC 串联正弦稳态电路中，电阻电压 u_{R1} 即 V_2-V_1 与电流 i_{R1} 同相位，电感电压 u_{L1} 即 V_1-V_3 超前电流 $i_{R1} 90°$，电容电压 u_{C1} 即 V_3 滞后电阻电流 $i_{R1} 90°$，u_{L1} 与 u_{C1} 相位相反，符合 R、L、C 元件约束的相位关系。

(2) 幅值关系分析

单击菜单 Simulate →Analyses and Simulation 命令，选择 Single Frequency AC 分析方法。在 Frequency parameters 选项卡中，设置单一频率为 100Hz，输出信号以幅值/相位的形式显示。在 Output 选项卡中，选择正弦输入电压 V_1、串联电路的电流 i_{R1}，R、L 和 C 元件的电压 u_{R1}、u_{L1} 和 u_{C1} 作为输出变量。单击 Run 按钮，弹出如图 4-38 所示的单一频率（100Hz）交流分析结果。

仿真结果中，列出了在 100Hz 正弦输入电压 V_1 作用下，串联电路的电流，R、L 和 C 元件电压的幅值和相位，与理论分析值相符。

除了瞬态分析方法，R、L 和 C 元件的相位关系也可以用以上单一频率交流分析方法进行验证。

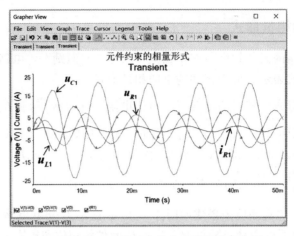

图 4-37　*RLC* 串联正弦稳态电路的瞬态分析

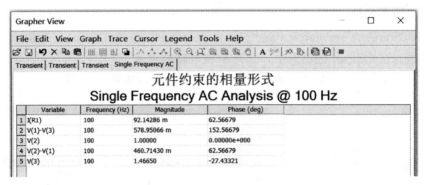

图 4-38　*RLC* 串联正弦稳态电路的单一频率交流分析

4.4.2　结构约束的相量形式

基尔霍夫电流定律和基尔霍夫电压定律是对电路的结构约束。

（1）基尔霍夫电流定律的相量形式

在同频率正弦激励作用的电路中，流经任意节点的电流代数和等于零，即 $\sum \dot{I} = 0$。

在 Multisim 14.0 仿真环境中搭建如图 4-39 所示的 *RLC* 并联电路，选用 1000Hz 的正弦交流电压源 V_1 作为电路的激励。利用交流电流表测量各支路的电流，来验证 KCL 的相量形式。需要注意的是，由于被测量为正弦交流量，因此需将电流表的状态设置为 AC（交流），如图 4-40 所示。

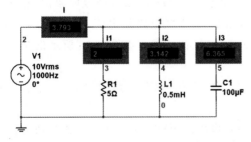

图 4-39　基尔霍夫电流定律的交流应用电路

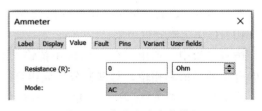

图 4-40　交流电流表的设置

运行仿真电路，各电流的有效值如图 4-39 所示。对于节点 1，$I_1 + I_2 + I_3$ 并不等于 I。由于电感电流与电容电流相位相反，因此 $I = \sqrt{I_1^2 + (I_2 - I_3)^2}$。也就是在正弦交流电路中应用 KCL 时，应为相量求和，即 $\dot{I} = \dot{I}_1 + \dot{I}_2 + \dot{I}_3$。

（2）基尔霍夫电压定律的相量形式

在同频率正弦激励作用的电路中，沿回路循行一周，任意回路的电压代数和等于零，即 $\sum \dot{U} = 0$。

在 Multisim 14.0 仿真环境中搭建如图 4-41 所示的 RLC 串联电路，选用 1000Hz 的正弦交流电压源 V_1 作为电路的激励。利用交流电压表测量各元件的电压，来验证 KVL 的相量形式。

运行仿真电路，各电压的有效值如图 4-41 所示，$U_1 + U_2 + U_3$ 并不等于总电压 U，由于电感电压与电容电压相位相反，因此 $U = \sqrt{U_1^2 + (U_2 - U_3)^2}$。也就是在正弦交流电路中应用 KVL 时，应为相量求和，即 $\dot{U} = \dot{U}_1 + \dot{U}_2 + \dot{U}_3$。

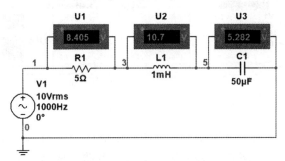

图 4-41　基尔霍夫电压定律的交流应用电路

4.4.3　正弦交流电路的功率

在正弦交流电路中，有功功率 P 是用电设备实际消耗的功率，把电能转换为其他形式的能量；无功功率 Q 不实际做功，只在电源和储能元件之间进行能量交换；视在功率 S 表示供电设备的额定容量，也是其能提供的最大有功功率。P、Q 和 S 三者之间存在以下关系：$S = \sqrt{P^2 + Q^2}$，单位为 V·A；$P = S\cos\varphi = UI\cos\varphi$，单位为 W；$Q = S\sin\varphi = UI\sin\varphi$，单位为 var。

下面以日光灯电路为例，利用 Multisim 14.0 仿真软件分析正弦交流电路的功率关系。

（1）日光灯电路的工作原理

日光灯管点亮后，镇流器和灯管组成 RL 串联电路，下面建立其电路模型。镇流器是大电感线圈，电阻不能忽略，因此可用电阻 R_1 和电感 L_1 的串联来等效；日光灯管点亮后可近似看作电阻负载 R_2。因此，日光灯电路点亮后的等效模型如图 4-42 所示。对于 40W 的日光灯管，点亮后的等效电阻 R_2 约为 220Ω，镇流器的等效电感 L_1 约为 1.4H，内阻 R_1 约为 150Ω。

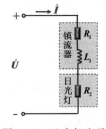

图 4-42　日光灯电路
点亮后的等效模型

（2）仿真分析

在 Multisim 14.0 仿真环境中搭建如图 4-43 所示的日光灯仿真电路。

在虚拟仪表工具栏中选择 Wattmeter（瓦特计）测量电路的有功功率 P 和功率因数 $\cos\varphi$。注意瓦特计的接法，电压输入端应与被测支路并联，电流输入端应与被测支路串联。

运行仿真电路，各电压、电流、有功功率和功率因数的测量值如图 4-43 所示。经计算可得 $P=UI\cos\varphi=53.40\text{W}$，与瓦特计的有功功率测量值相符。根据测量数据，还可计算出电路的视在功率 $S=UI=83.598\text{V}\cdot\text{A}$，无功功率 $Q=UI\sin\varphi=64.312\text{var}$。

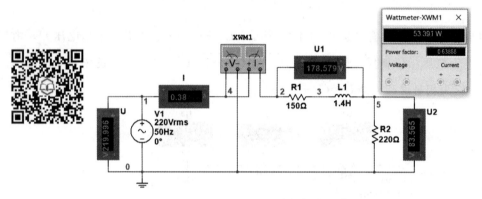

图 4-43　日光灯仿真电路

在图 4-43 所示的日光灯仿真电路中，并联一个量程为 $0\sim10\mu\text{F}$ 的可调电容 C_1。运行仿真电路，当可调电容 $C_1=5\mu\text{F}$ 时，各电压、电流、有功功率和功率因数的测量值如图 4-44 所示。由仿真结果可以看出，感性负载并联电容后，电路的有功功率不变，功率因数由 0.63888 提高到 0.97273，总电流减小，电路的视在功率减小。

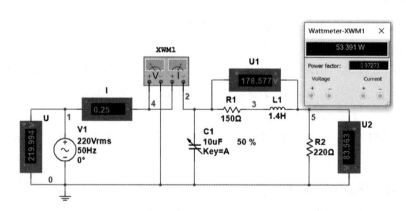

图 4-44　提高功率因数的日光灯仿真电路

4.4.4　频率响应

在电子电路中，常需要研究电路在不同频率下的工作情况。因此，需要分析电路响应与频率的关系，称为频域分析。

利用容抗和感抗随频率而改变的特性，滤波电路（也称滤波器）可使某一频带的信号顺利通过，而抑制不需要的其他频率信号，即滤波器就是一种选频电路。按所通过信号的频率范围，滤波器可分为低通、高通、带通、带阻滤波器。根据组成方式，可分为模拟滤波器和数字滤波器，其中模拟滤波器又分为无源滤波器（由无源元器件 R、C 组成）和有源滤波器（由有源器件运算放大器和 R、C 组成）。

利用 Multisim 14.0 仿真软件可方便地得到滤波器的频率响应曲线，并可依此设计滤波器的元器件参数，从而实现所需要的滤波特性。

（1）无源低通滤波器

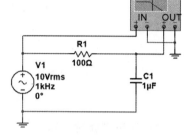

在 Multisim 14.0 仿真环境中搭建如图 4-45 所示的 RC 无源低通滤波器。经计算，可得此滤波器的截止频率 $\omega_0 = \dfrac{1}{RC} = 10000 \text{rad/s}$，即 $f_0 = \dfrac{\omega_0}{2\pi} = 1.592 \text{kHz}$。

运行仿真电路，利用波特图仪观测该无源低通滤波器的频率特性如图 4-46 所示。由图 4-46(a) 可看出在 $f = f_0$ 时，$|T(j\omega)| = 20\lg 0.707 = -3\text{dB}$。当 $\omega < \omega_0$ 时，$|T(j\omega)|$ 下降很少，约等于 1；当 $\omega > \omega_0$ 时，$|T(j\omega)|$ 明显下降，说明低通滤波器的作用是使低频信号较易通过，而抑制较高频率信号通过，通频带为 $0 < \omega \le \omega_0$。由图 4-46(b) 可看出在 $f = f_0$ 时，$\varphi(\omega) = -\dfrac{\pi}{4}$，随着 ω 由 0 增大，$\varphi(\omega)$ 在 $-\dfrac{\pi}{2} \sim 0$ 范围内变化。

图 4-45　RC 无源低通滤波器

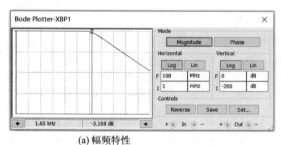

(a) 幅频特性　　　　　　　　　　　　　(b) 相频特性

图 4-46　RC 无源低通滤波器的频率特性

（2）无源高通滤波器

在 Multisim 14.0 仿真环境中搭建如图 4-47 所示的 RC 无源高通滤波器。经计算，可得此滤波器的截止频率 $\omega_0 = \dfrac{1}{RC} = 10000 \text{rad/s}$，即 $f_0 = \dfrac{\omega_0}{2\pi} = 1.592 \text{kHz}$。

运行仿真电路，其频率特性曲线如图 4-48 所示。由图 4-48(a) 可看出在 $f = f_0$ 时，$|T(j\omega)| = 20\lg 0.707 = -3\text{dB}$。当 $\omega > \omega_0$ 时，$|T(j\omega)|$ 下降很少；当 $\omega < \omega_0$ 时，$|T(j\omega)|$ 明显下降，说明高通滤波器的作用是使高频信号较

图 4-47　RC 无源高通滤波器

易通过，而抑制较低频率信号通过，通频带为 $\omega \geqslant \omega_0$。由图 4-48(b) 可看出，在 $f=f_0$ 时，$\varphi(\omega)=\dfrac{\pi}{4}$，随着 ω 由 0 增大，$\varphi(\omega)$ 在 $0 \sim \dfrac{\pi}{2}$ 范围内变化。

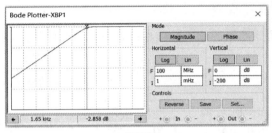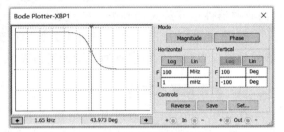

(a) 幅频特性   (b) 相频特性

图 4-48　RC 无源高通滤波器的频率特性

（3）无源带通滤波器

带通滤波器使某一频率范围内的信号通过，而使其余频率的信号大大衰减。

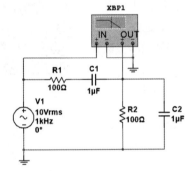

图 4-49　RC 无源带通滤波器

在 Multisim 14.0 仿真环境中搭建如图 4-49 所示的 RC 无源带通滤波器。经计算，可得此滤波器的中心频率 $\omega_0=\dfrac{1}{RC}=10000\mathrm{rad/s}$，即 $f_0=\dfrac{\omega_0}{2\pi}=1.592\mathrm{kHz}$。当 $\omega=\omega_0$ 时，输出电压 $\dot{U}_2$ 与输入电压 $\dot{U}_1$ 同相，且 $\dfrac{U_2}{U_1}=\dfrac{1}{3}$。$|T(\mathrm{j}\omega)|$ 为最大值（即 $\dfrac{1}{3}$）的 70.7% 处所对应的频率上下限范围称为通频带。

运行仿真电路，其频率特性曲线如图 4-50 所示，计算可得 $|T(\mathrm{j}\omega)|=20\lg\left(\dfrac{1}{3}\times 0.707\right)=-12.554\mathrm{dB}$。在图 4-50(a) 所示的幅频特性曲线上，找到对应的上、下限截止频率 f_H 和 f_L 分别为 5.368kHz 和 468.6Hz，由此可得出该带通滤波器的通频带为 468.6Hz～5.368kHz。由图 4-50(b) 可看出，在 $f=f_0$ 时，$\varphi(\omega)=0$，随着 ω 由 0 增大，$\varphi(\omega)$ 在 $-\dfrac{\pi}{2}\sim\dfrac{\pi}{2}$ 范围内变化。

（4）无源带阻滤波器

与带通滤波器相对，带阻滤波器的作用是使某一频率范围内的信号大大衰减，而使其余频率的信号通过。

在 Multisim 14.0 仿真环境中搭建如图 4-51 所示的 RC 无源带阻滤波器，由低通和高通滤波器组成。经计算，可得此滤波器的中心频率 $\omega_0=\dfrac{1}{RC}=10000\mathrm{rad/s}$，即 $f_0=\dfrac{\omega_0}{2\pi}=1.592\mathrm{kHz}$。其中，低通滤波器的截止频率 f_L 应低于高通滤波器的截止频率 f_H，带阻滤波器的阻带 $\mathrm{BW}=f_\mathrm{H}-f_\mathrm{L}$。阻带越窄，带阻滤波器的品质因数 $Q=\dfrac{f_0}{f_\mathrm{H}-f_\mathrm{L}}$ 越高。

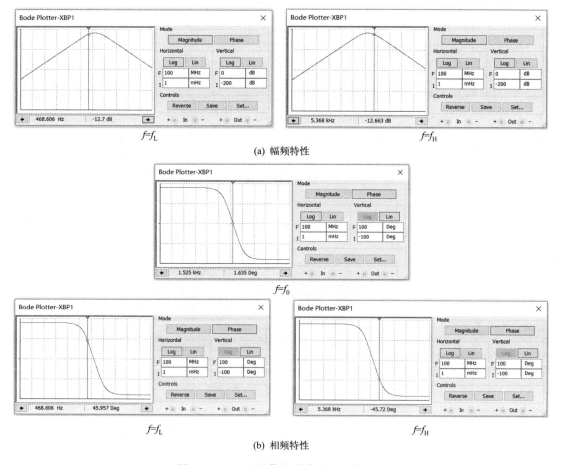

(a) 幅频特性

(b) 相频特性

图 4-50　RC 无源带通滤波器的频率特性

　　运行仿真电路，其频率特性曲线如图 4-52 所示。在图 4-52(a) 所示的幅频特性曲线上，找到 -3dB 对应的上、下限截止频率 f_H 和 f_L，分别为 2.599kHz 和 961.128Hz，由此可得出该带阻滤波器的阻带为 $961.128\text{Hz} \sim 2.599\text{kHz}$。由图 4-52(b) 可看出，在 $f = f_0$ 时，$\varphi(\omega) = 0$，随着 ω 由 0 增大，$\varphi(\omega)$ 先由 0 向 $-\dfrac{\pi}{2}$ 减小，再由 $\dfrac{\pi}{2}$ 减小为 0。

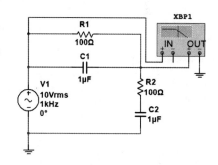

图 4-51　RC 无源带阻滤波器

(5) 无源滤波器的仿真设计

　　利用 Multisim 14.0 仿真软件提供的 Filter Wizard（滤波器向导）功能，可方便快捷地进行滤波器的设计。

　　在 Multisim 14.0 仿真环境中，单击菜单 Tools →Circuit Wizard →Filter Wizard，弹出图 4-53 所示的 Filter Wizard 对话框。Filter Wizard 对话框的左侧为滤波器的参数设置，右侧为滤波器的幅频特性曲线。首先通过 Type 选项选择要设计滤波器的类型，有 Low pass filter（低通滤波器）、High pass filter（高通滤波器）、Band pass filter（带通滤波器）和 Band reject filter（带阻滤波器），如图 4-54 所示。

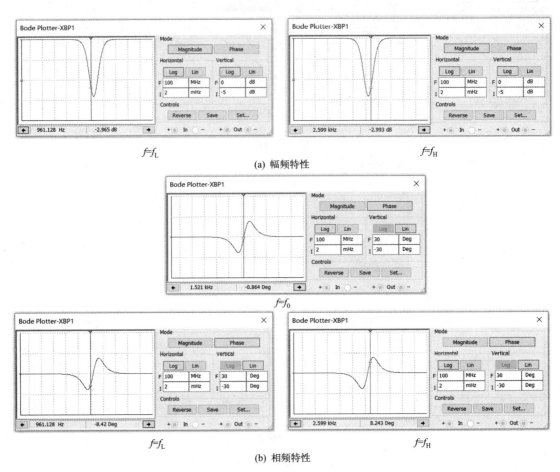

(a) 幅频特性

$f=f_0$

(b) 相频特性

图 4-52 RC 无源带阻滤波器的频率特性

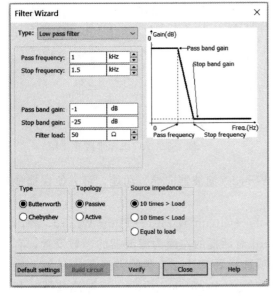

图 4-53 Filter Wizard 对话框

图 4-54 滤波器的类型选择对话框

Filter Wizard 的参数设置内容因所选滤波器类型的不同而有所区别。下面以 Low pass filter（低通滤波器）为例介绍无源滤波器的仿真设计过程。

① 选择滤波器的类型　首先通过 Type 选项选择要设计滤波器的类型为 Low pass filter。

② 参数设置：

Pass frequency：设置滤波器的通带截止频率。

Stop frequency：设置滤波器的阻带截止频率。

Pass band gain：设置通带所允许的最小增益。

Stop band gain：设置阻带所允许的最大增益。

Filter load：设置滤波器的负载电阻值。

Type：选择滤波器是 Butterworth（巴特沃斯滤波器）或 Chebyshev（切比雪夫滤波器）。

Topology：选择滤波器是 Active（有源滤波器）或 Passive（无源滤波器）。

Source impedance：设置电源的阻抗值，由电源阻抗与负载电阻的倍数确定，有电源阻抗大于负载电阻的 10 倍、小于负载电阻的 10 倍和等于负载电阻共 3 种选择。

设置无源低通滤波器的参数如图 4-55 所示。

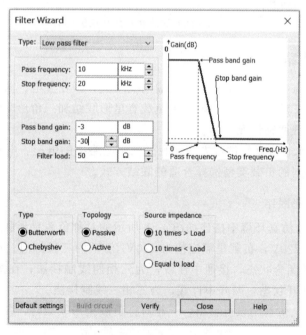

图 4-55　无源低通滤波器的参数设置

③ 参数校验　以上参数设置完成后，单击 Verify（校验）按钮，则 Multisim 14.0 仿真软件会自动检查以上参数设置是否合理。若校验结果显示 "Calculation was successfully completed"，则表示参数设置合理；否则，需要根据校验报错信息提示重新修改参数设置，直到参数校验成功。

④ 生成仿真电路　参数校验成功后，单击 Build circuit（生成电路）按钮，则生成所设计的无源低通滤波器，如图 4-56(a) 所示。对生成的无源低通滤波器进行交互式仿真分析，仿真电路如图 4-56(b) 所示，仿真结果如图 4-57 所示，与设定参数值相符。

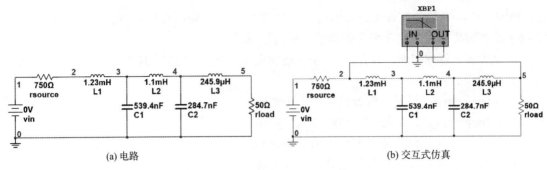

(a) 电路   (b) 交互式仿真

图 4-56   无源低通滤波器的设计电路

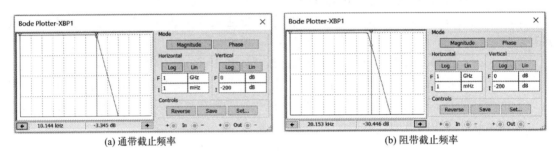

(a) 通带截止频率   (b) 阻带截止频率

图 4-57   无源低通滤波器的交互式仿真结果

4.4.5   三相交流电路

三相电路由三相电源、三相负载和三相输电线组成，因在发电、输电和用电方面的诸多优点而在电力系统中广泛应用。三相电路中负载有星形联结和三角形联结两种方式，又可分对称负载和不对称负载两种情况。

利用 Multisim 14.0 仿真软件可方便地观测三相电路中的电压、电流关系，从而有助于在三相电路中根据不同的负载类型选择合适的联结方式。

（1）对称负载星形联结

在 Multisim 14.0 仿真环境中搭建如图 4-58 所示的对称负载星形联结的三相电路，其中三相电源的相电压为 220V，负载是额定值为 220V/22W 的三只灯泡。在图 4-58（a）所示电路中，开关 S1A 处于闭合状态，接通中性线，为三相四线制接法；在图 4-58（b）所示电路中，开关 S1A 处于断开状态，断开中性线，为三相三线制接法。

运行仿真电路，从仿真结果可看出，三相对称负载星形联结时，各相负载均承受电源的相电压 $\dfrac{380}{\sqrt{3}}=220\text{V}$ 额定工作，三相电流对称，中性线上的电流为零，即两种联结方式电路的工作状态相同，三相负载电压的波形如图 4-59 所示。因此，对于完全对称的负载星形联结的三相电路，三相四线制和三相三线制接法是等效的，即中性线不起作用。

（2）不对称负载星形联结

在 Multisim 14.0 仿真环境中搭建如图 4-60 所示的不对称负载星形联结的三相电路，其中负载分别为额定值为 220V/22W、220V/22W 和 220V/11W 的三只灯泡。在图 4-60（a）所示电路中，开关 S1A 处于闭合状态，为三相四线制接法；在图 4-60（b）所示电路中，开关 S1A 处于断开状态，为三相三线制接法。

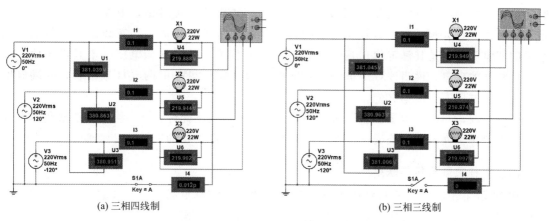

(a) 三相四线制　　　　　　　　　　　　(b) 三相三线制

图 4-58　对称负载星形联结的三相电路

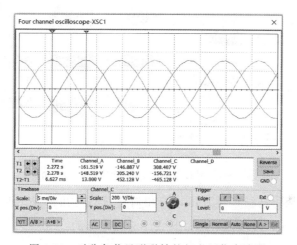

图 4-59　对称负载星形联结的相电压仿真波形

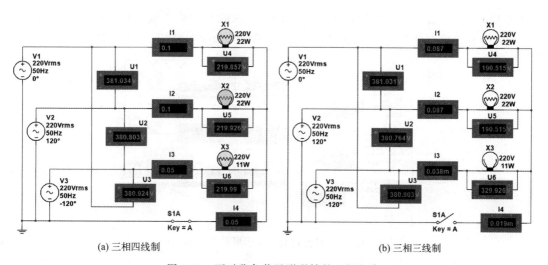

(a) 三相四线制　　　　　　　　　　　　(b) 三相三线制

图 4-60　不对称负载星形联结的三相电路

运行仿真电路，从图 4-60(a) 所示的仿真结果可看出，三相不对称负载接成三相四线制时，各相负载仍承受电源的相电压额定工作，但三相电流不再对称，中性线上电流也不为零。从图 4-60(b) 所示的仿真结果可看出，三相不对称负载接成三相三线制时，各相负载承受的相电压不再是其额定值，其中 220V/11W 的灯泡因承受的相电压高于其额定值，出现灯丝断开的现象，说明该灯泡被烧坏；同时导致 220V/22W 的两只灯泡串联，因端电压低于其额定电压而亮度不够。

因此，在不对称负载星形联结的三相电路中，中性线不允许开路，否则会造成负载上的电压失去对称性而破坏系统的正常工作，甚至会造成用电设备的损坏。

（3）对称负载三角形联结

在 Multisim 14.0 仿真环境中搭建如图 4-61 所示的对称负载三角形联结的三相电路，电路连接成三相三线制，其中负载为额定值 380V/38W 的三只灯泡。

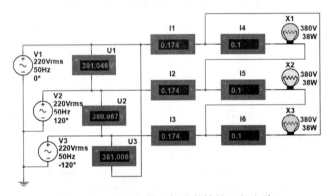

图 4-61　对称负载三角形联结的三相电路

运行仿真电路，从仿真结果可看出，三相对称负载三角形联结时，各相负载承受电源 380V 的线电压额定工作，线电流对称，其大小为相电流的 $\sqrt{3}$ 倍。

（4）不对称负载三角形联结

在 Multisim 14.0 仿真环境中搭建如图 4-62 所示的不对称负载三角形联结的三相电路，其中负载分别是额定值为 380V/38W、380V/38W 和 380V/19W 的三只灯泡。

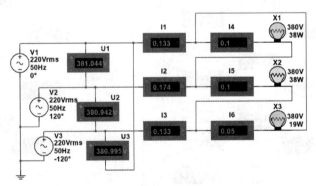

图 4-62　不对称负载三角形联结的三相电路

运行仿真电路，从仿真结果可看出，各相负载仍承受电源 380V 的线电压额定工作，但相电流和线电流均不再对称。

（5）三相电路的功率

三相电路总的有功功率等于各相有功功率之和，与负载的联结方式无关。当负载对称时，各相负载的有功功率相等，因此三相有功功率 $P=3U_{\mathrm{P}}I_{\mathrm{P}}\cos\varphi$ 或 $P=\sqrt{3}U_{\mathrm{L}}I_{\mathrm{L}}\cos\varphi$，其中 φ 为相电压与相电流之间的相位差，U_{P}、I_{P} 为相电压、相电流，U_{L}、I_{L} 为线电压、线电流。

在 Multisim 14.0 仿真环境中搭建如图 4-63 所示的三相电路功率测量电路，其中对称感性负载与三相电源接成三相四线制。运行仿真电路，瓦特计显示单相负载的有功功率 $P_1=$ 25.324W，功率因数 $\cos\varphi=0.72332$，与 $P_1=U_4I_1\cos\varphi$ 的计算值相符。三相有功功率 $P=3P_1$。

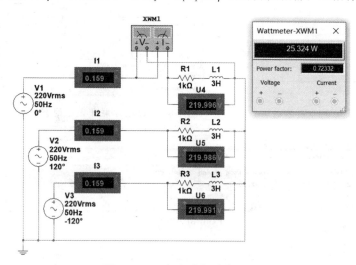

图 4-63　三相电路的功率测量

4.5　非正弦稳态电路的仿真分析

根据傅里叶级数，非正弦周期信号可分解为直流、基波和各次谐波的线性组合。在电子电路中，常见的非正弦周期信号有矩形波、锯齿波、三角波等。

本节以矩形波为例，利用 Multisim 14.0 仿真软件分析电路在非正弦激励下的响应。

在 Multisim 14.0 仿真环境中搭建如图 4-64 所示的 RLC 串联的非正弦稳态电路，其中激励源为 1kHz、5V 的矩形波，可采用以下两种方法进行分析。

（1）利用虚拟示波器观测输出信号与输入信号的关系

单击菜单 Simulate→Analyses and Simulation 命令，在 Analyses and Simulation 对话框中选择交互式仿真分析方法，运行仿真电路，仿真结果如图 4-65 所示。从波形可以看出，在输入信号发生阶跃变化时，输出信号存在振荡过程并逐渐趋于稳定。

（2）利用傅里叶分析（Fourier）

单击菜单 Simulate→Analyses and Simulation 命令，选择 Fourier 分析方法，选择电容电压 V_3 为输出变量。运行仿真电路，其频谱图和傅里叶分析数据如图 4-66 所示。从仿真结果看，当低频时，因容抗较大，感抗较小，因此输出信号衰减较小；当高频时，因容抗较小，感抗较大，因此输出信号衰减明显。

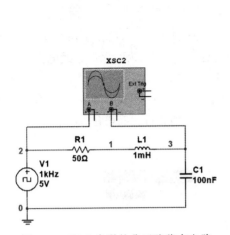

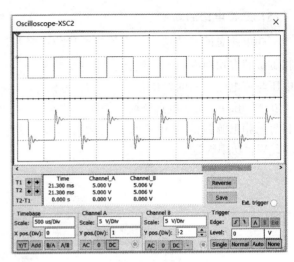

图 4-64　*RLC* 串联的非正弦稳态电路　　　图 4-65　*RLC* 串联非正弦稳态电路的输入输出波形

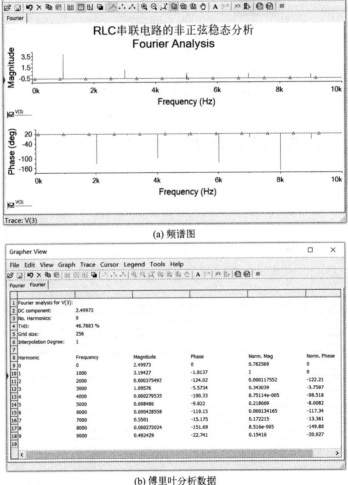

(a) 频谱图

(b) 傅里叶分析数据

图 4-66　*RLC* 串联电路的非正弦傅里叶分析仿真结果

4.6　典型案例的仿真分析——串联谐振电路

在同时含有 L 和 C 的交流电路中，如果总电压和总电流同相，称电路处于谐振状态，此时电路与电源之间不再有能量的交换，电路呈电阻性。谐振电路又称振荡电路，由电感线圈和电容器组成。谐振电路具有选频作用，即带通滤波。在无线电工程、电子测量技术等许多电路中可充分利用谐振的特点实现选频，但在某些应用中也要预防其产生的危害。

按发生谐振电路的不同，谐振现象可分为串联谐振和并联谐振。下面以串联谐振为例，介绍谐振电路的仿真分析过程。

（1）串联谐振的特点

在 RLC 串联电路中，当 $X_L = X_C$ 时，电源电压 u 与 i 同相位，称电路发生了串联谐振，此时的频率称为串联谐振频率，即

$$\omega_0 = \frac{1}{\sqrt{LC}} \text{或} f_0 = \frac{1}{2\pi\sqrt{LC}}$$

当 RLC 串联电路发生谐振时，具有以下特点：① 电路的电抗为 0，电路呈电阻性；② 复阻抗最小，$Z = R$，电流最大；③ 电感电压 u_L 与电容电压 u_C 大小相等，相位相反，互相抵消，电阻电压 u_R 等于电源电压 u，所以又称电压谐振。品质因数衡量了 U_L 或 U_C 与 U 的关系，即 $Q = \dfrac{U_L}{U} = \dfrac{U_C}{U} = \dfrac{\omega_0 L}{R} = \dfrac{1}{\omega_0 CR}$。

（2）仿真分析

在 Multisim 14.0 仿真环境中搭建如图 4-67 所示的 RLC 串联电路，经计算可得此电路的谐振频率为 50kHz。当交流信号源的频率为 50kHz 时，运行仿真电路，各交流电压表和交流电流表的测量值如图 4-67 所示，其中总电压 $U = U_R$，$U_L = U_C$，$I = \dfrac{U}{R_1}$。

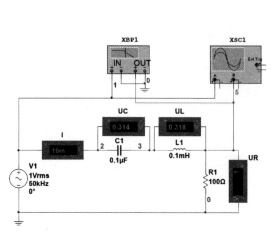

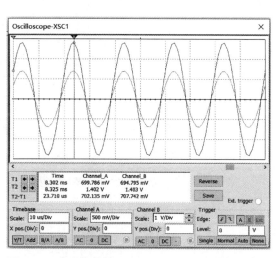

图 4-67　串联谐振电路　　　　图 4-68　交流信号源 V_1 和电阻电压 u_R 的仿真波形

利用双踪示波器观测交流信号源 V_1 和电阻电压 u_R 的波形如图 4-68 所示，可看出总电压 u 与电阻电压 u_R 同相位。利用波特图仪观测电路的幅频特性和相频特性如图 4-69 所示，当电路频率为 50kHz 时，U_R 值最大，与电源电压幅值相等且同相。

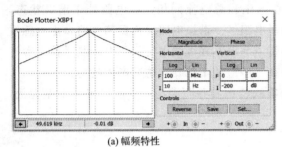

(a) 幅频特性

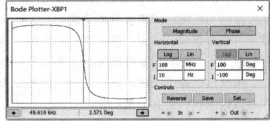

(b) 相频特性

图 4-69   串联谐振电路的频率特性

第5章 基于Multisim 14.0的 模拟电路仿真

模拟电路用于模拟信号的传输、变换、处理、放大、测量和显示等，是电子电路的基础，主要包括放大电路，信号的处理、产生和转换电路等。虽然现代电子技术朝着数字化、集成化、微型化和低功耗等方向发展，但模拟电子技术特有的应用领域和分析方法仍然不可替代。

本章利用 Multisim 14.0 仿真软件对典型的模拟电路进行仿真分析，以加深对模拟电路的组成、参数和性能的理解，从而为模拟电路的设计与应用打下基础。

5.1 半导体器件的伏安特性测试

利用伏安特性分析仪（IV Analyzer）可方便地对二极管、双极型晶体管（BJT）和MOS场效应管的伏安特性进行测试。

5.1.1 二极管的伏安特性测试

二极管的本质就是一个 PN 结，具有单向导电性。二极管的伏安特性是指其端电压与电流之间的关系。

在 Multisim 14.0 仿真环境中搭建如图 5-1 所示的二极管伏安特性测试仿真电路。双击伏安特性分析仪，选择被测半导体器件的类型为 Diode，二极管的阳极接伏安特性分析仪的 p 端，阴极接 n 端。

运行仿真电路，显示二极管的伏安特性曲线如图 5-2 所示。由图 5-2(a) 可看出，当二极管反向偏置时，有很小的反向漏电流，二极管反向截止；由图 5-2(b) 可看出，当二极管正向偏置时，开始有正向电流，当偏置电压大于 0.7V 左右时，电流增长很快，二极管完全正向导通。

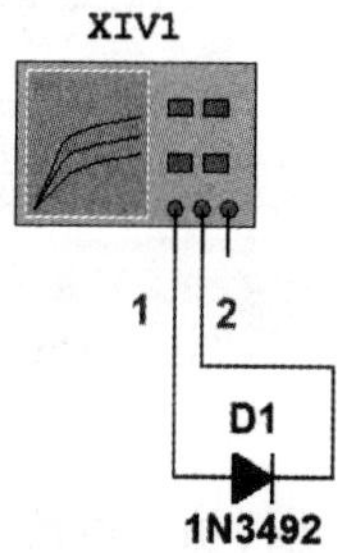

图 5-1 二极管的伏安特性测试仿真电路

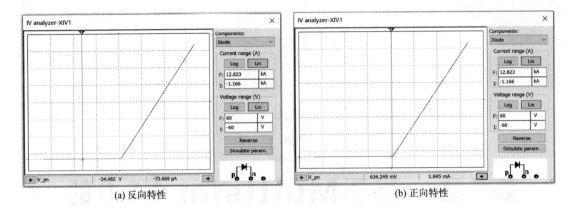

(a) 反向特性   (b) 正向特性

图 5-2 二极管的伏安特性曲线

5.1.2 双极型晶体三极管（BJT）的伏安特性测试

双极型晶体三极管（BJT）简称晶体管，由发射结和集电结两个 PN 结构成，按极性分 NPN 型和 PNP 型。晶体管为非线性三端元件，其伏安特性包括输入特性和输出特性，其中输入特性的测试方法见 3.2.7 小节内容，下面介绍晶体管输出特性的测试方法。

晶体管的输出特性是指当基极电流 I_B 为常数时，集电极电流 I_C 与集-射极电压 U_{CE} 之间的关系曲线 $I_C = f(U_{CE})|_{I_B=常数}$。因此，晶体管的输出特性曲线为一组曲线。

在 Multisim 14.0 仿真环境中搭建如图 5-3 所示的晶体管输出特性测试仿真电路，其中晶体管为 NPN 型。连线时，晶体管的 B、E、C 三个电极分别与伏安特性分析仪的 b、e、c 三个端子对应连接。在伏安特性分析仪的主界面中，单击 Simulate Parameters，弹出仿真参数设置对话框，其中 U_{CE} 和 I_B 的起始值、终止值及步进增量值选择默认值，如图 5-4 所示。I_B 的步进增量数设为 10，是指有 10 条不同 I_B 对应的 I_C 随 U_{CE} 变化的曲线。

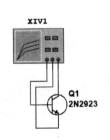

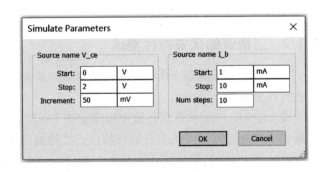

图 5-3 晶体管的输出特性测试仿真电路   图 5-4 伏安特性分析仪的参数设置

运行仿真电路，显示晶体管的伏安特性曲线如图 5-5 所示，利用游标可测量 I_B、U_{CE} 和 I_C 的对应数值。

PNP 型晶体管伏安特性的测试方法与 NPN 型相同。

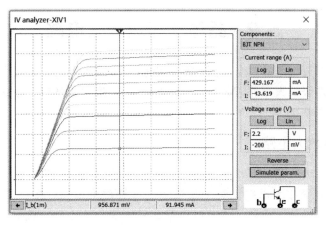

图 5-5　晶体管的伏安特性曲线

5.1.3　MOS 场效应管的伏安特性测试

MOS（Metal-Oxide-Semiconductor）场效应管是场效应管的类型之一，按极性分 N 沟道和 P 沟道两类。MOS 场效应管为非线性三端元件，其伏安特性包括转移特性和输出特性。

MOS 场效应管的转移特性是指当漏-源极电压 U_{DS} 为常数时，漏极电流 I_D 与栅-源极电压 U_{GS} 之间的关系曲线 $I_D = f(U_{GS})|_{U_{DS}=常数}$。可利用直流扫描分析方法测试 MOS 场效应管的转移特性，具体方法参照 3.2.7 小节晶体三极管输入特性的测试。

MOS 场效应管的输出特性是指当栅-源极电压 U_{GS} 为常数时，漏极电流 I_D 与漏-源极电压 U_{DS} 之间的关系曲线 $I_D = f(U_{DS})|_{U_{GS}=常数}$。因此，MOS 场效应管的输出特性曲线为一组曲线。

在 Multisim 14.0 仿真环境中搭建如图 5-6 所示的 MOS 场效应管输出特性测试仿真电路，其中 MOS 场效应管为 N 沟道型。连线时，MOS 场效应管 G、S、D 三个电极分别与伏安特性分析仪的 g、s、d 三个端子对应连接。

运行仿真电路，显示 NMOS 场效应管的输出特性曲线如图 5-7 所示。

PMOS 场效应管伏安特性的测试方法与 NMOS 场效应管相同。

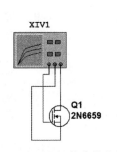

图 5-6　NMOS 场效应管的输出
　　　特性测试仿真电路

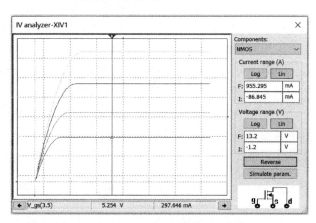

图 5-7　NMOS 场效应管的输出特性曲线

5.2　晶体三极管放大电路

在模拟电路中，放大电路有分立元件放大电路和集成放大电路，其中分立元件放大电路有单管放大电路、多级放大电路、差分放大电路、功率放大电路等。分立元件放大电路也是构成集成放大电路的基础。

5.2.1　单管共射放大电路

晶体管是分立放大电路的基本组成单元。按晶体管的类型，单管放大电路分双极型晶体管放大电路和场效应管放大电路。对于双极型晶体管放大电路，按组态方式，可分共发射极、共集电极和共基极放大电路。本节以单管共发射极放大电路（简称单管共射放大电路）为例，介绍如何利用 Multisim 14.0 仿真软件对分立元件放大电路进行分析。

放大电路的响应是在直流电源和交流信号源共同作用下的结果，因此对放大电路的分析分为静态分析和动态分析。

（1）静态分析

放大电路的静态是指无输入信号，放大电路仅在直流电源作用下的状态。放大电路静态工作点的设置直接影响放大电路的动态工作范围，进而影响其动态参数，也关系到输出信号是否失真。

利用 Multisim 14.0 提供的直流工作点分析（DC Operating Point）方法可方便地对放大电路进行静态分析。具体过程参见 3.2.3 小节直流工作点分析（DC Operating Point）相关内容。在 3.2.3 小节中，利用直流工作点分析方法已经对图 3-2 所示的共发射极放大电路进行了静态分析。

（2）动态分析

放大电路的主要性能指标有电压增益、输入电阻、输出电阻和通频带等。

① 电压增益 A_u 的测量　利用 Multisim 14.0 提供的瞬态分析（Transient）方法可测量放大电路的电压增益 A_u。

图 3-2 所示共发射极放大电路的电压增益 A_u 的测量可参见 3.2.2 小节瞬态分析（Transient）相关内容，瞬态分析仿真结果如图 3-14 所示。从仿真结果可看出，输入信号和输出信号的相位相反，电压增益约为 72。

除瞬态分析方法外，还可利用 Multisim 14.0 提供的单一频率交流分析（Single Frequency AC）方法测量单管放大电路的电压增益，具体过程参见 3.2.5 小节单一频率交流分析（Single Frequency AC）相关内容，仿真结果如图 3-22 所示。从仿真结果可看出，共发射极放大电路工作在 50kHz 时，电压增益约为 71.5，相位约为 $-179.4°$，即输出信号与输入信号相位相反，与瞬态分析方法所得结果一致。

② 输入电阻 r_i 的测量　放大电路的输入电阻 $r_i = \dfrac{\dot{U}_i}{\dot{I}_i}$，其中 $\dot{U}_i$、$\dot{I}_i$ 分别为放大电路的正弦输入电压和正弦输入电流。在中频段时，图 3-2 所示共发射极放大电路可看作电阻性，因此 $r_i = \dfrac{U_i}{I_i}$。

共发射极放大电路输入电阻的测量电路如图 5-8 所示，用交流电压表测量输入电压 U_i，交流电流表测量输入电流 I_i。运行仿真电路，由测量数据计算可得输入电阻 $r_i=1.82\text{k}\Omega$；，与通过 $r_i=R_{B1}//R_{B2}//r_{BE}$ 所得理论计算值相符，其中 r_{BE} 为晶体管小信号模型中基极与发射极间的等效电阻，低频小功率晶体管的输入电阻通常按式(5-1) 估算，式(5-1) 中右边第一项常取 $100\sim300\Omega$。

$$r_{BE}=200(\Omega)+(1+\beta)\frac{26(\text{mV})}{I_E(\text{mA})} \tag{5-1}$$

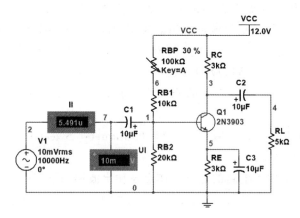

图 5-8　共发射极放大电路输入电阻的测量电路

③ 输出电阻 r_o 的测量　放大电路的输出电阻 $r_o=\dfrac{\dot{U}_o}{\dot{I}_o}$，其中 $\dot{U}_o$、$\dot{I}_o$ 分别为加在放大电路的输出端的正弦交流电压和正弦交流电流。在中频段时，图 3-2 所示共发射极放大电路可看作电阻性，因此 $r_o=\dfrac{U_o}{I_o}$。

共发射极放大电路输出电阻的测量电路如图 5-9 所示，将输入端的交流电压源短路，直流电源短路接地，输出端加正弦交流信号源，用交流电压表测量输出端电压 U_o，交流电流表测量输出端电流 I_o。运行仿真电路，由测量数据计算可得输出电阻 $r_o=3\text{k}\Omega$，与理论计算值 $r_o=R_C$ 相符。

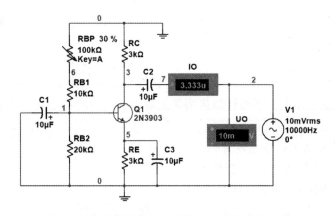

图 5-9　共发射极放大电路输出电阻的测量电路

④ 通频带的测量 利用 Multisim 14.0 提供的交流扫描分析（AC Sweep）方法可测量放大电路的通频带。

图 3-2 所示共发射极放大电路的通频带测量可参见 3.2.4 小节交流扫描分析（AC Sweep）相关内容。交流扫描分析仿真结果如图 3-19 所示，由 Grapher View 显示框所示的幅频特性曲线可看出，在中频段放大电路的增益稳定在 71.5，即电压增益与频率无关。利用游标可测得放大电路的下限截止频率为 632Hz，上限截止频率为 32.1MHz，从而得出此放大电路的通频带约为 32.1MHz。

⑤ 非线性失真分析 对放大电路的基本要求就是输出信号尽可能不失真。所谓失真，是指输出信号的波形不像输入信号波形。引起失真的原因有很多，常见原因是静态工作点不合适或者信号太大，造成晶体管的工作范围超出了其特性曲线上的线性范围。

a. 因静态工作点设置不合适造成的非线性失真。静态工作点 Q 通常设置在晶体管交流负载线的中间位置，这样可获得最大的不失真输出，从而得到放大电路的最大动态工作范围。

利用 Multisim 14.0 提供的参数扫描分析（Parameter Sweep）方法可观测元件参数变化对静态工作点以及放大电路工作状态的影响。

图 3-2 所示共发射极放大电路的静态工作点及输出波形随下偏电阻 R_{B2} 的变化情况可参见 3.2.8 小节参数扫描分析（Parameter Sweep）相关内容。对下偏电阻 R_{B2} 的参数扫描分析仿真结果如图 3-34 所示。

b. 因输入信号幅值太大造成的非线性失真。放大电路在小信号条件下可线性工作，当输入信号的幅值增大到超出其线性放大范围时，放大电路的输出将会产生失真。

在 Multisim 14.0 仿真环境中搭建如图 5-10(a) 所示的共发射极放大电路，利用虚拟示波器观测输入信号与输出信号的电压波形。

当输入信号源的幅值设为 10mV 时，运行仿真电路，波形显示如图 5-10(b) 所示，即放大电路工作在线性放大状态。将输入信号源的幅值设置为 50mV，再运行仿真电路，波形显示如图 5-10(c) 所示，此时输出信号产生了明显的截止失真。

因此，在使用放大电路放大信号时，要注意其线性放大范围，输入信号的幅值不能过大。

(3) 单管共射放大电路的仿真设计

利用 Multisim 14.0 仿真软件提供的 BJT Common Emitter Amplifier Wizard（双极型晶体管共射放大电路设计向导）功能，可方便快捷地进行共发射极放大电路的设计。

在 Multisim 14.0 仿真环境中，单击菜单 Tools→Circuit Wizard→CE BJT amplifier wizard，弹出图 5-11 所示的 BJT Common Emitter Amplifier Wizard 对话框。

BJT Common Emitter Amplifier Wizard 对话框的左侧为共发射极放大电路的参数设置，右侧为结构图和静态工作点。下面详细说明共发射极放大电路的仿真设计过程。

① 参数设置

a. BJT selection 用于设置晶体管的参数。

- Beta of the BJT（hfe）：设置晶体管的 β 值；
- Saturated（Vbe）：设置晶体管的 U_{BE} 值。

b. Amplifier specification 用于设置放大电路输入信号源的性能参数。

- Peak input voltage（Vpin）：设置输入信号源的电压幅值；

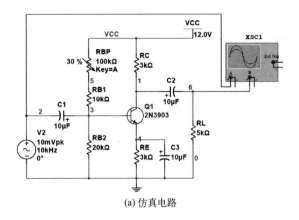

(a) 仿真电路

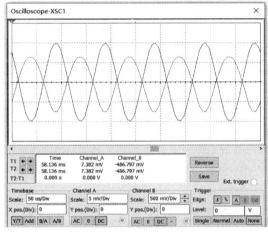

(b) 仿真波形(V_2幅值为10mV)

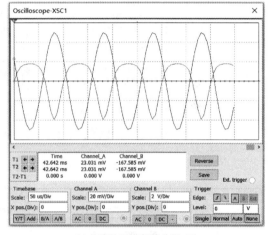

(c) 仿真波形(V_2幅值为50mV)

图 5-10 共发射极放大电路的非线性失真分析

- Input source frequency（fs）：设置输入信号源的频率；
- Signal source resistance（Rs）：设置输入信号源的内阻。

c. Quiescent point specification 用于设置放大电路的静态工作点。

从 Collector current（Ic）（集电极电流）、Collector-emitter voltage（Vce）（集-射极电压）和 Peak output volt. Swing（Vps）（输出电压的摆幅）中选择一个参数进行设置。

d. Cutoff frequency（fcmin）用于设置放大电路的截止频率。

e. Load resistance and power supply 用于设置放大电路的负载电阻和电源电压。

- Power supply voltage（Vcc）：设置电源电压；
- Load resistance（Rl）：设置负载电阻。

f. Amplifier characteristics 用于设置放大电路的特性参数。

- Small signal voltage gain（Av）：设置小信号电压增益；
- Small signal current gain（Ai）：设置小信号电流增益；
- Maximum voltage gain（Avmax）：设置最大电压增益。

② 参数校验　以上参数设置完成后，单击 Verify 按钮，则 Multisim 14.0 仿真软件会自动检查以上参数设置是否合理。若出现图 5-12 所示的对话框，则表示参数合理，对话框中的 Amplifier characteristics 选项下列出了在以上参数设置条件下放大电路的特性参数。

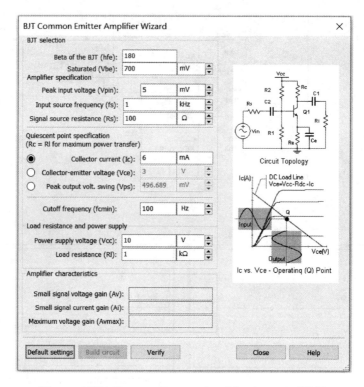

图 5-11　BJT Common Emitter Amplifier Wizard 对话框

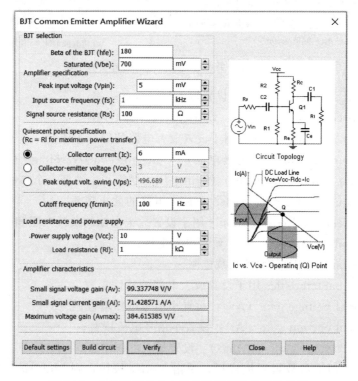

图 5-12　共发射极放大电路的设置参数及特性参数

若将 Power supply voltage（Vcc）电源电压设置为 5V，如图 5-13（a）所示，单击 Verify 按钮后弹出图 5-13（b）所示的对话框，提示"当前的电流设置将使发射极电阻 R_E 为负值，可通过增大电源电压或减小 I_C、U_{CE}、U_{PS} 或 R_L 来调整"，这说明以上参数设置不合理，需要根据校验报错信息提示重新修改参数设置，直到出现图 5-12 所示的对话框。

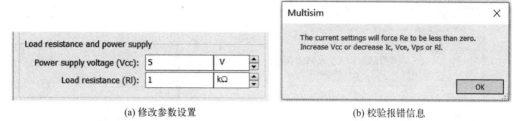

<table>
<tr><td>(a) 修改参数设置</td><td>(b) 校验报错信息</td></tr>
</table>

图 5-13　参数设置校验报错

③ 生成仿真电路　参数设置均选择默认值，参数校验成功后，再单击 Build circuit 按钮，则生成所设计的共发射极放大电路如图 5-14 所示。

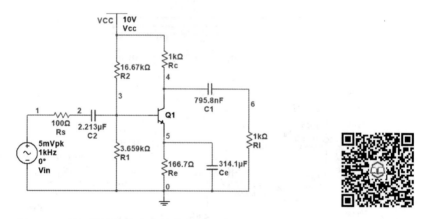

图 5-14　利用设计向导生成的共发射极放大电路

对图 5-14 所示的共发射极放大电路分别进行静态和动态分析。其中，经直流工作点分析得集电极电流 I_C，如图 5-15（a）所示；图 5-15（b）所示为瞬态分析结果，利用游标可测量出放大电路的电压增益约为 100。

以上仿真结果与图 5-12 所示对话框中放大电路的参数设置值相符。

5.2.2　场效应管放大电路

在 Multisim 14.0 仿真环境中搭建如图 5-16 所示的场效应管分压式偏置放大电路，其直流工作点分析结果如图 5-17 所示。

将输入信号电压 V_2 和输出电压 V_4 作为输出变量，对图 5-16 所示的场效应管分压式偏置放大电路进行瞬态分析，仿真结果如图 5-18 所示，可看出该电路对输入正弦小信号进行了反相放大，利用游标所测数据计算可得电压增益约为 -50。

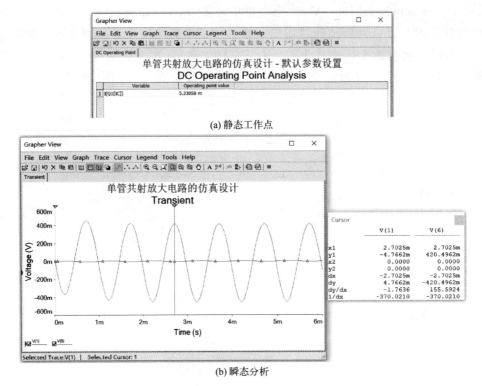

(a) 静态工作点

(b) 瞬态分析

图 5-15　图 5-14 所示共发射极放大电路的仿真分析结果

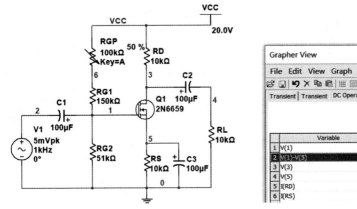

图 5-16　场效应管分压式偏置放大电路

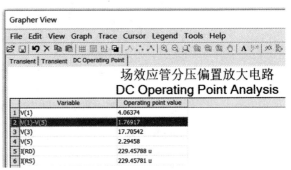

图 5-17　场效应管分压式偏置放大电路的
直流工作点分析结果

　　仍将输入信号电压 V_2 和输出电压 V_4 作为输出变量，对图 5-16 所示的场效应管分压式偏置放大电路进行交流扫描分析，仿真结果如图 5-19 所示。由图 5-19（a）所示的幅频特性曲线可测出，在中频段，电压的稳定增益为 51.8；由相频特性曲线可看出，在中频段，相位约为 180°，即输入信号和输出信号相位相反。在图 5-19（b）所示的幅频特性曲线上，可测出在电压增益等于 $\dfrac{51.8}{\sqrt{2}}=36.6$ 时，放大电路的下限截止频率约为 16Hz，上限截止频率为 890kHz，因此通频带约为 890kHz。

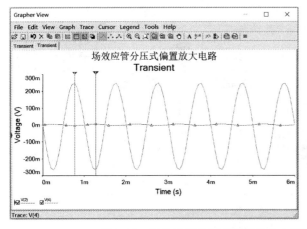

图 5-18　场效应管分压式偏置放大电路的瞬态分析结果

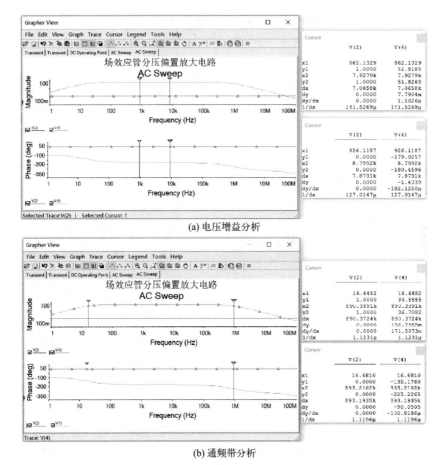

(a) 电压增益分析

(b) 通频带分析

图 5-19　场效应管分压式偏置放大电路的交流扫描分析结果

5.2.3　多级放大电路

在 Multisim 14.0 仿真环境中搭建如图 5-20 所示的两级放大电路，其中第一级为共集电极放大电路，第二级为共发射极放大电路，级间为阻容耦合方式。

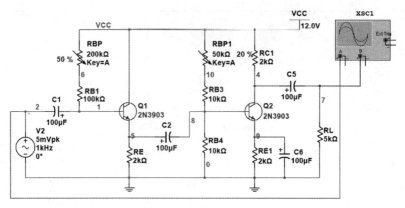

图 5-20 两级放大电路

（1）第一级共集电极放大电路的仿真分析

① 第一级共集电极放大电路的电压增益　将耦合电容 C_2 与第二级放大电路的输入端断开，用双踪示波器观测输入交流信号 V_2 与第一级放大电路输出电压的波形，仿真电路如图5-21（a）所示。

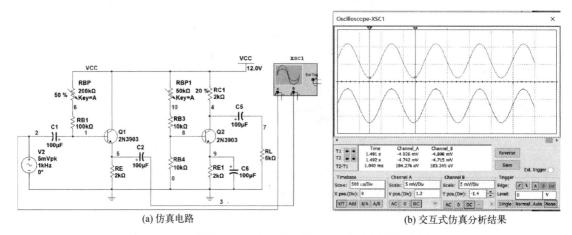

(a) 仿真电路　　　　　　　　　　　　　(b) 交互式仿真分析结果

图 5-21　共集电极放大电路（第一级）的电压增益分析

由图 5-21（b）所示的交互式仿真波形可测出，第一级放大电路空载时的电压增益 A_{u1} 为 0.99，且输入输出信号同相。

② 第一级共集电极放大电路的通频带　对图 5-21（a）所示电路进行交流扫描分析，设输出信号电压 V_3 为输出变量，仿真分析结果如图 5-22 所示。

由仿真波形可测出，第一级共集电极放大电路的稳定电压增益约为 1，相位约为 0，即输入输出信号相位相同。放大电路的下限截止频率为 0；在电压增益为 0.7 时，上限截止频率约为 7.98GHz，即通频带约为 7.98GHz，频带较宽。

（2）第二级共发射极放大电路的仿真分析

① 第二级共发射极放大电路的电压增益　将耦合电容 C_2 与第二级放大电路的输入端断开，将输入交流信号 V_2 经耦合电容 C_1 接第二级放大电路的输入端，仿真电路如图 5-23 所示。

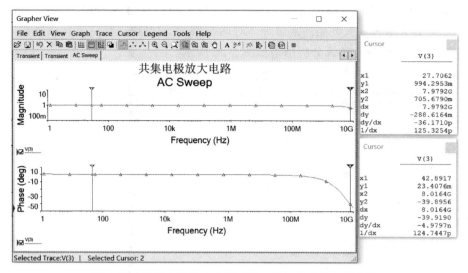

图 5-22　共集电极放大电路（第一级）的交流扫描分析

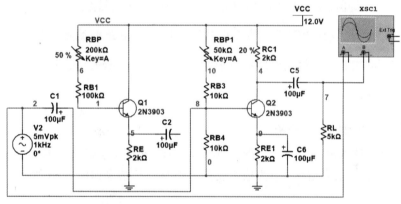

图 5-23　共发射极放大电路（第二级）

对图 5-23 所示电路进行瞬态分析，设交流输入信号电压 V_2 和输出信号电压 V_7 为输出变量，仿真分析结果如图 5-24 所示。

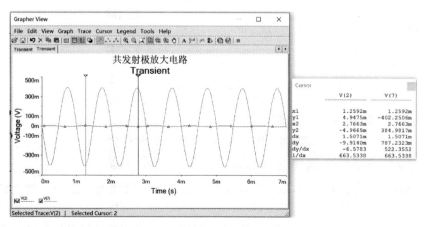

图 5-24　共发射极放大电路（第二级）的瞬态分析结果

由仿真波形可测出第二级共发射极放大电路的电压增益 A_{u2} 约为 81。

② 第二级共发射极放大电路的通频带　对图 5-23 所示电路进行交流扫描分析，设输出信号电压 V_7 为输出变量，仿真分析结果如图 5-25 所示。

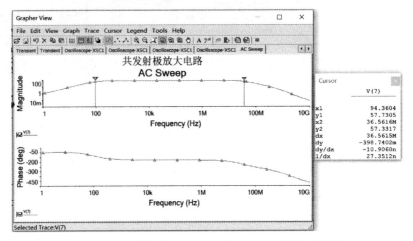

图 5-25　共发射极放大电路（第二级）的交流扫描分析

由仿真波形可测出，在中频段，第二级共发射极放大电路的稳定电压增益约为 81，在电压增益等于 $\dfrac{81}{\sqrt{2}} = 57.3$ 时，放大电路的下限截止频率为 95Hz，上限截止频率为 36.6MHz，即通频带为 36.6MHz。

(3) 两级放大电路的仿真分析

① 两级放大电路的电压增益　对图 5-20 所示的两级放大电路进行瞬态分析，设输入交流信号电压 V_2 和输出信号电压 V_7 为输出变量，仿真分析结果如图 5-26 所示。

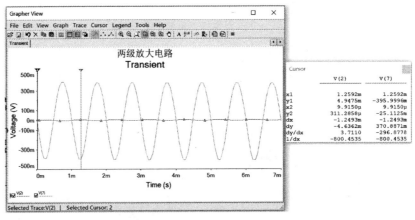

图 5-26　两级放大电路的瞬态分析结果

由仿真波形可测出两级放大电路的电压增益 A_u 约为 80。由 $A_{u1} A_{u2} = 0.99 \times 81 = 80.19$，可得出两级放大电路的电压增益等于第一级与第二级放大电路电压增益的乘积，与理论分析结果一致。

② 两级放大电路的通频带　对图 5-20 所示的两级放大电路进行交流扫描分析，设输出信号电压 V_7 为输出变量，仿真结果如图 5-27 所示。

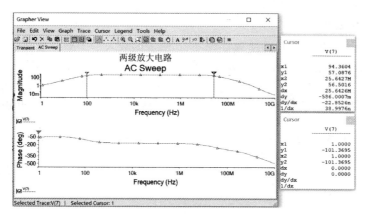

图 5-27　两级放大电路的交流扫描分析

从仿真结果看，在电压增益等于 $\dfrac{80}{\sqrt{2}}=56.6$ 时，两级放大电路的下限截止频率为 $94\,\text{Hz}$，上限截止频率为 $25.6\,\text{MHz}$，即通频带为 $25.6\,\text{MHz}$。显然，两级放大电路的通频带比单级放大电路的通频带窄。

5.2.4　差分放大电路

差分放大电路是构成多级直接耦合放大电路的基本单元电路，常作为集成运算放大器的输入级，其主要作用是抑制共模信号，放大差模信号。差分放大电路有单端输入单端输出、单端输入双端输出、双端输入单端输出和双端输入双端输出四种组成方式。本节以常用的双入单出、双入双出差分放大电路为例，利用 Multisim 14.0 仿真软件分析差分放大电路对不同类型信号的作用。

（1）双入单出-共模输入

在 Multisim 14.0 仿真环境中搭建如图 5-28 所示的双入单出差分放大电路，其中两路输入信号相同，即共模输入，利用四通道示波器对比观测输入信号与输出信号的电压波形。

运行仿真电路，波形显示如图 5-29 所示。从仿真波形看，对于共模输入，单端输出信号的幅值较小，共模电压增益 $A_{\mathrm{c}}=\dfrac{1.609}{9.910}=0.16$。

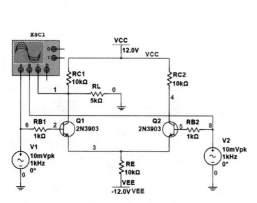

图 5-28　双入单出差分放大电路（共模输入）

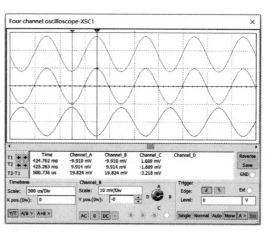

图 5-29　双入单出差分放大电路（共模输入）的仿真波形

（2）双入单出-差模输入

在 Multisim 14.0 仿真环境中搭建如图 5-30 所示的双入单出差分放大电路，其中两路输入信号幅值相同，极性相反，即差模输入。利用四通道示波器对比观测输入信号与输出信号的电压波形。

运行仿真电路，波形显示如图 5-31 所示。从仿真波形看，差模电压增益 $A_d = \dfrac{505.657}{9.806} = 51.57$，共模抑制比 $K_{CMRR} = \dfrac{A_d}{A_c} = \dfrac{51.57}{0.16} = 322.3$。

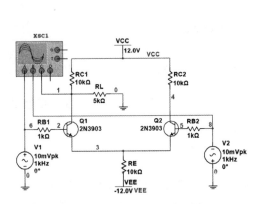

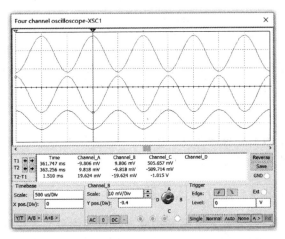

图 5-30　双入单出差分放大电路（差模输入）

图 5-31　双入单出差分放大电路（差模输入）的仿真波形

（3）双入双出-共模输入

在 Multisim 14.0 仿真环境中搭建如图 5-32 所示的双入双出差分放大电路，其中两路输入信号相同，即共模输入，利用双踪示波器观测输入信号与输出信号的电压波形。

运行仿真电路，波形显示如图 5-33 所示。从仿真波形看，对于共模输入，双端输出信号的幅值约为 0，即共模电压增益 $A_c \approx 0$，没有信号放大能力，即双入双出差分放大电路对共模信号有很强的抑制作用。

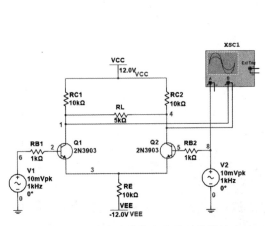

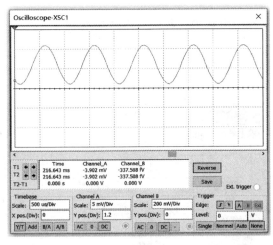

图 5-32　双入双出差分放大电路（共模输入）

图 5-33　双入双出差分放大电路（共模输入）的仿真波形

（4）双入双出-差模输入

在 Multisim 14.0 仿真环境中搭建如图 5-34 所示的双入双出差分放大电路，其中两路输入信号幅值相同，极性相反，即差模输入。利用双踪示波器观测输入信号与输出信号的电压波形。

运行仿真电路，波形显示如图 5-35 所示。从仿真波形看，差模电压增益 $A_d = \dfrac{631.971}{19.625} = 32.20$，共模抑制比 $K_{CMRR} \to \infty$。与双入单出式相比，虽然双入双出差分放大电路的差模电压增益 A_d 有所下降，但共模抑制比 K_{CMRR} 大大提高，即提高了抑制共模信号的能力。

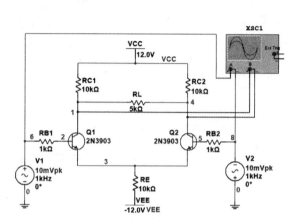

图 5-34　双入双出差分放大电路（差模输入）

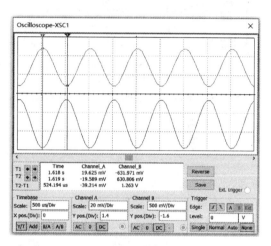

图 5-35　双入双出差分放大电路（差模输入）的仿真波形

（5）双入双出-比较输入

在 Multisim 14.0 仿真环境中搭建如图 5-36 所示的双入双出差分放大电路，其中两路输入信号既非共模，又非差模，其大小和相对极性均任意，这种输入常作为比较放大使用，称为比较输入，在自动控制系统中广泛存在。利用双踪示波器观测输入信号与输出信号的电压波形。

运行仿真电路，波形显示如图 5-37 所示。从仿真波形看，电压增益为 $A_d = \dfrac{162.261}{4.937} = 32.8$，与差模输入时的电压增益大概相等，即比较输入时，差分放大电路放大的是两路输入信号的差值。

由以上分析可以看出，无论采用哪种连接方式，差分放大电路都有较高的共模抑制比。

5.2.5　低频功率放大电路

在 Multisim 14.0 仿真环境中搭建如图 5-38 所示的 OTL 低频功率放大电路，其中晶体管 Q_1 构成推动级，Q_2 和 Q_3 组成互补推挽 OTL 功率放大电路，Q_2 和 Q_3 工作在乙类状态。为使电路的输出电阻低，从而带负载能力强，晶体管均接成射极输出形式。

运行仿真电路，输入信号和输出信号的电压波形如图 5-39 所示。从仿真结果看，输出信号出现了明显的交越失真现象。

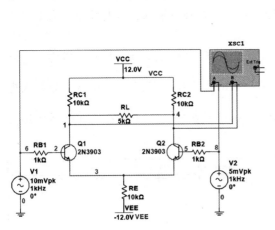

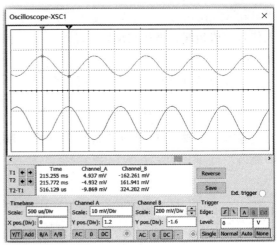

图 5-36　双入双出差分放大电路（比较输入）　　图 5-37　双入双出差分放大电路（比较输入）的
仿真波形

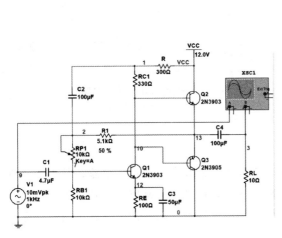

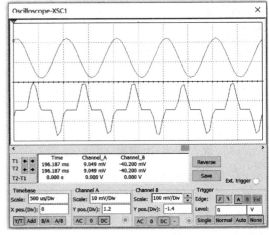

图 5-38　OTL 低频功率放大电路　　　　　　图 5-39　OTL 低频功率放大电路的仿真波形

　　在图 5-38 所示的 OTL 低频功率放大电路中增加二极管 D_1 和电阻 R_{P2}，如图 5-40 所示，目的是使晶体管 Q_2 和 Q_3 的基极间得到合适的直流电压，保证 Q_2 和 Q_3 工作在甲乙类状态，以克服交越失真。

　　运行仿真电路，输入信号和输出信号的电压波形如图 5-41 所示，克服了交越失真现象。

5.2.6　负反馈放大电路

　　在图 3-2 所示的共发射极放大电路中，发射极电阻 R_E 构成了直流负反馈，以稳定静态工作点，其直流工作点分析过程参见 3.2.3 小节。由于旁路电容 C_3 的存在，R_E 对交流通路不起作用，即不存在交流负反馈，因此有无 R_E 对放大电路的动态性能无影响。

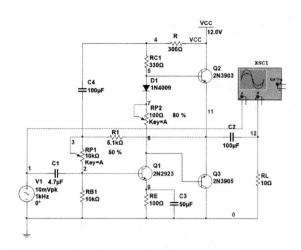

图 5-40　OTL 低频功率放大电路的
改进电路

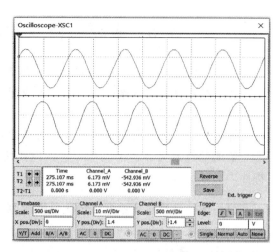

图 5-41　OTL 低频功率放大电路
（改进电路）的仿真波形

若将图 3-2 所示共发射极放大电路中的 C_3 断开，如图 5-42 所示，其静态工作点不受影响，但动态性能会发生变化。

对图 5-42 所示电路进行交流扫描分析，仿真结果如图 5-43 所示。

由仿真波形可测量出加入交流负反馈后，共发射极放大电路的电压增益由原来的 71.5 下降为 0.6，即静态工作点的稳定是以牺牲电路的电压增益为代价的。因此，在应用中为了不影响放大电路的动态性能，共发射极电阻 R_E 两端通常要并联旁路电容。

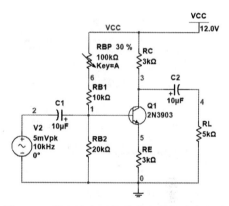

图 5-42　带交流负反馈的共发射极放大电路

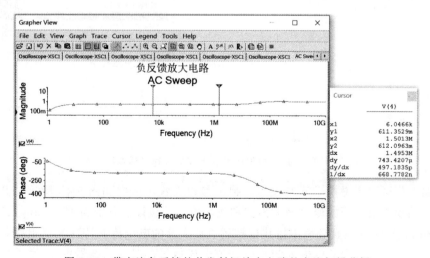

图 5-43　带交流负反馈的共发射极放大电路的交流扫描分析

5.3 集成运算放大器的电压传输特性测试

集成运算放大器是一种具有高电压增益（$10^4 \sim 10^7$，$80 \sim 140$dB，即几万～几千万倍）的多级直接耦合放大电路。从外部，集成运算放大器可看作是一个双端输入、单端输出，具有高电压增益、高输入电阻、低输出电阻、能较好抑制零点漂移现象的差分放大电路。以集成运算放大器为核心器件可构成各种模拟运算电路，信号处理和信号转换等电路。

集成运算放大器输出电压与输入电压之间的关系曲线称为集成运算放大器的电压传输特性。

（1）虚拟运算放大器电压传输特性的测试

在元器件工具栏中点击 Analog（模拟）类，在 Family 中选择 ANALOG_VIRTUAL（虚拟模拟元器件），在 Component 中选择 OPAMP_3T_VIRTUAL（三端虚拟运算放大器），如图 5-44 所示。三端虚拟运算放大器有两个输入端子和一个输出端子，不考虑电源端子；若选择 OPAMP_5T_VIRTUAL（五端虚拟运算放大器），则需要考虑正负电源接线端子。

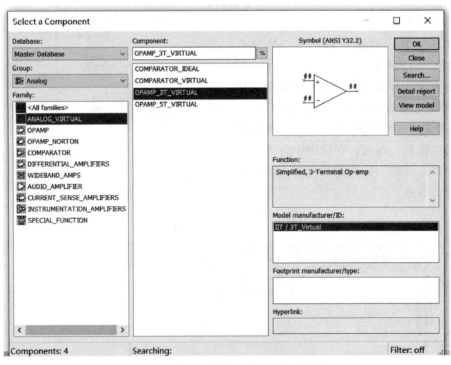

图 5-44　虚拟运算放大器的选择对话框

在电路工作区双击虚拟运算放大器，弹出参数设置对话框如图 5-45 所示，其中虚拟运算放大器的输出正负电压摆幅（即输出饱和电压值）默认设置分别为 12V 和 −12V。

在 Multisim 14.0 仿真环境中搭建虚拟运算放大器的电压传输特性测试电路，如图 5-46（a）所示，虚拟运算放大器的输入为正弦交流电压信号，双踪示波器的 A 通道接虚拟运算放大器的输入，B 通道接其输出。

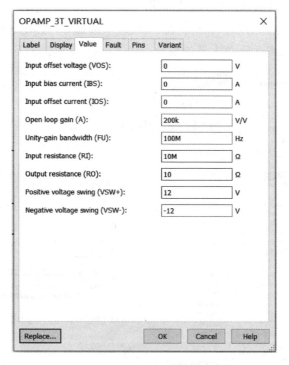

图 5-45　虚拟运算放大器参数设置对话框

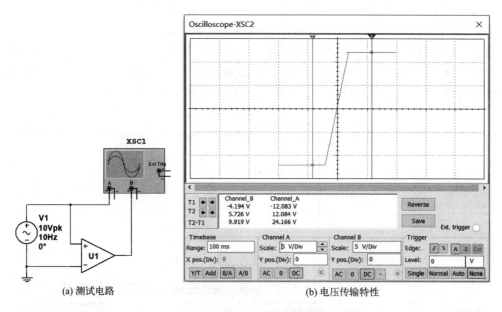

(a) 测试电路　　　　　　　　　(b) 电压传输特性

图 5-46　虚拟运算放大器的电压传输特性测试

在交互式仿真下运行仿真电路，双击双踪示波器，选择波形显示方式为 B/A，即将 A 通道信号作为输入，B 通道信号作为输出，显示波形即为虚拟运算放大器的电压传输特性，如图 5-46(b) 所示。由电压传输特性可看出，集成运算放大器的输出有很窄的线性范围，正负饱和电压分别为 12V 和 −12V。

（2）真实运算放大器电压传输特性的测试

在元器件工具栏中点击 Analog 类，在 Family 中选择 OPAMP（运算放大器），在 Component 中选择所需的真实运算放大器的型号，如图 5-47 所示。

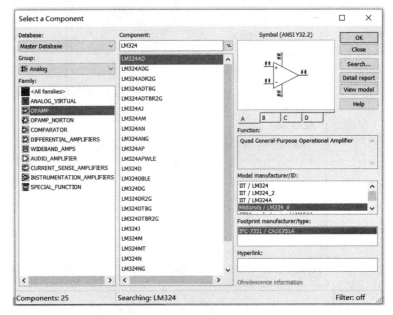

图 5-47　真实运算放大器的选择对话框

在 Multisim 14.0 仿真环境中搭建真实运算放大器电压传输特性的测试电路，如图 5-48（a）所示，其中真实运算放大器的型号为 LM324，注意要接正、负电源。

在交互式仿真下运行仿真电路，选择波形显示方式为 B/A，测得 LM324 型运算放大器的电压传输特性如图 5-48（b）所示。由电压传输特性可看出，LM324 型运算放大器的输出有很窄的线性范围，正饱和电压为 10.566V，负饱和电压为 -12.561V。

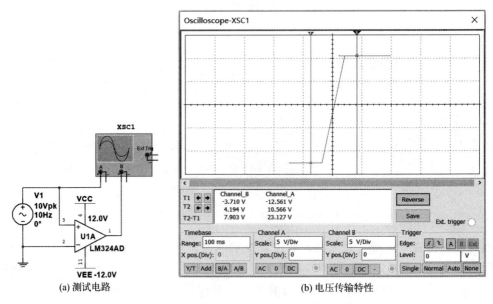

　　（a）测试电路　　　　　　　　　　　　　　（b）电压传输特性

图 5-48　真实运算放大器的电压传输特性测试

5.4　模拟运算电路

用于模拟信号分析和处理的电路多以集成运算放大器为核心器件，可实现对模拟信号的运算、处理、产生、转换等。

为集成运算放大器引入适当的负反馈，可使其工作在线性区，构成比例、加法、减法、积分、微分等多种模拟运算电路，广泛应用于信号检测和自动控制系统中。本节利用 Multisim 14.0 仿真软件分析各种模拟运算电路输入和输出之间的函数关系。

5.4.1　比例运算电路

由集成运算放大器构成的比例运算电路有反相比例和同相比例两种形式。

（1）反相比例运算电路

在 Multisim 14.0 仿真环境中搭建如图 5-49 所示的反相比例运算电路，其中输入信号 u_1 通过电阻 R_1 加到运算放大器的反相输入端，反馈电阻 R_F 跨接在输出与反相输入端之间，同相输入端通过电阻 R_2 接地，$R_2 = R_1 // R_F$ 为平衡电阻。输出信号 u_O 与输入信号 u_I 间的关系为

$$u_O = -\frac{R_F}{R_1} u_I$$

对于图 5-49 所示电路，理论计算可得 $u_O = -2u_I$。

运行仿真电路，双踪示波器显示的波形如图 5-50 所示。从仿真结果可看出，输入信号和输出信号为同频率的正弦波，输出信号的幅值为输入信号幅值的 2 倍，且相位相反，因此称为反相比例运算电路。

若 $R_1 = R_F$，如图 5-51(a) 所示，则 $u_O = -u_I$，构成反相器，波形如图 5-51(b) 所示。

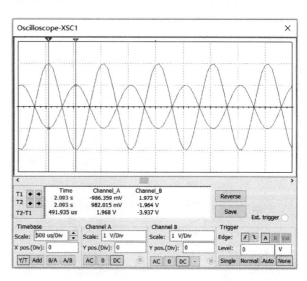

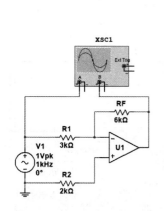

图 5-49　反相比例运算电路　　　　　　图 5-50　反相比例运算电路的仿真波形

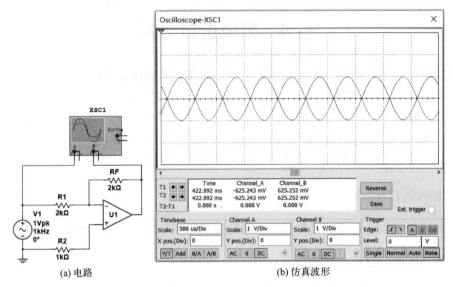

(a) 电路　　　　　　　　　　　　　　(b) 仿真波形

图 5-51　反相器的交互式分析

(2) 同相比例运算电路

在 Multisim 14.0 仿真环境中搭建如图 5-52 所示的同相比例运算电路，其中输入信号 u_I 通过电阻 R_2 加到运算放大器的同相输入端，反馈电阻 R_F 跨接在输出与反相输入端之间，反相输入端通过电阻 R_1 接地，$R_2 = R_1 // R_F$ 为平衡电阻。输出信号 u_O 与输入信号 u_I 间的关系为

$$u_O = \left(1 + \frac{R_F}{R_1}\right) u_I$$

对于图 5-52 所示电路，理论计算可得 $u_O = 3u_I$。

运行仿真电路，双踪示波器显示的波形如图 5-53 所示。从仿真结果可看出，输入信号和输出信号为同频率的正弦波，输出信号的幅值为输入信号幅值的 3 倍，且相位相同，因此称为同相比例运算电路。

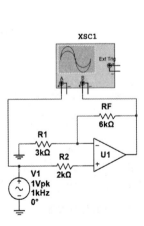

图 5-52　同相比例运算电路

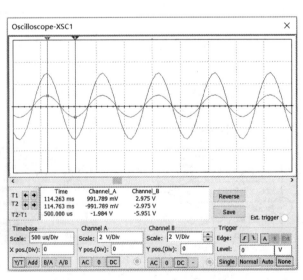

图 5-53　同相比例运算电路的仿真波形

若 $R_1 = \infty$ 或 $R_F = 0$，如图 5-54（a）所示，则 $u_O = u_I$，构成电压跟随器，波形如图 5-54（b）所示。

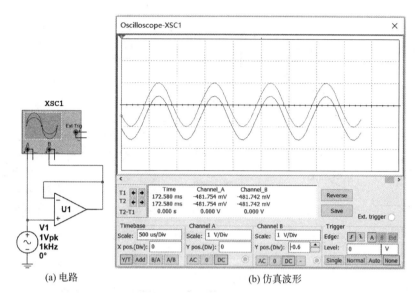

(a) 电路　　　　　　　　　(b) 仿真波形

图 5-54　电压跟随器的交互式分析

5.4.2　加法和减法运算电路

在反相比例和同相比例运算电路的基础上，可构成加法和减法运算电路。

（1）加法运算电路

在 Multisim 14.0 仿真环境中搭建如图 5-55 所示的反相加法运算电路，其中输入信号 u_{I1} 和 u_{I2} 分别通过电阻 R_1 和 R_2 加到运算放大器的反相输入端，反馈电阻 R_F 跨接在输出与反相输入端之间，同相输入端通过电阻 R_3 接地，$R_3 = R_1 // R_2 // R_F$ 为平衡电阻。输出信号 u_O 与输入信号 u_{I1} 和 u_{I2} 间的关系为

$$u_O = -\left(\frac{R_F}{R_1} u_{I1} + \frac{R_F}{R_2} u_{I2} \right)$$

对于图 5-55 所示电路，理论计算可得 $u_O = -(2u_{I1} + 3u_{I2})$。

运行仿真电路，四通道示波器显示的波形如图 5-56 所示。从仿真结果可看出，输入信号和输出信号为同频率的正弦波，测量数据与理论计算结果相符。

（2）减法运算电路

在 Multisim 14.0 仿真环境中搭建如图 5-57 所示的减法运算电路，其中输入信号 u_{I1} 通过电阻 R_1 加到运算放大器的反相输入端，输入信号 u_{I2} 通过电阻 R_2 加到运算放大器的同相输入端，反馈电阻 R_F 跨接在输出与反相输入端之间，同相输入端通过电阻 R_3 接地。输出信号 u_O 与输入信号 u_{I1} 和 u_{I2} 间的关系为

$$u_O = -\frac{R_F}{R_1} u_{I1} + \left(1 + \frac{R_F}{R_1} \right) \frac{R_3}{R_2 + R_3} u_{I2}$$

对于图 5-57 所示电路，理论计算可得 $u_O = -3u_{I1} + 2u_{I2}$。

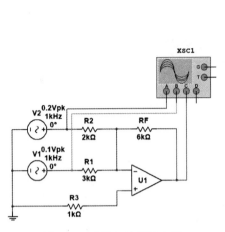

图 5-55　反相加法运算电路

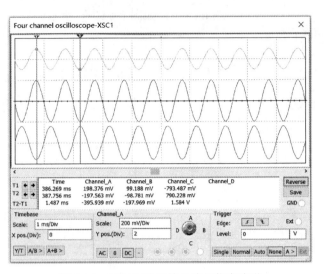

图 5-56　反相加法运算电路的仿真波形

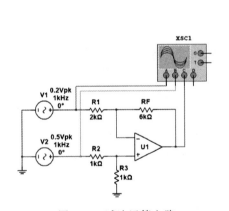

图 5-57　减法运算电路

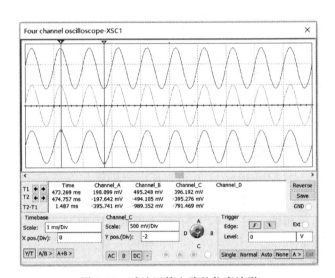

图 5-58　减法运算电路的仿真波形

　　运行仿真电路，四通道示波器显示的波形如图 5-58 所示。从仿真结果可看出，输入信号和输出信号为同频率的正弦波，测量数据与理论计算结果相符。

　　当 $R_1=R_2$ 且 $R_3=R_F$ 时，如图 5-59(a) 所示，则 $u_O=\dfrac{R_F}{R_1}(u_{I2}-u_{I1})$，构成在信号检测方面广泛应用的差动放大电路。理论计算可得 $u_O=3(u_{I2}-u_{I1})$。运行仿真电路，波形如图 5-59(b) 所示，与理论计算值相符。

5.4.3　测量放大电路

　　测量放大电路，又称为测量放大器或仪用放大器，是可以用来放大微弱差值信号的高精度放大器，它具有差分输入、单端输出、高输入阻抗和高共模抑制比等特点，在测量、控制等领域具有广泛的应用。

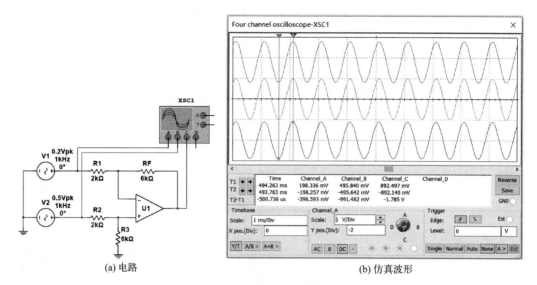

(a) 电路　　　　　　　　　　(b) 仿真波形

图 5-59　差动放大电路的交互式分析

典型的测量放大电路由三个运算放大器组成，具有对称结构，如图 5-60 所示。测量放大电路的第一级由两个同相输入运算电路组成，因其输入阻抗极高（构成了串联负反馈）且电路结构对称，可抑制零点漂移或共模输入。第二级是差动放大电路，用于放大差模信号，将双端输入信号转换为对地的单端输出。为提高电路的共模抑制比，要求电路结构和参数尽可能对称，即 $R_4 = R_5$ 且 $R_6 = R_7$。

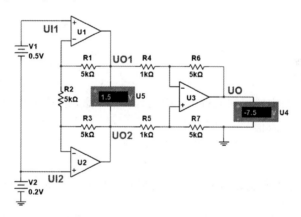

图 5-60　测量放大电路

第一级运算电路的输出 $u_{O1} - u_{O2}$ 与输入信号 u_{I1} 和 u_{I2} 间的关系为

$$u_{O1} - u_{O2} = \left(1 + \frac{R_1 + R_3}{R_2}\right)(u_{I1} - u_{I2})$$

第二级差动放大电路的输出 $u_O = \dfrac{R_6}{R_4}(u_{O2} - u_{O1})$。

当构成测量放大电路的各元器件参数设置如图 5-60 所示时，$u_{I1} - u_{I2} = 0.5\text{V}$。理论计算可得

$$u_{O1} - u_{O2} = 3(u_{I1} - u_{I2}) = 3 \times 0.5 = 1.5\text{V}$$

$$u_O = 5(u_{O2} - u_{O1}) = -15(u_{I1} - u_{I2}) = -15 \times 0.5 = -7.5\text{V}$$

运行仿真电路，交流电压表的显示结果与理论计算值相符。

将测量放大电路的两路输入信号改为正弦交流信号，其幅值差为 0.3V，如图 5 61(a) 所示，仿真结果如图 5-61(b) 所示，与理论计算值相符。

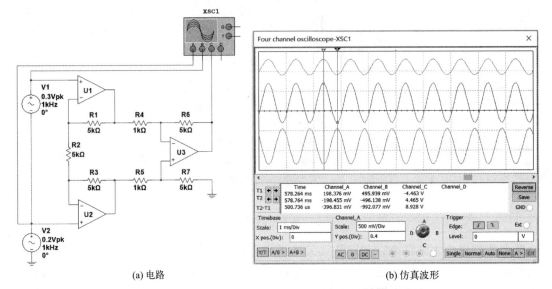

(a) 电路   (b) 仿真波形

图 5-61 测量放大电路（交流输入）的交互式分析

5.4.4 积分和微分运算电路

在反相比例运算电路的基础上改进电路可构成积分和微分运算电路，积分和微分互为逆运算。

(1) 积分运算电路

将反相比例运算电路中的反馈元件 R_F 用电容 C_1 代替，即构成积分运算电路，如图 5-62 所示。输出信号 u_O 与输入信号 u_1 间的关系为

$$u_O = -\frac{1}{R_1 C_1} \int u_1 \mathrm{d}t$$

即 u_O 与 u_1 的积分成比例，负号表示两者反相，$R_1 C_1$ 为积分时间常数。

① 阶跃输入 当 u_1 为阶跃电压时，$u_O = -\dfrac{U_1}{R_1 C_1} t$，其中 U_1 为阶跃电压的幅值。u_O 与 u_1 成线性关系，直到 u_O 达到运算放大器的输出饱和电压 $\pm U_{OM}$，线性积分时间为 $0 \leqslant t \leqslant \left| \dfrac{\pm U_{OM}}{U_I} \right| R_1 C_1$。

在图 5-62 所示电路中，输入阶跃电压信号的参数设置如图 5-63(a) 所示，其中阶跃电压设置为 0.1V。虚拟三端运算放大器的正负电压摆幅（即输出饱和电压值）分别设置为 5V 和 −5V，如图 5-63(b) 所示。经计算得，线性积分时间的理论值应为 150ms。

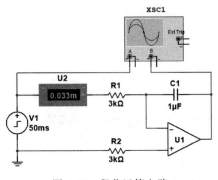

图 5-62 积分运算电路

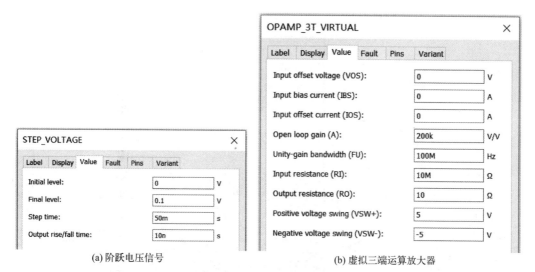

(a) 阶跃电压信号　　　　　　　　　　　(b) 虚拟三端运算放大器

图 5-63　积分运算电路的参数设置

运行仿真电路，交互式分析的仿真结果如图 5-64 所示。在 $t = 50\text{ms}$ 时，阶跃电压 u_I 升为 0.1V，输出电压 u_O 从 0V 开始反相线性增大；经 150ms 后，u_O 达到 -5V 并保持此饱和值，输入和输出间满足反相积分运算关系，仿真数据与理论分析结果相符。

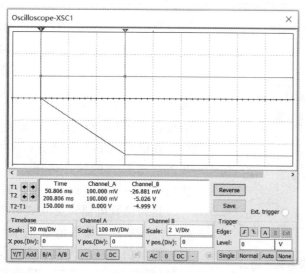

图 5-64　积分运算电路的交互式分析

相对于电容充放电构成的积分电路，由运算放大器构成的积分电路的优点是提高了 u_O 的线性度。对于 4.3.1 小节所述的由电容充放电构成的积分电路，当输入电压一定时，u_O 随电容元件的充放电按指数规律变化，其线性度较差；而由运算放大器构成的积分电路，由于充电电流基本恒定 $\left(i_F \approx i_1 \approx \dfrac{u_1}{R_1} \right)$，如图 5-62 中电流表的测量值所示，故 u_O 是时间 t 的一次函数，线性度较好。

② 脉冲输入　将脉冲电压信号作为积分运算电路的输入时，输出为三角波信号，如图 5-65 所示，即可利用积分运算电路将方波信号转换为三角波信号。可通过改变积分时间常数，改变输出三角波信号的斜率和幅值。

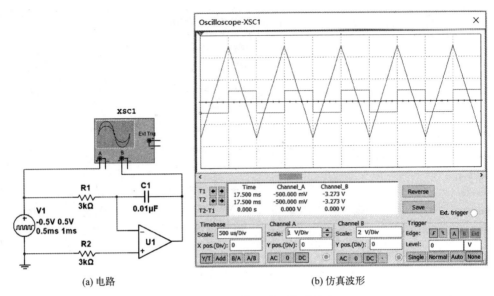

(a) 电路　　　　　　　　　　　　(b) 仿真波形

图 5-65　积分运算电路（脉冲输入）

（2）微分运算电路

微分运算是积分运算的逆运算。将图 5-62 所示的积分运算电路中反相输入端电阻 R_1 和反馈电容 C_1 调换位置，即构成微分运算电路，如图 5-66 所示。输出信号 u_O 与输入信号 u_I 间的关系为

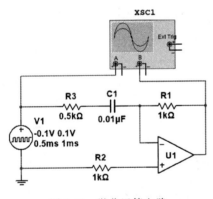

$$u_O = -R_1 C_1 \frac{\mathrm{d}u_I}{\mathrm{d}t}$$

即 u_O 与 u_I 对时间的一次微分成正比，负号表示两者反相，$R_1 C_1$ 为微分时间常数。

在图 5-66 所示的微分运算电路中，输入信号 u_I 为占空比 50% 的脉冲电压，幅值为 ±0.1V，R_3 的作用是滤除高频干扰，以防电路发生自激振荡。

运行仿真电路，交互式分析的仿真结果如图 5-67(a) 所示。当输入信号 u_I 由 −0.1V 跳变为 0.1V 时，输出信号 u_O 为负尖脉冲，当输入信号 u_I 由 0.1V 跳变为 −0.1V 时，输出信号 u_O 为正尖脉冲，

图 5-66　微分运算电路

输入和输出之间满足反相微分运算关系，仿真结果与理论分析结果相符。

通过改变 R_1 或 C_1，可改变微分时间常数，从而调节输出尖脉冲的宽度。例如，将 C_1 增大为 0.05μF 时的输出波形如图 5-67(b) 所示，即增大时间常数会增大尖脉冲的宽度。

5.4.5　模拟运算电路的仿真设计

利用 Multisim 14.0 仿真软件提供的 Opamp Wizard（运算放大器设计向导）功能，可方便快捷地进行反相放大器、同相放大器、差分放大器、反相求和放大器、同相求和放大器和比例加法放大器的设计。

在 Multisim 14.0 仿真环境中，单击菜单 Tools→Circuit Wizard→Opamp Wizard，弹出

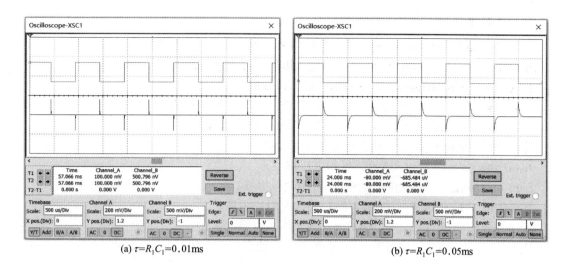

(a) $\tau = R_1 C_1 = 0.01 \text{ms}$ (b) $\tau = R_1 C_1 = 0.05 \text{ms}$

图 5-67 微分运算电路的交互式仿真结果

图 5-68 所示的 Opamp Wizard 对话框。Opamp Wizard 对话框的左侧为模拟运算电路的参数设置，右侧为模拟运算电路的电路图。首先通过 Type 选项选择要设计的模拟运算电路的类型，有 Inverting amplifier（反相放大器）、Non-inverting amplifier（同相放大器）、Difference amplifier（差分放大器）、Summing amplifier inverting（反相求和放大器）、Summing amplifier non-inverting（同相求和放大器）和 Scaling adder（比例加法放大器）。

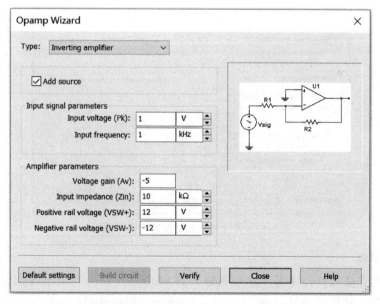

图 5-68 Opamp Wizard 对话框

参数设置分 Input signal parameters（输入信号参数）和 Amplifier parameters（放大器参数）两方面，具体参数设置内容因所选放大器类型的不同而有所区别。下面以 Difference amplifier（差分放大器）为例介绍模拟运算电路的仿真设计过程。

（1）选择运算电路的类型

首先通过 Type 选项选择要设计模拟运算电路的类型为 Difference amplifier（差分放大器）。

(2) 参数设置

① Input signal parameters 用于设置反相和同相输入信号的参数。

Inverting input voltage（Pk）：反相输入电压信号的幅值；

Inverting input frequency：反相输入电压信号的频率；

Non-inverting input voltage（Pk）：同相输入电压信号的幅值；

Non-inverting input frequency：同相输入电压信号的频率。

② Amplifier parameters 用于设置放大器的参数。

Inverting voltage gain（Av）：反相电压增益；

Non-inverting voltage gain（Av）：同相电压增益；

Inverting input resistor value：反相输入电阻的阻值；

Non-inverting input resistor value：同相输入电阻的阻值；

Positive rail voltage（VSW＋）：运算放大器的正电源电压；

Negative rail voltage（VSW－）：运算放大器的负电源电压；

Default settings：恢复参数的默认设置。

差分放大器的参数设置如图 5-69 所示。

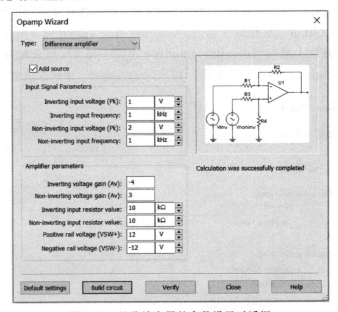

图 5-69　差分放大器的参数设置对话框

(3) 参数校验

以上参数设置完成后，单击 Verify 按钮，则 Multisim 14.0 仿真软件会自动检查以上参数设置是否合理。若校验结果显示 "Calculation was successfully completed"，如图 5-70 所示，则表示参数设置合理；否则，需要根据校验报错信息提示重新修改参数设置，直到参数校验成功。

(4) 生成仿真电路

参数校验成功后，单击 Build circuit 按钮，则生成所设计的差分放大器如图 5-71 所示。对生成的差分放大器进行理论分析，得 $u_O = -\dfrac{R_2}{R_1}u_{I1} + \left(1 + \dfrac{R_2}{R_1}\right)\dfrac{R_4}{R_2 + R_3}u_{I2} = 2\text{V}$。

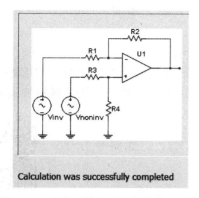

图 5-70　差分运算电路的参数校验结果

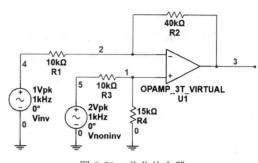

图 5-71　差分放大器

对生成的差分放大器进行交互式分析，仿真波形如图 5-72 所示，仿真结果与理论计算结果相符。

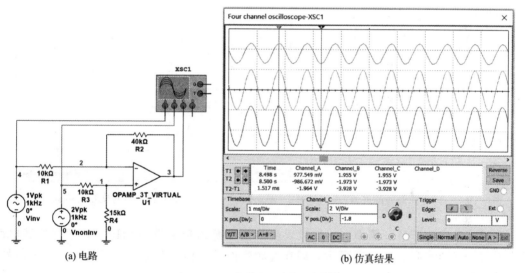

(a) 电路　　　　　　　　　　　　(b) 仿真结果

图 5-72　差分放大器的交互式分析

5.5　信号处理电路

以有源器件集成运算放大器为核心可构成信号处理电路，其中有源滤波器是典型的信号处理电路。

5.5.1　有源滤波器

由有源器件集成运算放大器和电阻、电容可构成有源滤波器。相对于无源滤波器，有源滤波器除了滤波作用外，还有一定的电压放大和输出缓冲作用，具有体积小、效率高、频率特性好等优点。

(1) 低通有源滤波器

滤波器的阶数是指滤波器的传递函数中极点的个数。阶数决定了滤波器的频率特性中转折区的下降速度，一般每增加一阶（一个极点），就会增加$-20\mathrm{dB/Dec}$（每十倍频程$-20\mathrm{dB}$）。

下面分别对一阶和二阶有源低通滤波器进行仿真分析。

① 一阶有源低通滤波器　将一阶无源RC低通滤波器的输出作为同相比例运算电路的输入，就构成了一阶有源低通滤波器，如图 5-73 所示，其中一阶无源RC低通滤波器的作用是确定电路的截止频率，同相比例运算电路可对输入信号进行放大。经计算可得该滤波器的截止频率 $f_0 = \dfrac{1}{2\pi R_1 C_1} = 159.2\mathrm{kHz}$，即通频带为 $0\sim$ 159.2kHz，通带内的电压增益 $A_u = 1 + \dfrac{R_F}{R_3} = 4$。

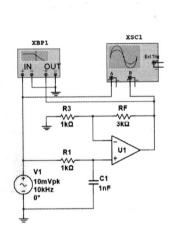

图 5-73　一阶有源低通滤波器

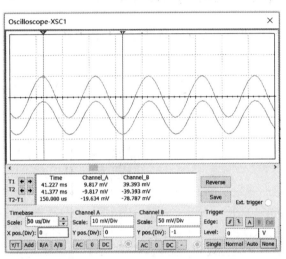

图 5-74　一阶有源低通滤波器的交互式仿真结果

在通频带内选择某一频率，比如设置输入信号源的频率为 10kHz 时，运行仿真电路，其交互式仿真的波形如图 5-74 所示，即在通频带内输入信号和输出信号同相，输出信号的幅值约为输入信号幅值的 4 倍，说明在通频带内信号无衰减。

理论上，在通频带内 $|T(\mathrm{j}\omega)| = 20\lg A_u = 20\lg 4 = 12\mathrm{dB}$。在截止频率 $f = f_0 = 159.2\mathrm{kHz}$ 时，$|T(\mathrm{j}\omega)| = 20\lg \dfrac{A_u}{\sqrt{2}} = 20\lg \dfrac{4}{\sqrt{2}} = 9\mathrm{dB}$，$\varphi(\omega) = -\dfrac{\pi}{4}$。利用波特图仪观测一阶有源低通滤波器的频率特性如图 5-75 所示，测量值与理论计算值相符。

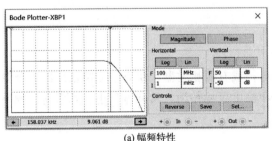

(a) 幅频特性

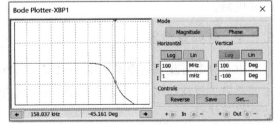

(b) 相频特性

图 5-75　一阶有源低通滤波器的频率特性

② 二阶有源低通滤波器　为了改善滤波效果，使 $f > f_0$ 时信号衰减较快，常在一阶有源低通滤波器中将两节 RC 电路串联，称为二阶有源低通滤波器，如图 5-76 所示。

运行仿真电路，当 $f = 10\text{kHz}$ 时，交互式仿真的波形如图 5-77 所示，与一阶有源滤波器的输入输出波形相同。

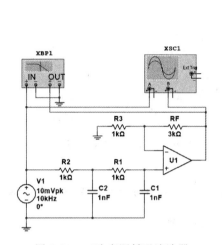

图 5-76　二阶有源低通滤波器

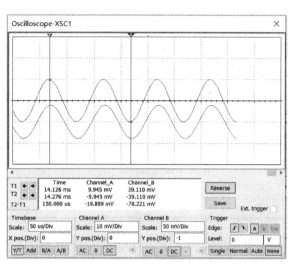

图 5-77　二阶有源低通滤波器的交互式仿真结果

利用波特图仪观测二阶有源低通滤波器的频率特性如图 5-78 所示。在截止频率 $f = f_0 = 159.2\text{kHz}$ 时，电压增益已衰减为 2.559dB，即对应的电压增益 $A_u = 1.34$，$\varphi(\omega)$ 约为 $-90℃$，即相对于一阶低通滤波器，二阶低通滤波器对高频信号的衰减较快。

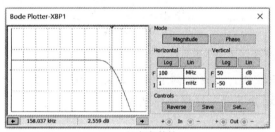

(a) 幅频特性

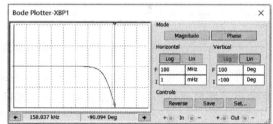

(b) 相频特性

图 5-78　二阶有源低通滤波器的频率特性

(2) 高通有源滤波器

将图 5-73 所示一阶有源低通滤波器中的电阻和电容交换位置，即构成一阶有源高通滤波器，如图 5-79 所示。经计算可得此滤波器的截止频率 $f_0 = \dfrac{1}{2\pi R_1 C_1} = 159.2\text{kHz}$，即通频带为 $f > 159.2\text{kHz}$，通带内的电压增益 $A_u = 1 + \dfrac{R_F}{R_3} = 4$。

运行仿真电路，当 $f = 1000\text{kHz}$ 时，交互式仿真的波形如图 5-80 所示，即在通频带内输出信号幅值约为输入信号幅值的 4 倍，且相位相同，说明在通频带内信号无衰减。

理论上，在通频带内 $|T(\text{j}\omega)| = 20\lg A_u = 20\lg 4 = 12\text{dB}$，在截止频率 $f = f_0 = 159.2\text{kHz}$

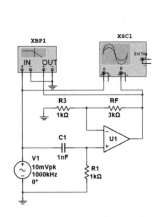

图 5-79　一阶有源高通滤波器

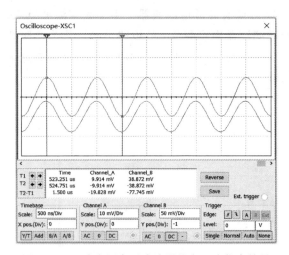

图 5-80　一阶有源高通滤波器的交互式仿真结果

时，$|T(j\omega)| = 20\lg\dfrac{A_u}{\sqrt{2}} = 20\lg\dfrac{4}{\sqrt{2}} = 9\text{dB}$，相位角 $\varphi(\omega) = \dfrac{\pi}{4}$。利用波特图仪观测一阶有源高通滤波器的频率特性如图 5-81 所示，测量值与理论计算值相符。

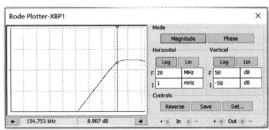

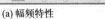

(a) 幅频特性

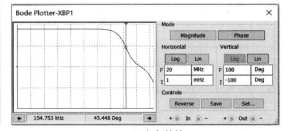

(b) 相频特性

图 5-81　一阶有源高通滤波器的频率特性

　　为了改善滤波效果，使 $f < f_0$ 时信号衰减较快，也可将两节 RC 电路串联，称为二阶有源高通滤波器，仿真分析方法同二阶有源低通滤波器，这里不再赘述。

（3）有源带通滤波器

　　将无源 RC 带通滤波器的输出作为同相比例运算电路的输入，就构成了有源带通滤波器，如图 5-82 所示。由理论分析可得，在中心频率 $f = f_0 = 159.2\text{kHz}$ 时，输入电压 u_1 与输出电压 u_2 同相，且有效值之比 $\dfrac{U_1}{U_2} = \dfrac{1}{3}A_{uf}$，其中 $A_{uf} = 1 + \dfrac{R_\text{F}}{R_1} = 4$ 为同相比例运算电路的闭环电压增益，从而得出有源带通滤波器的电压增益为 1.333。

　　运行仿真电路，当电路工作在中心频率 $f = f_0 = 159.2\text{kHz}$ 时，双踪示波器显示输入输出信号的波形如图 5-83(a) 所示，电压增益的测量结果与理论分析值相符。

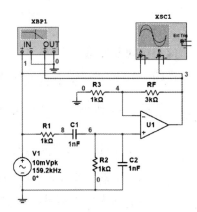

图 5-82　有源带通滤波器

再利用波特图仪观测其幅频特性如图 5-83（b）所示，利用游标测得在中心频率时的电压增益与理论计算值 $|T(j\omega)| = 20\lg A_u = 20\lg 1.333 = 2.497 \text{dB}$ 相符。

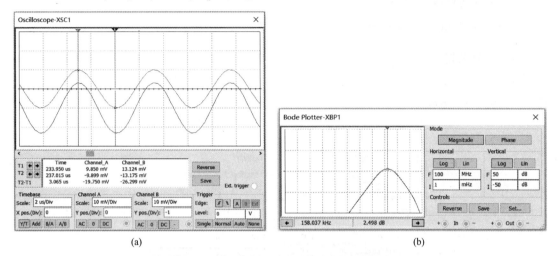

(a)

(b)

图 5-83　有源带通滤波器的交互式仿真结果

除了在交互式分析中利用波特图仪观测滤波器的频率特性外，还可以利用 Multisim 14.0 提供的交流扫描分析方法得到滤波器的频率特性，将节点 3 的电压 V_3 作为输出变量，仿真结果如图 5-84 所示。

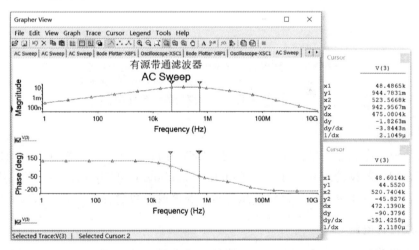

图 5-84　有源带通滤波器的交流扫描分析

在幅频特性曲线上找到电压增益为 $\dfrac{A_u}{\sqrt{2}} = \dfrac{1.333}{\sqrt{2}} = 0.942$ 时对应的上、下限截止频率，得出通频带为 48.5～523.6kHz。从相频特性曲线上可看出，在通频带内 $\varphi(\omega)$ 在 $-\dfrac{\pi}{2} \sim \dfrac{\pi}{2}$ 范围内变化。

5.5.2　有源滤波器的仿真设计

在 4.4.4 小节无源滤波器的仿真设计中，将图 4-55 所示 Filter Wizard 参数中的 Topology 选项选择为 Active（有源滤波器），即可进行有源滤波器的仿真设计。下面以 Low pass filter

（低通滤波器）为例介绍有源滤波器的仿真设计过程。

（1）选择滤波器的类型

首先通过 Type 选项选择要设计滤波器的类型为 Low pass filter（低通滤波器）。

（2）参数设置

将 Filter Wizard 参数中的 Topology 选项设置为 Active（有源滤波器），其他参数设置不变，如图 5-85 所示。

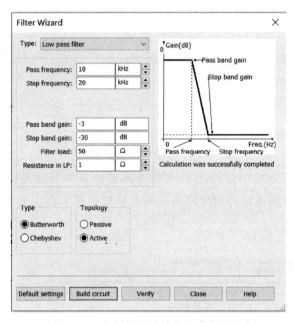

图 5-85　有源低通滤波器的参数设置

（3）参数校验

以上参数设置完成后，单击 Verify 按钮，则 Multisim 14.0 仿真软件会自动检查以上参数设置是否合理。若校验结果显示"Calculation was successfully completed"，则表示参数设置合理；否则，需要根据校验报错信息提示重新修改参数设置，直到参数校验成功。

（4）生成仿真电路

参数校验成功后，单击 Build circuit 按钮，则生成所设计的有源低通滤波器如图 5-86（a）所示。再对生成的有源低通滤波器添加输入信号，仿真电路如图 5-86（b）所示，并利用波特图仪测试其频率特性，仿真结果如图 5-87 所示，与设定参数值相符。

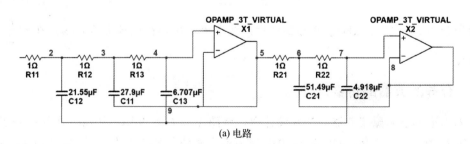

(a) 电路

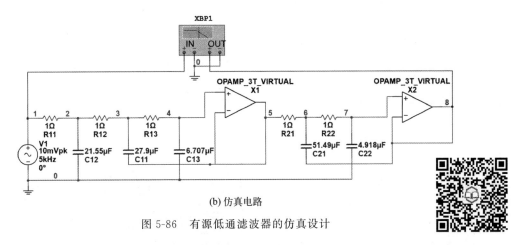

(b) 仿真电路

图 5-86　有源低通滤波器的仿真设计

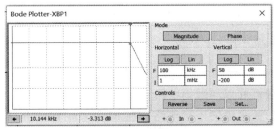

(a) 通带截止频率

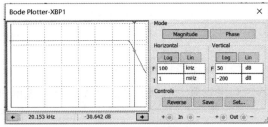

(b) 阻带截止频率

图 5-87　有源低通滤波器的交互式分析仿真结果

5.6　信号转换电路

以半导体器件和集成运算放大器为核心可构成各种信号转换电路，如限幅电路、电压比较器、电压-电流转换电路、电压-频率转换电路等。

5.6.1　限幅电路

利用普通二极管的单向导电性和稳压二极管的稳压特性可构成限幅电路。

（1）普通二极管限幅电路

在 Multisim 14.0 仿真环境中搭建如图 5-88 所示的普通二极管限幅电路，输入信号 u_I 为幅值 15V、频率 10Hz 的正弦交流电压，输出信号 u_O 从二极管 D_1 的阳极和二极管 D_2 的阴极输出，其中 1N4150 型二极管的正向导通压降约为 0.7V。

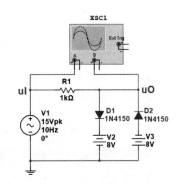

图 5-88　普通二极管限幅电路

运行仿真电路，其交互式仿真波形如图 5-89 所示。图 5-89(a) 所示为输入 u_I 与输出 u_O 的瞬时波形。当 $u_I >$ 8.7V 时，二极管 D_1 正向导通，D_2 反向截止，输出 u_O 约为 8.7V；$u_I < -8.7$V 时，二极管 D_2 正向导通，D_1 反向截止，输出 u_O 约为 -8.7V；-8.7V$< u_I <$8.7V 时，二极管 D_1 和 D_2 均截止，输出 $u_O = u_I$。将双通道示波器的显示方式由默认的"Y/T"改为"B/A"，则显示普通二极管限幅电路的电压传输特性，如图 5-89(b) 所示。

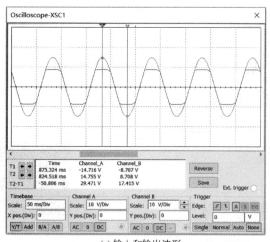 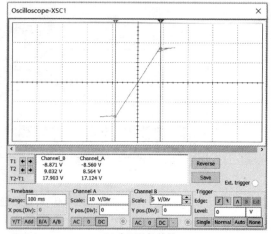

(a) 输入和输出波形　　　　　　　　　(b) 电压传输特性

图 5-89　普通二极管限幅电路的仿真波形

（2）稳压二极管限幅电路

利用稳压二极管的稳压特性，可构成单向限幅和双向限幅电路。

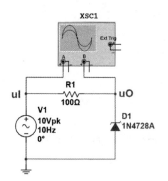

图 5-90　稳压二极管单向限幅电路

① 稳压二极管单向限幅电路　在 Multisim 14.0 仿真环境中搭建如图 5-90 所示的稳压二极管单向限幅电路，输入信号 u_I 为幅值 10V、频率 10Hz 的正弦交流电压，输出信号 u_O 从稳压二极管 D_1 的阴极输出，其中 1N4728A 型稳压二极管的稳压值为 3.3V。

运行仿真电路，其交互式仿真波形如图 5-91 所示。图 5-91(a) 所示为输入 u_I 与输出 u_O 的瞬时波形。当 $u_I<0V$ 时，稳压二极管 D_1 正向导通，输出 u_O 为负的稳压二极管正向导通压降，约为 $-0.61V$；随着 u_I 从 0V 逐渐正向增大到 $u_I>3.3V$ 时，D_1 由反向截止逐渐反向击穿，输出 u_O 为稳压二极管的稳压值，约为 3.3V。图 5-91(b) 所示为稳压二极管单向限幅电路的电压传输特性。

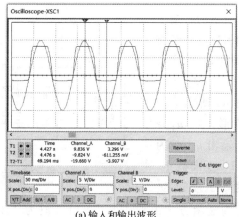 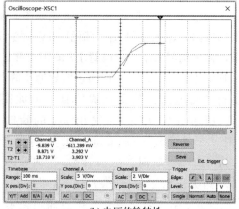

(a) 输入和输出波形　　　　　　　　　(b) 电压传输特性

图 5-91　稳压二极管单向限幅电路的仿真波形

② 稳压二极管双向限幅电路　图 5-92 所示为稳压二极管双向限幅电路，其中稳压二极管 D_1 和 D_2 的阴极相接形成串联，输出信号 u_O 从 D_2 的阳极输出。

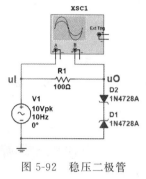

图 5-92　稳压二极管
双向限幅电路

运行仿真电路，其交互式仿真波形如图 5-93 所示。图 5-93 (a) 所示为输入 u_1 与输出 u_O 的瞬时波形。当输入信号 u_1 逐渐从 3.3V 增大时，稳压二极管 D_1 开始反向击穿，稳压二极管 D_2 开始正向导通，输出 $u_O=3.89V$，约为稳压二极管 D_2 的正向导通压降与 D_1 的稳压值之和；当输入信号 u_1 逐渐从 $-3.3V$ 减小时，D_1 开始正向导通，D_2 开始反向击穿，输出 $u_O=-3.89V$，约为 D_1 的正向导通压降与 D_2 的稳压值之和；当 $-3.3V<u_1<3.3V$ 时，D_1 和 D_2 均不导通，$u_O=u_1$，从而实现双向稳压输出。图 5-93(b) 所示为稳压二极管双向限幅电路的电压传输特性。

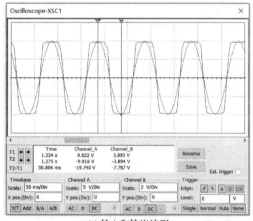

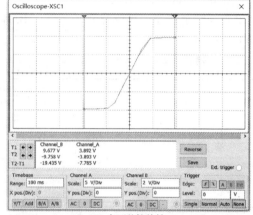

(a) 输入和输出波形　　　　　　　　　　　(b) 电压传输特性

图 5-93　稳压二极管双向限幅电路的仿真波形

5.6.2　电压比较器

集成运算放大器开环工作或引入正反馈可构成电压比较器。电压比较器用来比较输入信号与参考电压的大小，当两者幅度相等时输出电压产生跃变，由高电平变成低电平，或由低电平变成高电平，依此判断输入信号的大小和极性。电压比较器是最简单的 A/D 转换电路，即将模拟信号转换成一位二值信号。

电压比较器的输出反映模拟信号是否超出预定范围，因此报警电路是其最基本的应用；利用电压比较器还可将正弦波、三角波等周期信号转换为矩形波信号。因此，电压比较器在数模转换、自动检测以及波形变换等场合应用广泛。

(1) 单限电压比较器

单限电压比较器用于输入信号 u_1 与单个参考电压 u_R 相比较的情况。

① 输出限幅的单限电压比较器　在 Multisim 14.0 仿真环境中搭建如图 5-94 所示的单限电压比较器电路，输入信号 u_1 为幅值 10V、频率 8Hz 的正弦交流电压，接运算放大器的同相输入端，反相输入端接可调电压作为参考电压 u_R（也称阈值电压），1N4728A 型稳压

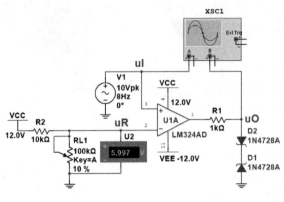

图 5-94　单限电压比较器电路

二极管的稳压值为 3.3V。

运行仿真电路，当 $u_R = 6V$ 时，其交互式仿真波形如图 5-95(a) 所示。当输入信号 $u_I > 6V$ 时，运算放大器输出正饱和电压值，电压比较器的输出 $u_O = 3.781V$，约为稳压二极管 D_2 的正向导通压降与 D_1 的稳压值之和；当 $u_I < 6V$ 时，运算放大器输出负饱和电压值，电压比较器的输出 $u_O = -3.794V$，约为稳压二极管 D_1 的正向导通压降与 D_2 的稳压值之和，从而实现双向稳压输出。通过电压比较器将一定频率的正弦交流信号转换为同频率的矩形波信号，可通过改变参考电压值来改变输出矩形波的占空比。

改变双踪示波器的波形显示方式为"B/A"，显示单限电压比较器的电压传输特性如图 5-95(b) 所示。

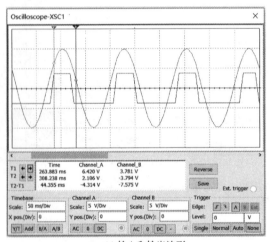

(a) 输入和输出波形

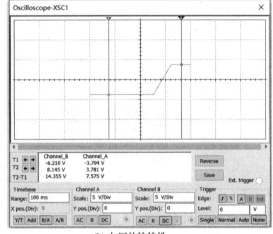

(b) 电压传输特性

图 5-95　单限电压比较器的仿真波形

② 过零电压比较器　在单限电压比较器中，当运算放大器的反相输入端接地，即参考电压 $u_R = 0V$ 时，称为过零电压比较器，如图 5-96 所示。

运行仿真电路，其交互式仿真波形如图 5-97(a) 所示。当输入信号 $u_I > 0V$ 时，输出正限幅电压值；当 $u_I < 0V$ 时，输出负限幅电压值，输出矩形波信号的占空比为 50%。改变波形显示方式为"B/A"，显示过零电压比较器的电压传输特性如图 5-97(b) 所示。

(2) 窗口电压比较器

窗口电压比较器用于输入信号 u_I 与两个不同的参

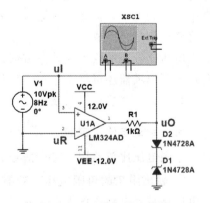

图 5-96　过零电压比较器

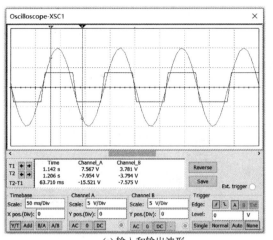

(a) 输入和输出波形

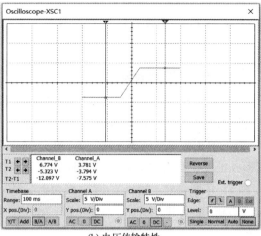

(b) 电压传输特性

图 5-97　过零电压比较器的仿真波形

考电压 u_L 和 u_H 相比较的情况，电路如图 5-98 所示，其中稳压二极管 D_3、R_2 和 R_3 构成限幅电路，参考电压 $u_L = -5V$，$u_H = 5V$。

当输入信号 $u_I < u_L = -5V$ 时，u_{O1} 输出运算放大器的正饱和电压值，u_{O2} 输出运算放大器的负饱和电压值；当 $u_I > u_H = 5V$ 时，u_{O1} 输出运算放大器的负饱和电压值，u_{O2} 输出运算放大器的正饱和电压值。以上两种情况下，u_O 均输出稳压二极管 D_3 的稳压值。

当 $-5V < u_I < 5V$ 时，u_{O1} 和 u_{O2} 均输出运算放大器的负饱和电压值，$u_O = 0$。

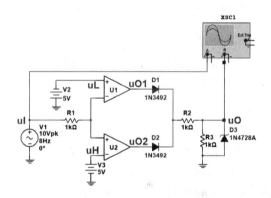

图 5-98　窗口电压比较器

运行仿真电路，其交互式仿真波形如图 5-99 所示。图 5-99(a) 所示为输入 u_I 与输出 u_O 的瞬时波形，图 5-99(b) 所示为窗口电压比较器的电压传输特性，即当 $-5V < u_I < 5V$

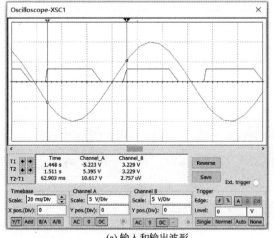

(a) 输入和输出波形

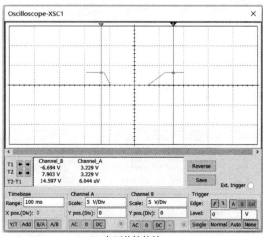

(b) 电压传输特性

图 5-99　窗口电压比较器的仿真波形

时，$u_O = 0$，其他情况输出稳压二极管 D_3 的稳压值。窗口电压比较器的窗口宽窄范围可通过改变 u_L 和 u_H 来调节。

（3）滞回电压比较器

在 Multisim 14.0 仿真环境中搭建如图 5-100 所示的滞回电压比较器，输入信号 u_I 为幅值 10V、频率 20Hz 的正弦交流电压，R_2、R_3 和双向稳压二极管形成正反馈，其中双向稳压二极管由稳压二极管 D_1 和 D_2 串联等效，稳压值 $\pm U_Z$ 约为 $\pm 3.8V$。

当输出电压 $u_O = +U_Z$ 时，$u_+ = U'_+ =$

$\dfrac{R_2}{R_2 + R_3} U_Z = 1.9V$，$U'_+$ 为上门限电压；

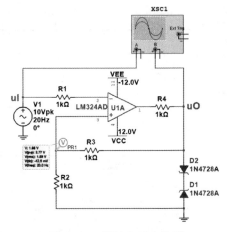

图 5-100　滞回电压比较器

当输出电压 $u_O = -U_Z$ 时，$u_+ = U''_+ = -\dfrac{R_2}{R_2 + R_3} U_Z = -1.9V$，$U''_+$ 为下门限电压。$U'_+ - U''_+$ 称为回差电压。

运行仿真电路，其交互式仿真波形如图 5-101 所示。图 5-101（a）所示为输入 u_I 与输出 u_O 的瞬时波形。当 $u_O = +U_Z = 3.8V$ 时，$U'_+ = 1.9V$，若 u_I 增大到 $U'_+ = 1.9V$ 时，u_O 跃变为 $-U_Z = -3.8V$；当 u_I 减小到 $u_I < U''_+ = -1.9V$ 时，u_O 跃变为 $+U_Z = 3.8V$。如此周而复始，随着 u_I 的变化，u_O 输出矩形波电压。正反馈使滞回电压比较器的阈值电压不再是一个固定值，而是随输出发生变化，利用电压探针可实时观测阈值电压的变化情况。从图 5-101（a）所示波形可看出，相对其他类型的电压比较器，滞回电压比较器因引入正反馈加速了输出电压的转变过程，从而增大了输出波形在跃变时的陡度。

图 5-101（b）所示为滞回电压比较器的电压传输特性。回差电压的存在提高了电路的抗干扰能力，回差电压越大，抗干扰能力强，但灵敏度变差。

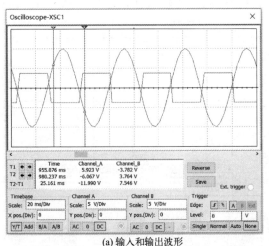

(a) 输入和输出波形

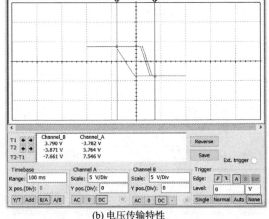

(b) 电压传输特性

图 5-101　滞回电压比较器的仿真波形

5.6.3　电压-电流转换电路

将电压源作为输入，经电压-电流转换电路可实现电流源的功能。

在 Multisim 14.0 仿真环境中搭建如图 5-102 所示的电压-电流转换电路（又称 Howland 电流源电路），输入信号 u_I 为有效值 1V、频率 100Hz 的正弦交流电压，R_1 和 R_2 形成负反馈，R_3 和 R 形成正反馈，因此有

$$u_O = -\frac{R_2}{R_1}u_I + \left(1 + \frac{R_2}{R_1}\right)u_+ = -\frac{R_2}{R_1}u_I + \left(1 + \frac{R_2}{R_1}\right)i_L R_L \tag{5-2}$$

其中 $u_+ = i_L R_L = \dfrac{R_L // R}{R_3 + R_L // R}u_O$，代入式（5-2）得

$$i_L = \frac{-\dfrac{R_2}{R_1}}{\dfrac{R_3}{R}R_L - \dfrac{R_2}{R_1}R_L + R_3}u_i$$

若取 $\dfrac{R_2}{R_1} = \dfrac{R_3}{R}$，则

$$i_L = -\frac{u_1}{R}$$

即负载电流 i_L 仅由输入信号的电压和电阻 R 决定，不受负载电阻 R_L 的影响，实现了电压-电流的转换功能，此电路对于负载电阻 R_L 相当于一个恒流源。

运行仿真电路，由电流表测得，负载电流 $I_L = 1\text{mA}$，与理论计算值 $I_L = \dfrac{U_1}{R} = \dfrac{1}{1 \times 10^3} = 1\text{mA}$ 相符。由图 5-103 所示的交互式仿真波形可看出，负载电阻 R_L 的电压 u_L 反映负载电流 i_L 与输入电压 u_I 相位相反，与理论分析结果相符。

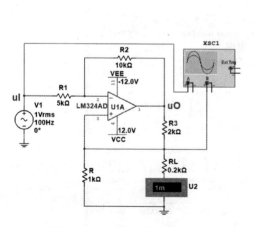

图 5-102　电压-电流转换电路

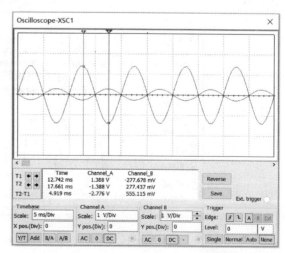

图 5-103　电压-电流转换电路的仿真波形

下面利用参数扫描分析方法，验证在 u_I 和 R 一定的条件下，当负载电阻 R_L 变化时，负载电流 i_L 不受影响。参数扫描分析的参数设置如图 5-104(a) 所示，扫描参数设为负载电

阻 R_L，其阻值变化范围为 $100\sim500\Omega$，输出变量设为负载电流 i_L。点击 Run，仿真波形如图 5-104(b) 所示。结果显示当 R_L 分别为 100Ω、200Ω、300Ω、400Ω 和 500Ω 时的 5 条负载电流 i_L 波形重合，即 i_L 不受 R_L 阻值变化的影响。

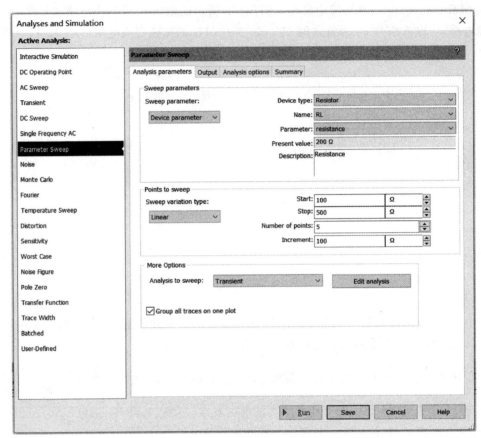

(a) 参数设置

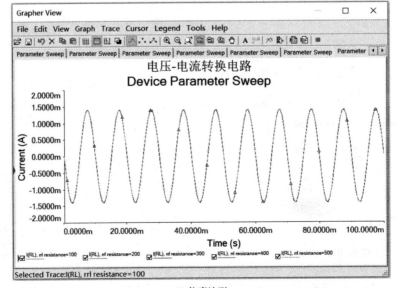

(b) 仿真波形

图 5-104　电压-电流转换电路的参数扫描分析

5.6.4　电压-频率转换电路

电压-频率转换电路的功能是将输入直流电压转换成频率与其数值成正比的交流电压输出，也称电压控制振荡电路（简称压控振荡电路），是一种模拟量到数字量的转换电路，广泛应用于模拟/数字信号的转换、调频、遥控遥测等各种电子设备中。电压-频率转换电路的形式有多种，下面以图 5-105 所示的电压-频率转换电路为例进行仿真分析。

在 Multisim 14.0 仿真环境中搭建图 5-105 所示的电压-频率转换电路。由串联分压电路经电压跟随器得到直流输入电压 U_I，其中电压跟随器用于提高直流输入电压 U_I 的带负载能力。运算放大器 U_{1A}、R_3、C_1、R_4 和 R_5 构成积分电路，将输入的直流电压 U_I 转换为一定频率的三角波 u_{O1}。运算放大器 U_{1B}、R_6 和 R_7 构成滞回电压比较器，在晶体管 Q_1 的控制下将三角波 u_{O1} 转换为同频率的方波 u_O 输出。

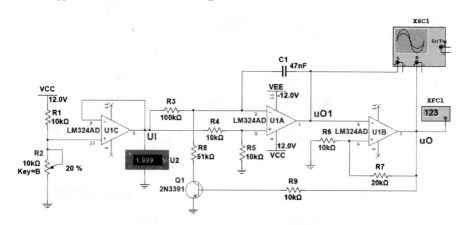

图 5-105　电压-频率转换电路

当输出 u_O 为低电平时，晶体管 Q_1 截止，积分电路中电容 C_1 开始充电，u_{O1} 随之下降，当下降到 $u_{O1} = \dfrac{R_6}{R_6 + R_7} u_O = \dfrac{1}{3} u_O$ 时，u_O 跳变为高电平；晶体管 Q_1 导通，电容 C_1 开始放电，u_{O1} 随之升高，当升高到 $u_{O1} = \dfrac{1}{3} u_O$ 时，u_O 跳变为低电平。如此往复，输出 u_O 为与 u_{O1} 同频率的方波电压。

因三角波 u_{O1} 在 $\dfrac{1}{4} T$ 内，从 0 充电到 $u_- = u_+ = \dfrac{1}{2} U_I$，其中 T 为三角波的周期。因此 u_{O1} 的最大值

$$U_{O1M} = -\frac{1}{R_3 C_1} \int_0^{\frac{T}{4}} \frac{1}{2} U_I \mathrm{d}t = \frac{U_I T}{8 R_3 C_1}$$

又

$$U_{O1M} = \frac{R_6}{R_6 + R_7} U_{OM} = \frac{1}{3} U_{OM}$$

其中，U_{OM} 为运算放大器 U_{1B} 的输出饱和电压，约 12V。从而得出

$$T = \frac{8}{3} \frac{U_{OM}}{U_I} R_3 C_1$$

　　运行仿真电路，调节 R_2，使直流输入电压 $U_I=2\text{V}$。双击双踪示波器，波形如图 5-106（a）所示，显示输出三角波 u_{O1} 和方波 u_O 的周期均为 75ms，对应频率为 13.33Hz。同时利用 Frequency counter（频率计）可直接测量方波的频率，如图 5-106（b）所示。调节 R_2，使直流输入电压 $U_I=4\text{V}$ 时，测得方波的频率为 27Hz，如图 5-106（c）所示。

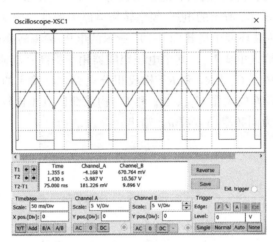

(a) u_{O1} 和 u_O 的仿真波形

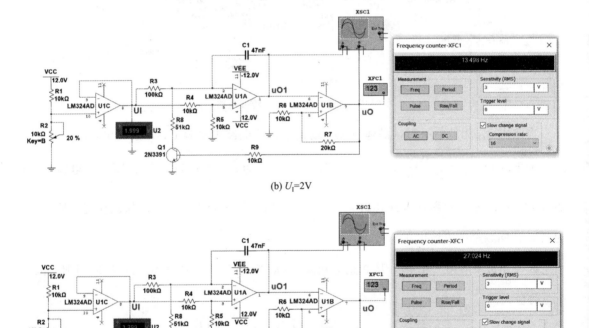

(b) $U_I=2\text{V}$

(c) $U_I=4\text{V}$

图 5-106　电压-频率转换电路的仿真

　　由以上测量数据可得出结论，对于电压-频率转换电路，其输入直流电压 U_I 与输出方波电压 u_O 的频率成正比。

5.7　典型案例的仿真设计

综合运用以上典型的模拟电路，可实现不同功能的应用电路。本节以温度声光报警电路和直流稳压电源电路为例，介绍模拟电路的综合仿真设计过程。

5.7.1　温度声光报警电路的仿真设计

温度声光报警电路有多种实现方法，本设计项目要求利用集成运算放大器的线性和非线性应用来实现。集成运放线性工作可构成各种运算电路，实现信号的放大；非线性工作可构成电压比较器，实现信号间的比较。

(1) 设计要求

设计一个温度声光报警电路。电路的正常测温范围：30～80℃。当被测温度低于 30℃时，LED 黄灯亮且蜂鸣器响，实现低温报警；当被测温度高于 80℃时，LED 红灯亮且蜂鸣器响，实现高温报警。

(2) 方案设计

为降低电路设计的复杂度，电路总体设计一般采用自顶向下的模块化设计方法。各模块的功能相对独立，可以用框图的形式表示出构成总电路的各个模块，以及各模块间的关系。

根据项目设计要求，温度声光报警电路主要由测温电路、放大电路、电压比较电路和声光报警电路共四个模块组成，其原理框图如图 5-107 所示。

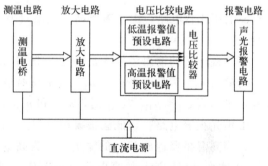

图 5-107　温度声光报警电路的原理框图

各组成模块的作用如下：

① 测温电路：采用测温电桥将变化的温度信号转化为对应的电压信号；

② 放大电路：对电压信号抑制干扰后，进行放大；

③ 电压比较电路：根据高（80℃）、低（30℃）报警温度，设置高、低温阈值电压，并与实际测量温度对应的电压信号进行比较；

④ 声光报警电路：当检测温度低于低温报警值或高于高温报警值时，对应的发光二极管亮，同时蜂鸣器响；当所测温度在正常范围内时，不报警。

⑤ 电源模块：为各功能模块电路提供 $\pm 9V$ 范围内的直流电压。

(3) 仿真设计

① 仿真电路　在 Multisim 14.0 仿真环境中搭建如图 5-108 所示的温度声光报警电路。

a. 测温电路。R_1、R_2、R_3 和 R_T 构成测温电桥，其中可调电阻 R_T 模拟热敏电阻。直流电源 V_{CC} 经 R_{16}、R_{17} 串联分压后，再经电压跟随器后的输出作为测温电桥电路的直流电源电压 U。热敏电阻 R_T 作为电桥的一臂，根据热敏电阻的阻值与温度的对应关系来测量温度。其中

$$V_A = \frac{R_T}{R_3 + R_T}U, \quad V_B = \frac{R_2}{R_1 + R_2}U$$

令三个桥臂电阻值 $R_1 = R_2 = R_3$，则当 R_T 与桥臂电阻值相等时，$V_A = V_B$；当温度变化使 R_T 与桥臂电阻值不相等时，$V_A \neq V_B$，V_A 输出与温度对应的电压值。测温电路的输出接放大电路。

b. 放大电路。放大电路部分采用测量放大器，以消除环境干扰信号的影响，并对测温电信号进行放大。

$$u_{O1} - u_{O2} = \left(1 + \frac{R_4 + R_5}{R_6}\right)(V_A - V_B)$$

若 $R_4 = R_5 = R_6$，$u_{O1} - u_{O2} = 3(V_A - V_B)$。

当 $R_7 = R_9$ 且 $R_8 = R_{10}$ 时，减法运算电路构成差分放大器，即

$$u_{O3} = \frac{R_8}{R_7}(u_{O2} - u_{O1}) = -\frac{R_8}{R_7}(u_{O1} - u_{O2})$$

$$u_{O3} = -3\frac{R_8}{R_7}(V_A - V_B)$$

当 $R_4 = R_5 = R_6$ 且 $R_7 = R_8 = R_9 = R_{10}$ 时，

$$u_{O3} = -3(V_A - V_B) = 3(V_B - V_A)$$

c. 电压比较电路。由于需要高、低温双限比较，因此比较电路部分采用窗口电压比较器实现。

当测温电桥的输出经放大后的电压信号 u_{O3} 小于低温报警电压值 U_L 时，电压比较器 U_{2A} 的输出 u_{O4} 为高电平；当 u_{O3} 大于高温报警电压值 U_H 时，电压比较器 U_{2B} 的输出 u_{O5} 为高电平；当 $U_L < u_{O3} < U_H$ 时，u_{O4} 和 u_{O5} 均输出低电平。

d. 声光报警电路。当低温报警运放 U_{2A} 的输出 u_{O4} 为高电平时，黄色 LED 灯亮且蜂鸣器响；当高温报警运放 U_{2B} 的输出 u_{O5} 为高电平时，红色 LED 亮且蜂鸣器响。

② 仿真过程　运行仿真电路，调节 R_T，当 $R_T = 8.88\,\Omega$（对应 $T = 28\,℃$）时，黄色 LED 灯亮且蜂鸣器响，实现低于 30℃ 报警，如图 5-108(a) 所示；当 $R_T = 7.4\,k\Omega$（对应 $T = 32\,℃$）时，两个 LED 灯均不亮且蜂鸣器不响，如图 5-108(b) 所示；当 $R_T = 1.18\,k\Omega$（对应 $T = 82\,℃$）时，红色 LED 灯亮且蜂鸣器响，实现高于 80℃ 报警，如图 5-108(c) 所示。

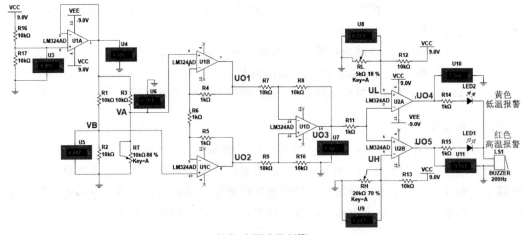

(a) $R_T = 8.88\,k\Omega$（$T = 28\,℃$）

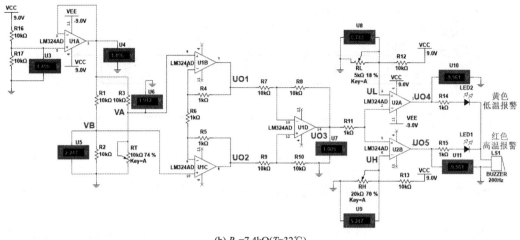

(b) R_T=7.4kΩ(T=32℃)

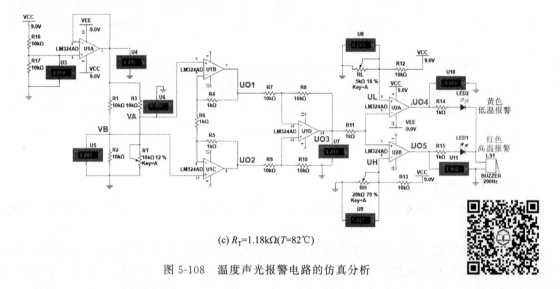

(c) R_T=1.18kΩ(T=82℃)

图 5-108　温度声光报警电路的仿真分析

5.7.2　固定输出线性直流稳压电源的仿真设计

（1）设计要求

设计一个固定输出直流稳压电源，要求输出电压为 12V，最大输出电流 1.5A。

（2）方案设计

小功率线性直流稳压电源通常由电源变压器、整流电路、滤波器和稳压电路四部分组成，其组成框图如图 5-109 所示。

各组成模块的作用如下：

① 电源变压器：电源变压器的作用是将交流市电电压变换为符合整流电路需要的交流电压，实现交流输入电压与直流输出电压间的匹配以及交流电网与整流电路之间的电隔离，一般为降压变压器。

② 整流电路：利用二极管的单向导电性，整流电路可将交流电变换为单向脉动的直流

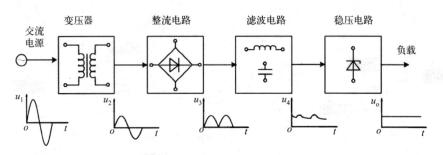

图 5-109　小功率线性直流稳压电源的组成框图

电。目前，整流电路广泛采用桥式整流电路，它由四个整流二极管接成电桥形式，故称为桥式整流。

③ 滤波电路：整流电路虽然可以把交流电变为直流电，但其脉动较大。在大多数电子设备中需要平稳的直流电源，因此，整流电路后要加接滤波电路。常用的滤波电路有电容滤波电路（C 滤波器）、电感电容滤波电路（LC 滤波器）等，小功率直流稳压电源通常采用电容滤波电路。

④ 稳压电路：整流滤波后得到的直流输出电压往往会随电网的波动及负载的变化而变化。为了获得稳定的直流输出电压，通常需要经稳压电路实现输出电压恒定。最简单的直流稳压电路利用稳压二极管实现，但其稳定性较差，应用受限。目前，稳压电路设计中普遍采用单片集成稳压器，它具有外接电路简单、可靠性高、使用灵活、价格低廉等特点。

(3) 仿真设计

① 仿真电路　在 Multisim 14.0 仿真环境中搭建如图 5-110 所示的固定输出线性直流稳压电源电路。

a.电源变压器。变压器的主要指标有二次侧输出电压和最大工作电流（或功率）。因滤波后的直流电压是变压器二次侧电压有效值的 1.2 倍左右，且要考虑变压器二次绕组和整流二极管的压降，另外，稳压电路中稳压器的输入电压应比输出电压至少要高出 2～3V，由此可设定变压器二次侧的输出电压为 15V。因此，选择变压器的变比为 15:1，输入交流电压为 220V/50Hz。

b.整流电路。整流电路选择 3N248 型整流桥，满足输出电流 1.5A，耐压 30V 以上。

c.滤波电路。滤波电容器选取 $470\mu F$，耐压为 35V 的电解电容器，满足电容的放电时间常数 $R_L C \geqslant (3 \sim 5) \dfrac{T}{2}$，式中 T 是电源的周期。

d.稳压电路。稳压电路选用三端集成稳压器 LM7812，输出电压为 +12V，最大工作电流为 1.5A。图 5-110 中，电容 C_2 用以抵消输入端较长接线的电感效应，防止产生自激振荡，取值 0.1～$1\mu F$，接线不长时也可省略；电容 C_3 用以防止瞬时增减负载电流时引起输出电压较大的波动，取值 $1\mu F$。

② 仿真过程　运行仿真电路，用交流电压表 U_2 测量变压器 T_1 的副边交流电压，用直流电压表 U_3 测量整流滤波后的直流电压，用直流电压表 U_4 测量稳压后的输出电压 U_O，测量值如图 5-110 所示。

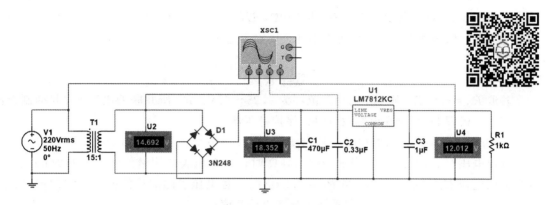

图 5-110　固定输出线性直流稳压电源电路

用四通道示波器同时观测交流电源电压、变压器副边电压、整流滤波后的直流电压和稳压后的输出电压，波形如图 5-111 所示，显示结果与理论分析相符。

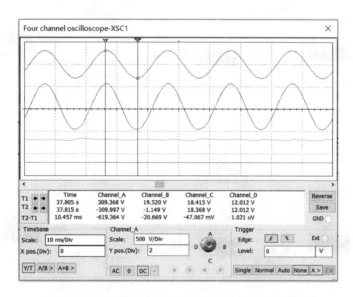

图 5-111　固定输出线性直流稳压电源电路的仿真波形

5.7.3　线性可调直流稳压电源的仿真设计

(1)　设计要求

设计一个线性可调直流稳压电源，要求输出电压的可调范围为 1.25～37V，最大输出电流 1.5A。

(2)　方案设计

在电路组成环节上，线性可调直流稳压电源电路与固定输出线性直流稳压电源电路相同，不同之处在于稳压电路部分。

(3)　仿真设计

① 仿真电路　线性可调直流稳压电源电路的稳压电路采用 LM317H 型三端可调集成稳

压器，如图 5-112(a) 所示。其中 R_1 取 240Ω，$U_R = 1.25V$ 为基准电压，R_2 为调节输出电压的电位器。因调整端的电流可忽略不计，则输出电压

$$U_O = \left(1 + \frac{R_2}{R_1}\right) \times 1.25V$$

若取 $R_2 = 6.8kΩ$，则 U_O 的可调范围为 $1.25 \sim 37V$。R_2 所并联的电容 C_4 起抑制谐波的作用，二极管 D_2 用于在电容放电时，保护稳压器。

② 仿真过程　运行仿真电路，调节 R_2，当 $R_2 = 0$ 时，各测量值如图 5-112(a) 所示，其中输出电压 $U_O = 1.263V$；当 $R_2 = 5.44kΩ$ 时，各电压表的测量值如图 5-112(b) 所示，其中输出电压 $U_O = 29.978V$；当 $R_2 = 6.8kΩ$ 时，各电压表的测量值如图 5-112(c) 所示，其中输出电压 $U_O = 37.162V$，测量结果与理论计算值相符。

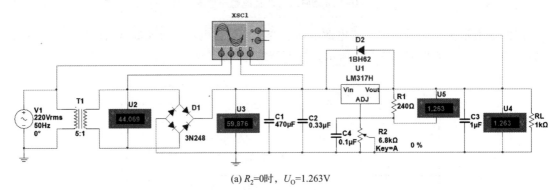

(a) R_2=0时，U_O=1.263V

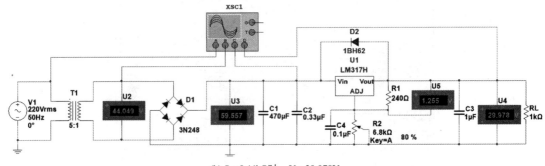

(b) R_2=5.44kΩ时，U_O=29.978V

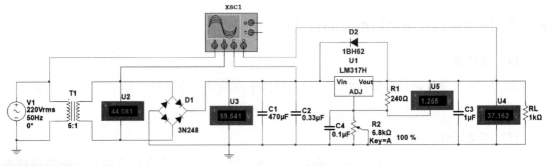

(c) R_2=6.8kΩ时，U_O=37.162V

图 5-112　线性可调直流稳压电源电路的仿真

当 $R_2 = 6.8\text{k}\Omega$ 时，利用四通道示波器同时观测交流电源电压、变压器副边电压、整流滤波后的直流电压和稳压后的输出电压，波形如图 5-113 所示，显示结果与理论分析相符。

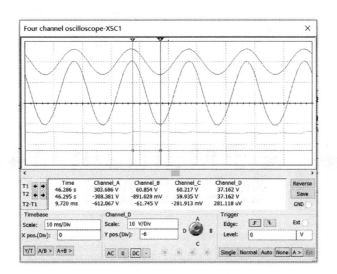

图 5-113　线性可调直流稳压电源电路的仿真波形

第6章 基于Multisim 14.0的数字电路仿真

半导体器件工作在截止区和饱和区时起开关的作用，因此也称半导体开关。由半导体开关可构成数字电路，数字电路分组合逻辑电路和时序逻辑电路。本章先介绍半导体器件的开关特性和常用数字逻辑器件的逻辑功能仿真测试方法，在此基础上介绍典型组合逻辑电路、时序逻辑电路、555定时器应用电路以及数模和模数转换电路的仿真过程。

6.1 半导体器件的开关特性测试

在两端加上一定频率的交流电后，二极管和晶体三极管会在导通和截止两种状态间切换，它们均起到开关的作用。利用半导体器件的开关特性，可构成数字电路的基本单元门电路。

6.1.1 二极管的开关特性测试

由于二极管具有单向导电性，即理想情况下外加正向电压时导通，外加反向电压时截止，因此它相当于一个受外加电压极性控制的开关。但由于存在 PN 结表面的漏电流以及半导体的体电阻，实际二极管的伏安特性并不理想。当二极管的正向导通压降和正向电阻与电源电压和外接电阻相比均可忽略时，可将二极管看作理想开关。

在 Multisim 14.0 仿真环境中搭建如图 6-1 所示的二极管开关电路，其中输入信号 u_1 为幅值 5V、频率 1kHz、占空比 50% 的脉冲信号，利用双踪示波器对比观测电阻 R_1 和二极管 D_1 的端电压，二极管 D_1 的电流通过测量电阻 R_1 的端电压来间接反映。

运行仿真电路，波形如图 6-2 所示。从输出波形看，当输入 u_1 为低电平时，二极管 D_1 正向导通，其端电压为 -668.117mV，为一个 PN 结的导通压降，电阻 R_1 的端电压为 -4.332V，说明二极管有较大的正向导通电流；当输入 u_1 为高电平时，二极管 D_1 反向截止，其端电压为 5V，电阻 R_1 的端电压为 $1.128\mu\text{V}$，说明二极管截止时仍有很小的反向漏电流。

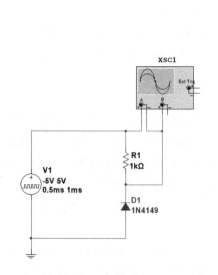

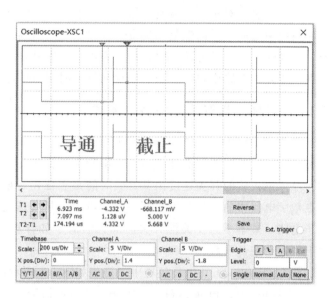

图 6-1　低频二极管开关电路　　　　　　图 6-2　低频二极管开关电路的仿真波形

电阻 R_1 的端电压波形有毛刺，即二极管 D_1 的电流波形有毛刺，说明二极管在导通和截止两种状态切换时有一定的过渡过程，但过渡过程不明显。

将图 6-1 所示电路中的输入脉冲信号 u_1 的频率改为 1MHz，如图 6-3 所示。运行仿真电路，波形如图 6-4 所示。从输出波形看，输入信号 u_1 和电阻 R_1、二极管 D_1 端电压间的逻辑关系不变，但电阻 R_1 端电压波形的毛刺明显。

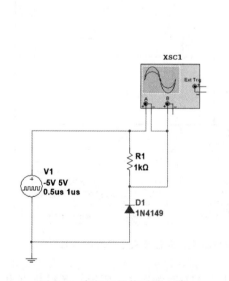

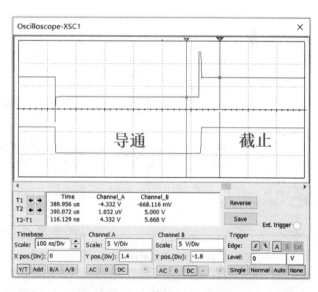

图 6-3　高频二极管开关电路　　　　　　图 6-4　高频二极管开关电路的仿真波形

二极管从正向偏置的导通状态转为反向偏置的截止状态所需要的时间称为反向恢复时间；反之，二极管从反向偏置的截止状态转为正向偏置的导通状态所需要的时间称为正向恢复时间，这两个参数是区分快恢复和慢恢复二极管的重要指标。通常反向恢复时间比正向恢复时间大得多，对于快速恢复二极管，一般为 ns 数量级。二极管的反向恢复过程是由电荷存储效应引起的，反向恢复时间是二极管在正向导通时 PN 结所存储电荷耗尽所需要的时间。二极管工作在较低频率时，一般不需要考虑其正向恢复时间和反向恢复时间；但当其工作在高频开关电路中时，二极管的反向恢复时间对电路工作状态的影响较大。

6.1.2 晶体三极管的开关特性测试

在数字电路中，晶体三极管作为开关元件，主要工作在饱和与截止两种开关状态，放大是极短暂的过渡状态。晶体三极管在饱和与截止状态间的切换时间称为晶体三极管的开关时间。晶体三极管的开关速度由其开关时间来表征，一般在 ns 数量级，它直接影响晶体三极管在数字电路中的工作频率。开关时间越短，开关速度越快。对于工作频率在 MHz 以下的电子电路，基本不需要关注开关时间；但对于如计算机等高频电路（频率一般在 $10^2\,$MHz以上）需考虑此参数。

在 Multisim 14.0 仿真环境中，搭建如图 6-5 所示的晶体三极管开关电路，其中输入信号 u_1 为幅值 5V、频率 1kHz、占空比 50% 的脉冲信号，利用双踪示波器对比观测输入信号 u_1 和晶体三极管 Q_1 的集电极电压 u_C。

运行仿真电路，波形如图 6-6 所示。从输出波形看，当输入 u_1 为高电平时，晶体三极管 Q_1 饱和导通，集电极电压 u_C 为低电平；当输入 u_1 为低电平时，Q_1 截止，u_C 为高电平，即晶体管随输入高低电平的变化，在饱和与截止状态间进行切换，起到开关的作用。因电路工作频率较低，状态间切换的过渡过程并不明显。

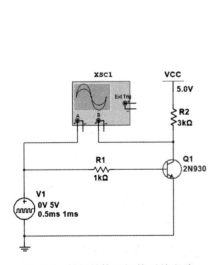

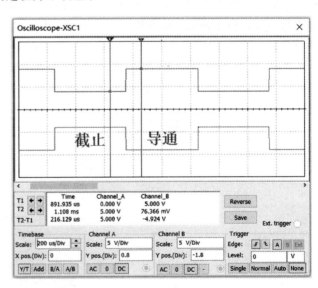

图 6-5　低频晶体三极管开关电路　　　　图 6-6　低频晶体三极管开关电路的仿真波形

将图 6-5 所示电路中的输入脉冲信号 u_1 的频率改为 1MHz，如图 6-7 所示。运行仿真电路，波形如图 6-8 所示。从输出波形看，输入信号 u_1 和晶体三极管 Q_1 的集电极电压 u_C 间的逻辑关系不变。但因电路工作频率较高，晶体三极管 Q_1 在饱和与截止状态间进行切换的过渡过程明显，尤其是从导通到截止的关断过程明显，Q_1 的关断时间大于开启时间，测量得 2N930 型晶体三极管的关断时间约为 67.7ns。

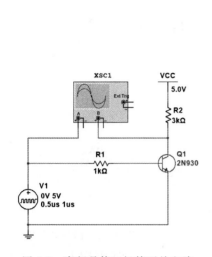

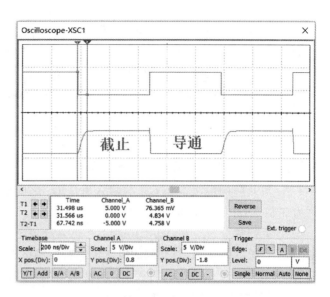

图 6-7　高频晶体三极管开关电路　　　　　图 6-8　高频晶体三极管开关电路的仿真波形

6.2　数字逻辑器件的逻辑功能测试

门电路和触发器分别是组合逻辑电路和时序逻辑电路的基本组成单元，由门电路和触发器可构成常用的组合逻辑部件和时序逻辑部件，在数字电路中广泛应用。本节介绍常用门电路、组合逻辑部件、触发器和时序逻辑部件的基本功能的仿真测试方法。

6.2.1　TTL 与非门的功能测试

在门电路中，与非门应用最普遍，其他类型的门电路多由其衍化而来。本节以 TTL（Transistor-Transistor Logic，晶体管-晶体管逻辑）与非门为例，介绍门电路的逻辑功能、电压传输特性和延迟特性的仿真测试方法。

（1）TTL 与非门的逻辑功能测试

在 Multisim 14.0 仿真软件的元器件工具栏中点击 TTL 类，在 Family 中选择 74LS（74系列低功耗肖特基型），在 Component 中选择 74LS00，74LS00 内部含有四个 2 输入 TTL 与非门，选择其中的与非门 A。点击 Sources 类，在 Family 中选择 DIGITAL_SOURCES（数字源），在 Component 中选择 INTERACTIVE_DIGITAL_CONSTANT（交互式数字常量）作为与非门的输入变量 A 和 B。点击 Indicators 类，在 Family 中选择 PROBE（探针），在 Component 中选择 PROBE_DIG_RED（红色数字探针）作为与非门输出变量 Y 的状态指示，连接仿真电路如图 6-9 所示。

运行仿真电路，当 $A=0$，$B=0$ 时，探针指示灯亮，即输出为高电平，如图 6-9（a）所示；当 $A=1$，$B=1$ 时，探针指示灯不亮，即输出为低电平，如图 6-9（b）所示。同样的方法可得出当 $A=0$，$B=1$ 和 $A=1$，$B=0$ 时，输出均为高电平，从而验证了 TTL 与非门的逻辑功能。

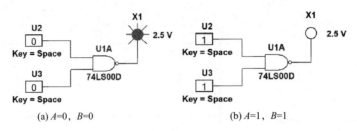

(a) $A=0$, $B=0$ (b) $A=1$, $B=1$

图 6-9　TTL 与非门的逻辑功能测试

（2）TTL 与非门的电压传输特性测试

TTL 与非门的输出电压 U_O 与输入电压 U_I 之间的关系称为 TTL 与非门的电压传输特性。

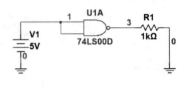

① 直流扫描分析　在 Multisim 14.0 仿真环境下，搭建如图 6-10 所示的 TTL 与非门的电压传输特性测试电路。将 TTL 与非门的 2 输入端同时接 5V 的直流电源，即此时输出 U_O 应为输入 U_I 的逻辑非。

图 6-10　TTL 与非门的电压传输特性测试电路

对电路进行直流扫描分析，将直流电源 V_1 作为扫描变量，扫描范围从 0V 到 5V，参数设置如图 6-11 所示，将与非门的输出 U_O 作为输出变量。

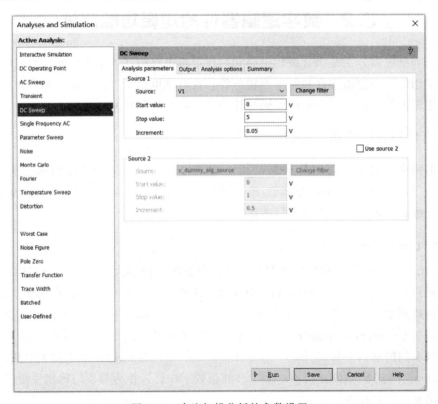

图 6-11　直流扫描分析的参数设置

保存参数设置，点击 Run，弹出直流扫描分析结果如图 6-12 所示。当输入 $U_I<$ 2.4797V 时，$U_O=5$V 为高电平；U_I 再增大时，输出 U_O 逐渐由高电平向低电平下降；当输入 $U_I>2.561$V 时，$U_O=0$V 为低电平。

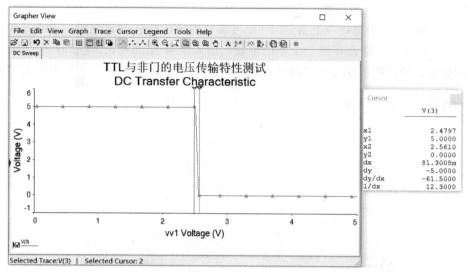

图 6-12　TTL 与非门的电压传输特性测试（直流扫描分析法）

对于通用的 TTL 与非门，输出高电平电压 $U_{OH} \geqslant 2.4V$，输出低电平电压 $U_{OL} \leqslant 0.4V$。

② 交互式分析　除了直流扫描分析方法，还可利用交互式分析方法对 TTL 与非门的电压传输特性进行测试，仿真电路如图 6-13（a）所示，其中输入信号 U_I 为幅值 5V，频率 1kHz 的三角波，双踪示波器的显示方式设为 "B/A"，即 $\dfrac{U_O}{U_I}$。运行仿真电路，波形显示如图 6-13（b）所示，当输入电压 $U_I = 2.452V$ 时，与非门的输出由高电平跳变为低电平，结果与上述直流扫描分析的结果一致。

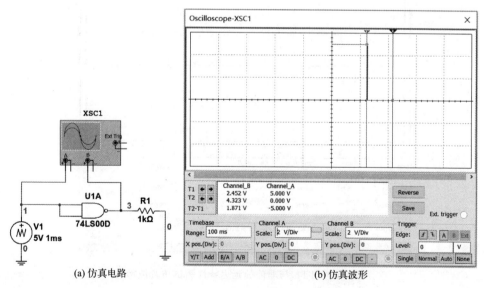

(a) 仿真电路　　　　　　　　　　　(b) 仿真波形

图 6-13　TTL 与非门的电压传输特性测试（交互式分析法）

(3) TTL 与非门的延迟特性测试

逻辑门的传输延迟时间间接反映了门电路的工作速度。逻辑门的传输延迟时间较短，为 ns 级。为保证测量精度，可采用累积测量法，即先测量多个逻辑门的总传输延迟时间，再求其平均值,即为单个逻辑门的平均传输延迟时间 t_{pd}。

在 Multisim 14.0 仿真环境下搭建 TTL 与非门的延迟特性测试电路,如图 6-14 所示,其中与非门接成非门功能,并将 5 个非门串联。输入信号 A 为幅值 5V、频率 1kHz、占空比 50% 的脉冲信号。利用双踪示波器对比观测输入 A 与输出 Y 的波形,检测输出 Y 相对于输入 A 的传输延迟时间 t,再计算单个 TTL 与非门的平均传输延迟时间 $t_{pd}=\dfrac{t}{5}$。

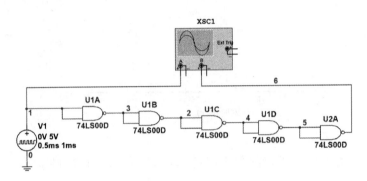

图 6-14   TTL 与非门的延迟特性测试电路

运行仿真电路,仿真波形如图 6-15 所示。由仿真波形可看出,首先从逻辑关系上输出 $Y=\overline{A}$;同时,可测出 5 个与非门的总传输延迟时间 t 约为 80ns,经计算可得单个 TTL 与非门的平均传输延迟时间 t_{pd} 约为 16ns。

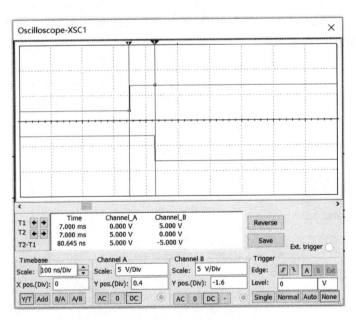

图 6-15   TTL 与非门的延迟特性测试仿真波形

6.2.2 常用组合逻辑部件的逻辑功能测试

组合逻辑部件是指具有某种逻辑功能的中规模集成组合逻辑电路芯片。常用的组合逻辑部件有全加器、编码器、译码器、数据选择器等。

（1）全加器的逻辑功能测试

全加器能完成二进制数全加的功能，是常用的逻辑运算电路。下面以一位二进制全加器 74LS183 为例介绍全加器逻辑功能的仿真测试过程。

① 一位二进制全加器 74LS183　74LS183 内部含有 2 个一位二进制全加器，其逻辑功能如表 6-1 所示。

表 6-1　74LS183 型全加器的逻辑功能表

A_i	B_i	C_{i-1}	S_i	C_i
0	0	0	0	0
0	0	1	1	0
0	1	0	1	0
0	1	1	0	1
1	0	0	1	0
1	0	1	0	1
1	1	0	0	1
1	1	1	1	1

② 74LS183 的逻辑功能测试　在 Multisim 14.0 仿真软件的元器件工具栏中点击 TTL 类，在 Family 中选择 74LS，在 Component 中选择 74LS183N，选择其中的全加器 A。选择交互式数字常量作为全加器的两个待加数 A_i、B_i 和一个低位进位数 C_{i-1}。选择 PROBE_DIG_RED（红色数字探针）作为全加器的本位和 S_i 和进位数 C_i 的状态指示，连接仿真电路如图 6-16 所示。

运行仿真电路，当 $A_i=0$，$B_i=1$，$C_{i-1}=0$ 时，探针 X_1 指示灯亮，X_2 指示灯灭，即本位和 $S_i=1$，进位 $C_i=0$，如图 6-16（a）所示；当 $A_i=1$，$B_i=1$，$C_{i-1}=1$ 时，探针 X_1、X_2 指示灯均亮，即本位和 $S_i=1$，进位 $C_i=1$，如图 6-16（b）所示。

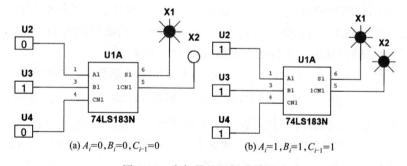

(a) $A_i=0, B_i=0, C_{i-1}=0$　　　　(b) $A_i=1, B_i=1, C_{i-1}=1$

图 6-16　全加器的逻辑功能测试

同样的方法可对其他输入组合状态进行一一测试，可验证 74LS183N 型全加器的逻辑功能。

（2）编码器的逻辑功能测试

将二进制码按一定规律编排，使每组代码均具有一个特定含义的过程称为编码。例如从计算机键盘上输入的各种符号经过编码过程转换为 ASCII 码的形式存储在计算机内部。具有编码功能的逻辑电路称为编码器。常用的编码器有普通编码器（二进制、二-十进制）和优先编码器。下面以 74LS148 型优先编码器为例介绍编码器逻辑功能的仿真测试过程。

① 8 线-3 线优先编码器 74LS148　当同时存在两个或两个以上输入信号时，优先编码器只按优先级高的输入信号编码，优先级低的信号不起作用。

74LS148 是带有扩展功能的 8 线-3 线优先编码器，它有 8 个信号输入端 $\overline{D_0} \sim \overline{D_7}$（低电平有效），3 个二进制码输出端 $\overline{A_0} \sim \overline{A_2}$（低电平有效），一个输入使能端 $\overline{EI}$，一个选通输出端 $\overline{EO}$ 和一个扩展端 $\overline{GS}$。使能端 $\overline{EI}$ 为"0"时，该芯片工作；选通输出端 $\overline{EO}$ 和扩展端 $\overline{GS}$ 主要用于功能扩展。74LS148 的逻辑功能如表 6-2 所示。

表 6-2　74LS148 型优先编码器的逻辑功能表

输　入									输　出				
$\overline{EI}$	$\overline{D_7}$	$\overline{D_6}$	$\overline{D_5}$	$\overline{D_4}$	$\overline{D_3}$	$\overline{D_2}$	$\overline{D_1}$	$\overline{D_0}$	$\overline{A_2}$	$\overline{A_1}$	$\overline{A_0}$	$\overline{GS}$	$\overline{EO}$
1	×	×	×	×	×	×	×	×	1	1	1	1	1
0	1	1	1	1	1	1	1	1	1	1	1	1	0
0	0	×	×	×	×	×	×	×	0	0	0	0	1
0	1	0	×	×	×	×	×	×	0	0	1	0	1
0	1	1	0	×	×	×	×	×	0	1	0	0	1
0	1	1	1	0	×	×	×	×	0	1	1	0	1
0	1	1	1	1	0	×	×	×	1	0	0	0	1
0	1	1	1	1	1	0	×	×	1	0	1	0	1
0	1	1	1	1	1	1	0	×	1	1	0	0	1
0	1	1	1	1	1	1	1	0	1	1	1	0	1

注："1"表示高电平；"0"表示低电平；"×"表示任意输入状态。

② 74LS148 的逻辑功能测试　在 Multisim 14.0 仿真软件的元器件工具栏中选择 8 线-3 线优先编码器 74LS148D，选择交互式数字常量作为编码器的数据输入 $\overline{D_0} \sim \overline{D_7}$，选择 DCD_HEX 数码管显示编码的状态，连接仿真电路如图 6-17 所示。

运行仿真电路，当 $\overline{D_0} \sim \overline{D_7}$ 均为 1 时，数码管显示十进制数 0，如图 6-17（a）所示；当 $\overline{D_7} = 0$，$\overline{D_0} \sim \overline{D_6}$ 为任意状态时，数码管显示十进制数 7，如图 6-17（b）所示；当 $\overline{D_7} = 1$，$\overline{D_6} = 0$，$\overline{D_0} \sim \overline{D_5}$ 为任意状态时，数码管显示十进制数 6，如图 6-17（c）所示。

采用同样的方法，可对其他输入组合状态进行一一测试，测试过程说明 8 个输入信号的优先级由高到低依次为 $\overline{D_7}$ 至 $\overline{D_0}$，从而验证了 74LS148D 型优先编码器的逻辑功能。

(3) 译码器的逻辑功能测试

译码和编码互为逆过程。译码是将二进制代码（输入）转换成十进制数或对应的信号（输出）。例如，在计算机屏幕上显示的是由 ASCII 码经过译码过程复原出来的符号。常用的译码器有二进制译码器和二-十进制显示译码器。

① 二进制译码器　二进制译码器有 2 线-4 线、3 线-8 线、4 线-16 线等形式，下面以 3 线-8 线译码器 74LS138 为例介绍二进制译码器逻辑功能的仿真测试过程。

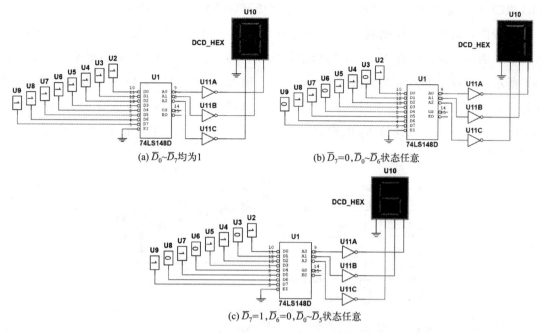

图 6-17　优先编码器的逻辑功能测试仿真电路

a. 3 线-8 线译码器 74LS138。74LS138 是 3 位二进制译码器，即 3 线-8 线译码器，它有 3 个二进制输入端 A、B 和 C（高电平有效），8 个输出端 $\overline{Y}_0 \sim \overline{Y}_7$（低电平有效），一个输入使能端 G_1，两个控制端 $\overline{G}_{2A}$ 和 $\overline{G}_{2B}$。当使能端 $G_1 = 1$ 时，译码器工作；当 $G_1 = 0$ 时，译码器不工作，输出 $\overline{Y}_0 \sim \overline{Y}_7$ 全为 1。当 $G_1 = 1$ 且 $\overline{G}_{2A}$ 和 $\overline{G}_{2B}$ 全为 0 时，译码器正常译码；否则，不译码，输出 $\overline{Y}_0 \sim \overline{Y}_7$ 全为 1。74LS138 型译码器的逻辑功能如表 6-3 所示。

表 6-3　74LS138 型译码器的逻辑功能表

输　　入						输　　出							
G_1	$\overline{G}_{2A}$	$\overline{G}_{2B}$	A	B	C	$\overline{Y}_0$	$\overline{Y}_1$	$\overline{Y}_2$	$\overline{Y}_3$	$\overline{Y}_4$	$\overline{Y}_5$	$\overline{Y}_6$	$\overline{Y}_7$
$\times$	1	$\times$	$\times$	$\times$	$\times$	1	1	1	1	1	1	1	1
$\times$	$\times$	1	$\times$	$\times$	$\times$	1	1	1	1	1	1	1	1
0	$\times$	$\times$	$\times$	$\times$	$\times$	1	1	1	1	1	1	1	1
1	0	0	0	0	0	0	1	1	1	1	1	1	1
1	0	0	0	0	1	1	0	1	1	1	1	1	1
1	0	0	0	1	0	1	1	0	1	1	1	1	1
1	0	0	0	1	1	1	1	1	0	1	1	1	1
1	0	0	1	0	0	1	1	1	1	0	1	1	1
1	0	0	1	0	1	1	1	1	1	1	0	1	1
1	0	0	1	1	0	1	1	1	1	1	1	0	1
1	0	0	1	1	1	1	1	1	1	1	1	1	0

b. 74LS138 的逻辑功能测试。在 Multisim 14.0 仿真软件的元器件工具栏中选择 3 线-8 线译码器 74LS138D，选择交互式数字常量作为译码器的数据输入 A、B、C，选择 PROBE_

DIG_RED 作为输出 $\overline{Y}_0 \sim \overline{Y}_7$ 的状态指示，连接仿真电路如图 6-18 所示。

运行仿真电路，在控制端 $\overline{G}_{2A}$ 和 $\overline{G}_{2B}$ 均为高电平的条件下，当 $G_1 = 0$ 时，无论输入 A、B、C 为何状态，探针 $X_1 \sim X_8$ 的指示灯均亮，即输出 $\overline{Y}_0 \sim \overline{Y}_7$ 均为高电平，如图 6-18 (a) 所示。当 $\overline{G}_{2A}$ 和 $\overline{G}_{2B}$ 均为低电平且 $G_1 = 1$，输入 A、B、C 均为 0 时，仅探针 X_1 的指示灯不亮，即输出 $\overline{Y}_0 \sim \overline{Y}_7$ 中只有 $\overline{Y}_0$ 为低电平，如图 6-18(b) 所示。当 $G_1 = 1$，输入 $A = 1$，$B = 0$，$C = 1$ 时，仅探针 X_6 的指示灯不亮，即输出 $\overline{Y}_0 \sim \overline{Y}_7$ 中只有 $\overline{Y}_5$ 为低电平，如图 6-18(c) 所示。

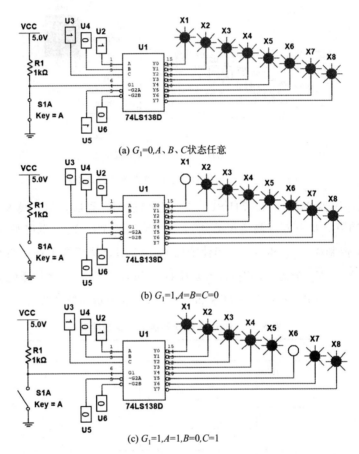

图 6-18　74LS138D 型译码器的逻辑功能测试仿真电路

采用同样的方法，可对其他输入组合状态进行一一测试，从而验证了 74LS138D 型译码器的逻辑功能。

② 二-十进制显示译码器　在数字仪表和数字系统中，常需要将数据和运算结果用十进制数显示出来，这就要用到二-十进制显示译码器，它能将 8421 代码对应的十进制数用显示器件显示出来。

下面基于显示器件半导体数码管，以 74LS248 为例介绍二-十进制显示译码器逻辑功能的仿真测试过程。

a. 显示译码器 74LS248。74LS248 型显示译码器的管脚排列如图 6-19 所示，输出高电平有效，与共阴极数码管（如 LG3611AH）配套使用，连接电路如图 6-20 所示。

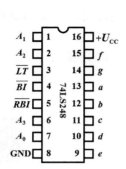

图 6-19　74LS248 管脚排列图

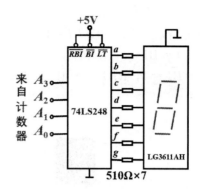

图 6-20　74LS248 与共阴极数码管连接图

74LS248 的输入为 4 位二进制数，输出为 $a\sim g$ 共 7 个高电平有效的信号。当某输出为高电平时，驱动共阴极数码管中对应的 LED 段点亮。

$\overline{BI}$：灭灯输入端，低电平时，$a\sim g$ 均输出低电平，7 段 LED 均灭。

$\overline{LT}$：亮灯输入端，低电平时，$a\sim g$ 均输出高电平，7 段 LED 全亮，显示数字 8。

$\overline{RBI}$：灭 0 输入端，用来消除无效 0。例如，可消除 000.001 前两个 0，从而显示 "0.001"。在译码器正常工作时，以上三个输入端均接高电平。74LS248 的逻辑功能如表 6-4 所示。

表 6-4　74LS248 型二-十进制显示译码器的逻辑功能表

输 入							输 出							显示
$\overline{LT}$	$\overline{RBI}$	$\overline{BI}$	D	C	B	A	a	b	c	d	e	f	g	
0	×	1	×	×	×	×	1	1	1	1	1	1	1	8
×	×	0	×	×	×	×	0	0	0	0	0	0	0	全灭
1	0	1	0	0	0	0	0	0	0	0	0	0	0	灭0
1	×	1	0	0	0	0	1	1	1	1	1	1	0	0
1	×	1	0	0	0	1	0	1	1	0	0	0	0	1
1	×	1	0	0	1	0	1	1	0	1	1	0	1	2
1	×	1	0	0	1	1	1	1	1	1	0	0	1	3
1	×	1	0	1	0	0	0	1	1	0	0	1	1	4
1	×	1	0	1	0	1	1	0	1	1	0	1	1	5
1	×	1	0	1	1	0	0	0	1	1	1	1	1	6
1	×	1	0	1	1	1	1	1	1	0	0	0	0	7
1	×	1	1	0	0	0	1	1	1	1	1	1	1	8
1	×	1	1	0	0	1	1	1	1	0	0	1	1	9

b. 74LS248 的逻辑功能测试。在 Multisim 14.0 仿真软件的元器件工具栏中选择二-十进制显示译码器 74LS248N。由七路开关控制输出 7 个逻辑电平，其中四路输出作为 74LS248N 的输入四位二进制数，另外三路输出接 74LS248 的控制端 $\overline{BI}$、$\overline{LT}$ 和 $\overline{RBI}$。在元器件工具栏中点击 Indicator 类，在 Family 中选择 HEX_DISPLAY，在 Component 中选择 SEVEN_SEG_COM_K（共阴极七段数码管）作为显示器件，连接仿真电路如图 6-21

所示。

运行仿真电路，当 $\overline{LT}=0$，$\overline{BI}=1$，$\overline{RBI}-\times$ 时，数码管显示"8"，即试灯，如图 6-21（a）所示；当 $\overline{LT}=\overline{BI}=1$，$\overline{RBI}=\times$ 且 $DCBA=0010$ 时，数码管显示"2"，如图 6-21（b）所示；当 $\overline{LT}=\overline{BI}=1$，$\overline{RBI}=\times$ 且 $DCBA=1001$ 时，数码管显示"9"，如图 6-21（c）所示。

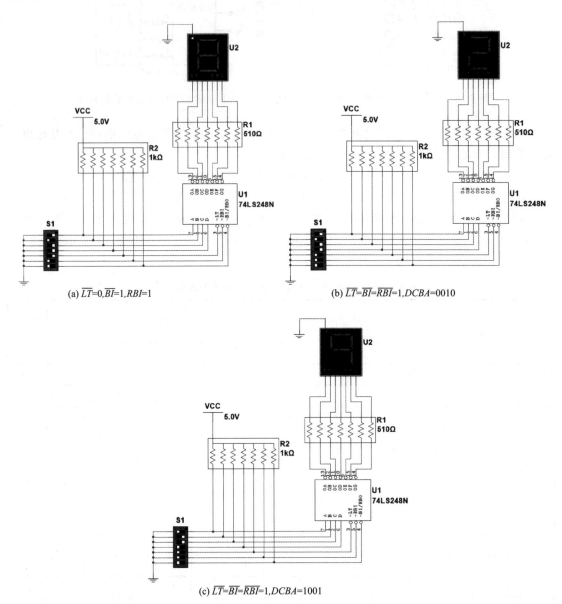

(a) $\overline{LT}=0,\overline{BI}=1,RBI=1$

(b) $\overline{LT}=\overline{BI}=\overline{RBI}=1,DCBA=0010$

(c) $\overline{LT}=\overline{BI}=\overline{RBI}=1,DCBA=1001$

图 6-21　74LS248N 型二-十进制显示译码器的逻辑功能测试仿真电路

采用同样的方法，可对其他输入组合状态进行一一测试，从而验证了 74LS248N 型译码器的逻辑功能。

（4）数据选择器的逻辑功能测试

数据选择器也称多路开关，用于在数字信号传输过程中从多路数据中选出一路输出。常用的数据选择器有 74LS153（双四选一）、74LS151（八选一）等。下面以双四选一数据选择器 74LS153 为例介绍数据选择器的逻辑功能仿真测试过程。

① 双四选一数据选择器 74LS153　74LS153 型双四选一数据选择器内部有两个四选一数据选择器，其管脚排列如图 6-22 所示。$\overline{1G}$、$\overline{2G}$ 为两个独立的使能端，分别控制两个四选一数据选择器是否工作；A、B 为公共地址控制端；$1C_0 \sim 1C_3$ 和 $2C_0 \sim 2C_3$ 分别为两个 4 选 1 数据选择器的四路数据输入端；$1Y$、$2Y$ 分别为两个四选一数据选择器的输出端。

当使能端 $\overline{1G} = 1$ 时，多路开关被禁止，输出 $1Y = 0$，无输出；当使能端 $\overline{1G} = 0$ 时，多路开关正常工作，根据地址码 A、B 的状态，从 $1C_0 \sim 1C_3$ 四路信号中选择相应的一路信号传送到输出端 $1Y$。两个数据选择器的工作原理相同。74LS153 的逻辑功能如表 6-5 所示。

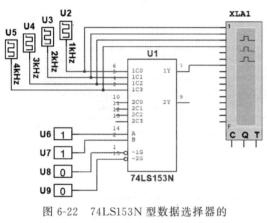

图 6-22　74LS153N 型数据选择器的逻辑功能测试电路

表 6-5　74LS153 型双四选一数据选择器的逻辑功能表

输　入			输　出
$\overline{1G}$	B	A	$1Y$
1	$\times$	$\times$	0
0	0	0	$1C_0$
0	0	1	$1C_1$
0	1	0	$1C_2$
0	1	1	$1C_3$

② 74LS153 的逻辑功能测试　在 Multisim 14.0 仿真软件的元器件工具栏中选择双四选一数据选择器 74LS153N。使能端 $\overline{1G}$、$\overline{2G}$ 和地址输入端 A、B 分别接交互式数字常量；点击 Sources 类，在 Family 中选择 DIGITAL_SOURCES（数字源），在 Component 中选择不同频率的 DIGITAL_CLOCK（数字时钟）分别作为四路输入信号 $1C_0 \sim 1C_3$、$1C_0 \sim 1C_3$ 和输出 $1Y$ 接逻辑分析仪，连接仿真电路如图 6-22 所示。

运行仿真电路，当 $\overline{1G} = 1$ 时，输出 $1Y = 0$，如图 6-23（a）所示；当 $\overline{1G} = 0$，$A = 0$，$B = 1$ 时，输出 $1Y$ 为通道 $1C_2$ 信号，如图 6-23（b）所示。

6.2.3　触发器的逻辑功能测试

按逻辑功能不同，触发器有 RS 触发器、JK 触发器、D 触发器等类型。

(1) 基本 RS 触发器的逻辑功能测试

在 Multisim 14.0 仿真环境中搭建由与非门组成的基本 RS 触发器，如图 6-24 所示。

运行仿真电路，改变输入 $\overline{R}_D$ 和 $\overline{S}_D$ 的值，观察输出探针的指示状态。当 $\overline{R}_D = 1$，$\overline{S}_D = 0$ 时，$Q_{n+1} = 1$，即输入 $\overline{S}_D$ 低电平有效，如图 6-24 所示。利用同样的方法可对其他输入组合状态一一验证，符合表 6-6 所示的由与非门组成的基本 RS 触发器的逻辑功能。

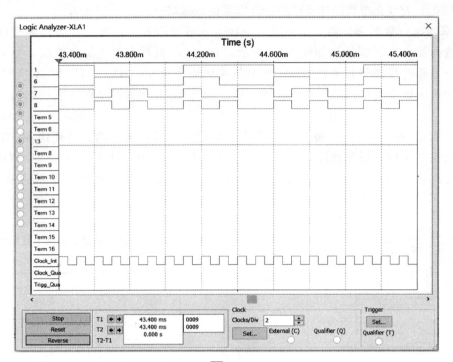

(a) $\overline{1G}$=1，1Y=0

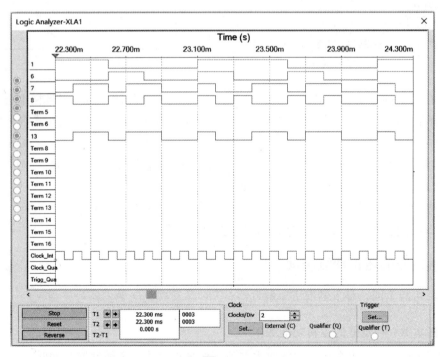

(b) $\overline{1G}$=0，1Y=1C_2

图 6-23　74LS153N 型数据选择器的逻辑功能测试

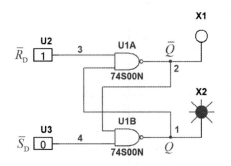

图 6-24　基本 RS 触发器的逻辑功能测试

表 6-6　由与非门组成的基本 RS 触发器的逻辑功能表

输　入		输　出
$\overline{R}_D$	$\overline{S}_D$	Q_{n+1}
0	1	0
1	0	1
1	1	Q_n
0	0	禁用

（2）JK 触发器的逻辑功能测试

在 Multisim 14.0 仿真环境中搭建主从 JK 触发器的逻辑功能测试电路，如图 6-25 所示。其中 74LS112D 为双 JK 触发器，$\overline{1CLR}$ 和 $\overline{1PR}$ 分别为直接清零端和直接置 1 端，接高电平。选择交互式数字常量作为数据输入 $1J$ 和 $1K$，红色数字探针作为输出 $1Q_{n+1}$ 和 $1\overline{Q}_{n+1}$ 的状态指示，时钟信号 $1CLK$ 下降沿有效，接数字时钟 DIGITAL_CLOCK，频率设为 10Hz。

运行仿真电路，当 $1J=0$，$1K=1$ 时，红色数字探针 X_1 不亮，X_2 亮，即 $1Q_{n+1}=0$；当 $1J=1$，$1K=0$ 时，红色数字探针 X_1 亮，X_2 不亮，即 $1Q_{n+1}=1$；当 $1J=1$，$1K=1$ 时，红色数字探针 X_1 和 X_2 会以 5Hz 的频率不停闪烁。为更直观地观察输出的变化，利用逻辑分析仪同时显示时钟 $1CLK$，输出 $1Q_{n+1}$ 和 $1\overline{Q}_{n+1}$ 的波形，如图 6-26 所示。从波形可看出，在 $1CLK$ 的下降沿，$1Q_{n+1}$ 的状态翻转，$1Q_{n+1}$ 的频率为 $1CLK$ 的一半。当 $1J=0$，$1K=0$ 时，两个数字探针的状态不变，即 $1Q_{n+1}$ 的状态保持不变。

以上测试结果，符合主从 JK 触发器的逻辑功能，如表 6-7 所示。

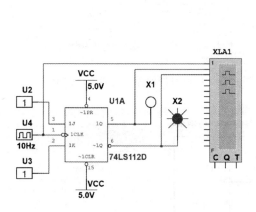

图 6-25　JK 触发器的逻辑功能测试电路

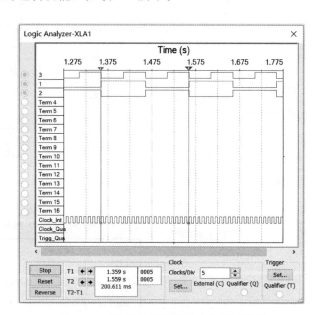

图 6-26　JK 触发器的逻辑功能测试波形

表 6-7　74LS112D 型主从 JK 触发器的逻辑功能表

输　入				输　出
$\overline{CLR}$	$\overline{PR}$	J	K	Q_{n+1}
1	1	0	0	Q_n
1	1	0	1	0
1	1	1	0	1
1	1	1	1	$\overline{Q}_n$

（3）D 触发器的逻辑功能测试

在 Multisim 14.0 仿真环境中搭建 D 触发器的逻辑功能测试电路，如图 6-27 所示，其中 74LS74D 为双 D 触发器，$\overline{1CLR}$ 和 $\overline{1PR}$ 分别为直接清零端和直接置 1 端，接高电平。选择数字时钟 DIGITAL_CLOCK 作为输入信号 $1D$，频率设为 300Hz；时钟信号 $1CLK$ 上升沿有效，接数字时钟，频率设为 500Hz；利用逻辑分析仪同时显示时钟 $1CLK$、输入 $1D$、输出 $1Q_{n+1}$ 和 $1\overline{Q}_{n+1}$ 的波形。

运行仿真电路，逻辑分析仪显示波形如图 6-28 所示。从波形可看出，在 $1CLK$ 的上升沿，$1Q_{n+1}$ 与输入 $1D$ 的状态相同，即 $1Q_{n+1} = 1D$；在其他时刻，即使输入 $1D$ 变化，$1Q_{n+1}$ 也不变，仿真结果与表 6-8 所示的 D 触发器的逻辑功能相符。

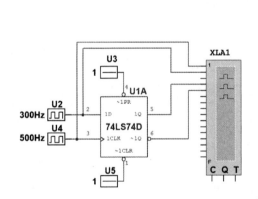

图 6-27　D 触发器的逻辑功能测试电路

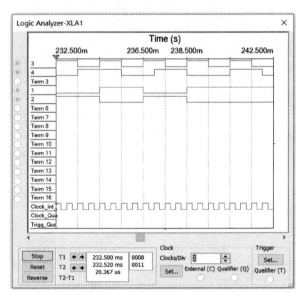

图 6-28　D 触发器的逻辑功能测试波形

表 6-8　74LS74D 型 D 触发器的逻辑功能表

输　入			输　出
$\overline{CLR}$	$\overline{PR}$	D	Q_{n+1}
1	1	0	0
1	1	1	1

6.2.4　时序逻辑部件的逻辑功能测试

由触发器可构成各种时序逻辑电路，常用的中规模时序逻辑器件有寄存器和计数器。

（1）寄存器的逻辑功能测试

寄存器用来暂时存放参与运算的数据和运算结果。寄存器常分为数码寄存器和移位寄存器两种。下面以四位双向移位寄存器 74LS194 为例，介绍寄存器的逻辑功能仿真测试过程。

① 四位双向移位寄存器 74LS194　74LS194D 型四位双向移位寄存器的管脚排列如图 6-29 所示。$\overline{CLR}$ 为数据清零端，低电平有效；$DCBA$ 为并行数据输入端；$Q_D Q_C Q_B Q_A$ 为数据输出端；S_L、S_R 分别为左移和右移串行数据输入端。S_1、S_0 为工作方式控制端，当 $S_1 = S_0 = 1$ 时，为数据并行输入；当 $S_1 = 0$，$S_0 = 1$ 时，为左移数据输入；当 $S_1 = 1$，$S_0 = 0$ 时，为右移数据输入；当 $S_1 = S_0 = 0$ 时，寄存器保持原状态。CLK 为时钟信号，上升沿有效。74LS194 的逻辑功能如表 6-9 所示。

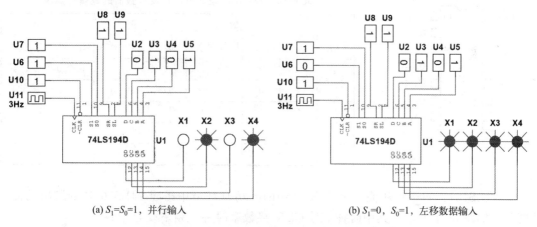

(a) $S_1 = S_0 = 1$，并行输入　　　　　　(b) $S_1 = 0$，$S_0 = 1$，左移数据输入

图 6-29　74LS194D 型移位寄存器的逻辑功能测试

表 6-9　74LS194 型四位双向移位寄存器的逻辑功能表

输入										输出			
$\overline{CLR}$	CLK	S_1	S_0	S_L	S_R	D	C	B	A	Q_D	Q_C	Q_B	Q_A
0	×	×	×	×	×	×	×	×	×	0	0	0	0
1	0	×	×	×	×	×	×	×	×	Q_{Dn}	Q_{Cn}	Q_{Bn}	Q_{An}
1	↑	0	0	×	×	×	×	×	×	Q_{Dn}	Q_{Cn}	Q_{Bn}	Q_{An}
1	↑	0	1	×	d	×	×	×	×	Q_{Cn}	Q_{Bn}	Q_{An}	d
1	↑	1	0	×	d	×	×	×	×	d	Q_{Dn}	Q_{Cn}	Q_{Bn}
1	↑	1	1	×	×	d_3	d_2	d_1	d_0	d_3	d_2	d_1	d_0

② 74LS194D 的逻辑功能测试　在 Multisim 仿真环境中，搭建四位双向移位寄存器 74LS194D 的逻辑功能测试电路，如图 6-29 所示。其中时钟信号 CLK 接数字时钟，频率设为 3Hz。

运行仿真电路，将 $\overline{CLR}$ 接高电平，当 $S_1 = S_0 = 1$ 时，为并行输入方式，将 $DCBA =$ 0101 从 $Q_D Q_C Q_B Q_A$ 并行输出，如图 6-29(a) 所示；当 $S_1 = 0$，$S_0 = 1$ 时，为左移数据输入

方式，在 CLK 作用下，将 $S_L=1$ 低次从 Q_A、Q_B、Q_C、Q_D 输出，如图 6-29(b) 所示；同样的方法可对其他功能一一验证。

（2）计数器的逻辑功能测试

在数字系统中，计数器是应用最广泛的时序逻辑电路，它不仅可以对时钟脉冲的个数进行计数，还常用于分频、定时及测量运算等。按计数容量（进制），计数器分二进制计数器、十进制计数器和任意进制计数器。下面以同步四位二进制计数器 74LS161 为例介绍计数器的逻辑功能仿真测试过程。

① 同步四位二进制计数器 74LS161　74LS161 具有异步清零、同步置数、计数、保持等功能，其管脚排列如图 6-30 所示。$DCBA$ 为预置数输入；$Q_D Q_C Q_B Q_A$ 为四位二进制输出；EN_T、EN_P 为计数允许控制端；$\overline{LOAD}$ 为同步置数控制端，$\overline{CLR}$ 为异步清零控制端，均为低电平有效；RCO 为进位输出端；CLK 为时钟脉冲。74LS161 的逻辑功能如表 6-10 所示。

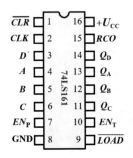

图 6-30　74LS161 的管脚排列

表 6-10　74LS161 型四位二进制计数器的逻辑功能表

输　入									输　出			
$\overline{CLR}$	CLK	$\overline{LOAD}$	EN_P	EN_T	D	C	B	A	Q_D	Q_C	Q_B	Q_A
0	×	×	×	×		×			0	0	0	0
1	↑	0	×	×	D	C	B	A	D	C	B	A
1	↑	1	1	1		×			计数			
1	×	1	0	×		×			保持			
1	×	1	×	0		×			保持			

② 74LS161D 的逻辑功能测试　在 Multisim 仿真环境中搭建 74LS161D 的逻辑功能测试电路，如图 6-31 所示。其中时钟信号 CLK 接数字时钟，频率设为 5Hz。

运行仿真电路，当 $\overline{CLR}$ 为低电平，$\overline{LOAD}$ 为高电平时，数码管显示"0"，即输出 $Q_D Q_C Q_B Q_A = 0000$，为异步清零状态，如图 6-31(a) 所示；当 $\overline{CLR}$ 为高电平，$\overline{LOAD}$ 为低电平时，数码管显示"5"，即将预置 $DCBA = 0101$ 数从 $Q_D Q_C Q_B Q_A$ 输出，为同步置数状态，如图 6-31(b) 所示；当 $\overline{CLR}$ 和 $\overline{LOAD}$ 均为高电平且 EN_T、EN_P 也均为高电平时，为计数状态，数码管以 5Hz 的频率循环显示 0～F，实现 16 进制计数。同时，利用逻辑分析仪观察波形如图 6-31(c) 所示。

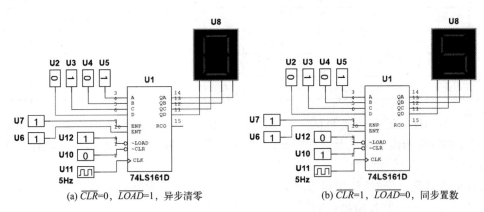

(a) $\overline{CLR}$=0，$\overline{LOAD}$=1，异步清零　　　　　(b) $\overline{CLR}$=1，$\overline{LOAD}$=0，同步置数

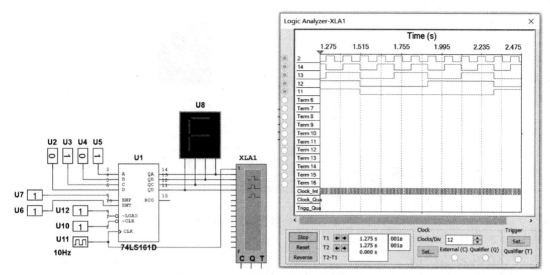

(c) $\overline{CLR}=1$，$\overline{LOAD}=1$，$EN_T=EN_P=1$，同步计数

图 6-31　74LS161D 型计数器的逻辑功能测试

6.3　组合逻辑电路的仿真

利用门电路和由其构成的组合逻辑部件可实现具有一定逻辑功能的组合逻辑电路。在 Multisim 14.0 仿真环境下，逻辑分析仪和逻辑转换仪是组合逻辑电路分析和设计过程中常用的虚拟仪表。

6.3.1　利用全加器实现多位数加法

多位二进制全加器能完成多位二进制数全加的功能。下面以四位二进制全加器 4008BP 为例介绍多位二进制全加器的仿真测试过程。

(1) 四位二进制全加器 4008BP

4008BP 为 CMOS 四位二进制全加器，选择 5V 电源供电，其管脚排列如图 6-32 所示。$A_3A_2A_1A_0$ 和 $B_3B_2B_1B_0$ 为两个 8421BCD 码，C_{IN} 为低位来的进位，$S_3S_2S_1S_0$ 为本位和，C_{OUT} 为向高位的进位。

(2) 用全加器实现两个 8421BCD 码相加

选择交互式数字常量作为全加器 4008BP 的两个待加数 $A_3A_2A_1A_0$ 和 $B_3B_2B_1B_0$，低位来的进位 C_{IN} 接地，本位和 $S_3S_2S_1S_0$ 接十六进制数码管，向高位的进位 C_{OUT} 用红色数字探针 X_1 指示，连接仿真电路如图 6-32 所示。

运行仿真电路，当 $A_3A_2A_1A_0$=0111（对应十进制数 7），$B_3B_2B_1B_0$=1011（对应十进制数 11）时，数码管显示"2"，即本位和 $S_3S_2S_1S_0$=0010；红色数字探针 X_1 亮，即向高位的进位 C_{OUT}=1，代表十进制数 16。16+2=18，测试结果与理论分析相符。

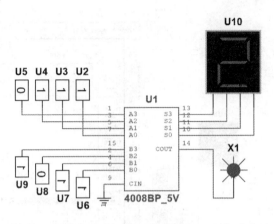

图 6-32 用全加器实现的两个 8421BCD 码加法电路

6.3.2 编码器的扩展

可利用编码器的扩展功能实现对多路输入信号的编码。下面介绍由两片 8 线-3 线优先编码器 74LS148 实现 16 线-4 线优先编码器的仿真测试过程。

（1）74LS148 型优先编码器的扩展功能

由表 6-2 所示的 74LS148 型优先编码器的逻辑功能表可以看出，在使能端 $\overline{EI}$ 低电平有效的情况下，当 8 个信号输入端 $\overline{D}_0 \sim \overline{D}_7$ 中任意一个低电平有效时，扩展端 $\overline{GS}$ 均为低电平；只有 8 个输入端均无效时，$\overline{GS}$ 才为高电平。选通输出端 $\overline{EO}$ 仅在 $\overline{D}_0 \sim \overline{D}_7$ 均高电平无效时，才输出低电平，从而使扩展芯片选通。

（2）用两片 8 线-3 线优先编码器实现 16 线-4 线优先编码器

在 Multisim 14.0 仿真环境下搭建仿真电路如图 6-33 所示。U_1 芯片的使能端 $\overline{EI}$ 接地，选通输出端 $\overline{EO}$ 接 U_{12} 芯片的 $\overline{EI}$，U_1 芯片的扩展端 $\overline{GS}$ 作为输出的高位。选择交互式数字常量作为两片编码器的数据输入 $\overline{D}_0 \sim \overline{D}_7$；选择 DCD_HEX 数码管和红色数字探针同时显示编码的状态，连接仿真电路如图 6-33 所示。

运行仿真电路，当 U_1 芯片的 $\overline{D}_7 = \overline{D}_6 = 1$ 且 $\overline{D}_5 = 0$ 时，不管其他输入信号为何状态，数码管显示十六进制的"2"，即当前对 $\overline{D}_5$ 编码，如图 6-33（a）所示，此时 U_1 芯片的选通输出端 $\overline{EO} = 1$，U_{12} 芯片未选通。当 U_1 芯片的 $\overline{D}_0 \sim \overline{D}_7$ 均为 1，选通输出端 $\overline{EO} = 0$ 时，U_{12} 芯片被选通，同时扩展端 $\overline{GS}$ 输出高电平，此时当 U_{12} 的 $\overline{D}_4 = 0$ 时，数码管显示十六进制数"b"，即当前对 U_{12} 芯片的 $\overline{D}_4$ 编码，如图 6-33（b）所示。

采用同样的方法，可对其他输入组合状态进行一一验证。由测试结果可看出，此电路实现了对 16 个输入信息优先编码的功能。

6.3.3 利用译码器实现逻辑函数

逻辑函数可由门电路实现，也可由二进制译码器实现。下面以利用 3 线-8 线译码器 74LS138 实现逻辑函数 $Y = AB + BC + CA$ 为例，介绍利用译码器实现逻辑函数的仿真测试过程。

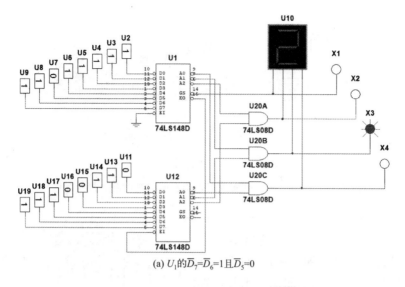

(a) U_1 的 $\overline{D}_7 = \overline{D}_6 = 1$ 且 $\overline{D}_5 = 0$

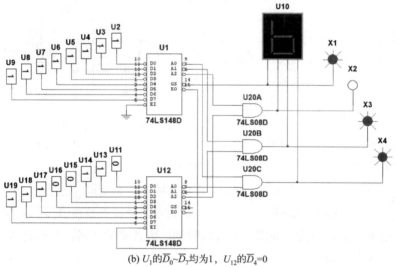

(b) U_1 的 $\overline{D}_0 \sim \overline{D}_7$ 均为 1，U_{12} 的 $\overline{D}_4 = 0$

图 6-33 用两片 8 线-3 线优先编码器实现 16 线-4 线优先编码器电路

（1）逻辑函数与 74LS138 输出的关系

将逻辑函数 $Y = AB + BC + CA$ 转换为最小项表达式为

$$Y = \overline{A}BC + A\overline{B}C + AB\overline{C} + ABC$$

又因最小项 $\overline{Y}_3 = \overline{\overline{A}BC}$，$\overline{Y}_5 = \overline{A\overline{B}C}$，$\overline{Y}_6 = \overline{AB\overline{C}}$，$\overline{Y}_7 = \overline{ABC}$，因此

$$Y = Y_3 + Y_5 + Y_6 + Y_7 = \overline{\overline{Y}_3 \overline{Y}_5 \overline{Y}_6 \overline{Y}_7}$$

（2）利用 74LS138 实现逻辑函数

在 Multisim 14.0 仿真环境下搭建仿真电路如图 6-34 所示。其中，3 线-8 线译码器 74LS138 的使能端 G_1 接交互式数字常量 1，控制端 $\overline{G}_{2A}$ 和 $\overline{G}_{2B}$ 均接地；选择交互式数字常量作为译码器的数据输入 A、B、C；选择红色数字探针作为输出 $\overline{Y}_0 \sim \overline{Y}_7$ 的状态指示，四输入与非门 74LS20D 的输出作为逻辑函数的输出 Y。

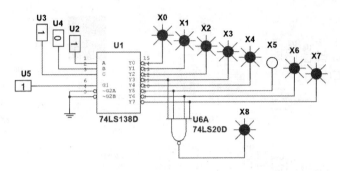

图 6-34　利用 74LS138 实现逻辑函数的仿真电路（探针指示）

运行仿真电路，当 $ABC=101$ 时，只有 $\overline{Y_5}$ 对应的探针不亮，即 $\overline{Y_5}=0$，其他输出端均为 1，与非门对应的探针 X_8 亮，即 $Y=1$。同样的方法可对其他状态进行一一验证，测试结果与逻辑函数的功能相符。

除了用数字探针指示译码器和逻辑函数的输出状态外，还可利用逻辑转换仪表示电路输出与输入之间的关系，即逻辑函数关系，仿真电路如图 6-35 所示，将输入 A、B、C 和输出 Y 接入逻辑转换仪。

双击逻辑转换仪，进入逻辑转换仪的操作界面。点击转换类型按钮 $\boxed{\text{⬭} \rightarrow \text{1011}}$，可将逻辑

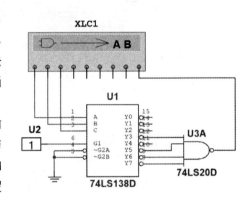

图 6-35　利用 74LS138 实现逻辑函数的
仿真电路（逻辑转换仪）

电路转换为真值表形式，如图 6-36(a) 所示；再点击转换类型按钮 $\boxed{\text{1011} \rightarrow \text{AIB}}$，可将真值表转换为最小项表达式形式，如图 6-36(b) 所示；再点击转换类型按钮 $\boxed{\text{1011 SIMP AIB}}$，可将真值表转换为最简表达式形式，如图 6-36(c) 所示。仿真结果显示，此电路实现了逻辑函数 $Y=AB+BC+CA$ 的功能。

6.3.4　利用数据选择器实现逻辑函数

除了门电路、二进制译码器等，逻辑函数还可以由数据选择器实现。下面以八选一数据选择器 74LS151 实现逻辑函数 $Y=AB+BC+CA$ 为例，介绍利用数据选择器实现逻辑函数的仿真测试过程。

(1)　逻辑函数与 74LS151 的关系

74LS151 型八选一数据选择器的管脚排列如图 6-37 所示。其中，$\overline{G}$ 为数据选通端，$D_0 \sim D_7$ 为 8 路数据输入端，A、B、C 为地址控制端，Y 为数据选择器的输出端，其逻辑功能与双四选一数据选择器 74LS153 同理。

将逻辑函数 $Y=AB+BC+CA$ 转换为最小项表达式为

$$Y=\overline{A}BC+A\overline{B}C+AB\overline{C}+ABC=Y_3+Y_5+Y_6+Y_7$$

又可写为

$$Y=Y_0 \cdot 0+Y_1 \cdot 0+Y_2 \cdot 0+Y_3 \cdot 1+Y_4 \cdot 0+Y_5 \cdot 1+Y_6 \cdot 1+Y_7 \cdot 1$$

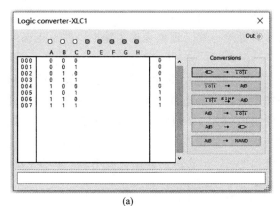
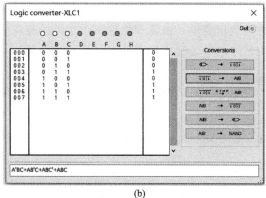

(a)　　　　　　　　　　　　　　　　(b)

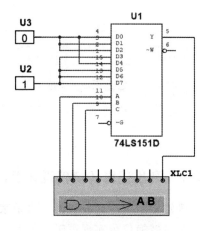

(c)

图 6-36　利用逻辑转换仪测试由 74LS138 实现的逻辑函数

构造一个逻辑函数

$$Y' = Y_0 \cdot D_0 + Y_1 \cdot D_1 + Y_2 \cdot D_2 + Y_3 \cdot D_3 + Y_4 \cdot D_4 + Y_5 \cdot D_5 + Y_6 \cdot D_6 + Y_7 \cdot D_7$$

则当 $D_0 = D_1 = D_2 = D_4 = 0$，$D_3 = D_5 = D_6 = D_7 = 1$ 时，可得

$$Y' = Y$$

（2）利用 74LS151 实现逻辑函数

在 Multisim 14.0 仿真环境下搭建如图 6-37 所示的仿真电路。选择交互式数字常量作为 $D_0 \sim D_7$ 共 8 路数据的输入，数据选通端 $\overline{G}$ 设为高电平，地址控制端 A、B、C 和输出端 Y 接逻辑转换仪。

8 路数据输入中，设 $D_0 = D_1 = D_2 = D_4 = 0$ 且 $D_3 = D_5 = D_6 = D_7 = 1$，双击逻辑转换仪，仿真结果同图 6-36 所示。

图 6-37　利用 74LS151 型数据选择器实现逻辑函数的仿真电路

6.3.5　竞争冒险现象的分析

在组合逻辑电路中，竞争冒险现象会产生瞬间的干扰信号，从而导致逻辑错误，需要采取措施消除。

（1）竞争冒险的概念

在组合逻辑电路中，同一信号经不同的路径传输时，由于不同传输路径上逻辑门的级数不同，或者门电路延迟时间的差异，导致到达电路中某一会合点的时间有先有后，这种现象称为逻辑竞争，由此产生输出干扰脉冲的现象称为冒险。冒险现象表现为输出一些不正确的尖脉冲信号，这些尖脉冲信号称为"毛刺"。

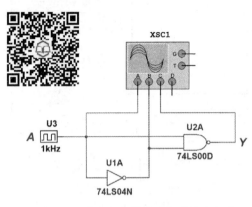

图 6-38　分析竞争冒险现象的仿真电路

组合逻辑电路的竞争冒险有静态 0 冒险和静态 1 冒险。静态 0 冒险是指 $Y=A+\overline{A}$，理论上输出应恒为 1，但实际的输出有毛刺，即 0 的跳变现象；静态 1 冒险是指 $Y=A\overline{A}$，理论上输出应恒为 0，但实际的输出也有毛刺，即 1 的跳变现象。

（2）竞争冒险现象分析

在 Multisim 14.0 仿真环境下，搭建如图 6-38 所示的仿真电路。选择数字时钟作为输入变量 A，与非门的输出作为输出变量 Y，即 $Y=\overline{A\overline{A}}=1$，输出 Y 应为持续的高电平。

运行仿真电路，利用四通道示波器显示波形如图 6-39（a）所示。从仿真波形看，输出 Y 并不是持续的高电平，而是在 A 由低电平跳变为高电平的时刻输出负的尖脉冲。

将仿真波形的时间刻度系数减小至 ns 级，波形如图 6-39（b）所示。因非门动作有一定的延迟时间，导致实际的 $\overline{A}$ 相对 A 有一定的延迟，进而出现与非门的两个输入同时出现高电平的现象，使输出 Y 出现非常窄的负尖脉冲，幅值大约为 5V。

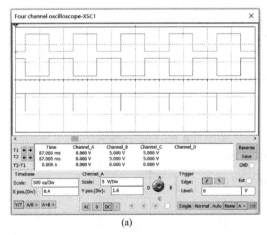
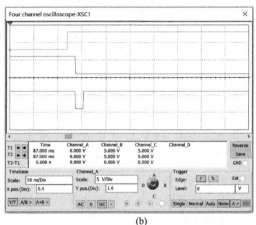

(a)　　　　　　　　　　　　　　　　(b)

图 6-39　竞争冒险现象的仿真波形

6.3.6　利用逻辑转换仪设计组合逻辑电路

逻辑函数有逻辑表达式、真值表（逻辑状态转换表）、逻辑电路图等不同的表示方法，利用逻辑转换仪可实现逻辑函数表示方法之间的相互转换，这使得组合逻辑电路的设计变得方便快捷。

（1）组合逻辑电路的设计方法

组合逻辑电路的设计是指根据逻辑功能要求设计出相应的逻辑电路图。组合逻辑电路设计的一般流程是：由给定的逻辑功能抽象出真值表，再由真值表写出逻辑表达式，并对其化简或根据设计要求进行变换，再由最简或变换后的逻辑表达式画出逻辑电路图。

（2）组合逻辑电路的设计过程

举例：设计一个监视交通信号灯工作状态的逻辑电路，其逻辑功能是：正常情况下，红、黄、绿灯只有一个亮，否则视为故障状态，发出报警信号，提醒有关人员维修。要求用与非门实现。

根据逻辑功能要求，设变量 A、B、C 分别表示红、黄、绿三灯的工作状态，作为输入变量；Y 表示故障报警灯状态，作为输出变量。A、B、C 取 0 表示信号灯不亮，1 表示信号灯亮；Y 取 0 表示不报警，1 表示报警。

在 Multisim 14.0 仿真软件中，添加逻辑转换仪并双击打开其主界面，选中输入变量 A、B、C，则逻辑转换仪自动生成输入变量组合，如图 6-40(a) 所示；再根据逻辑功能要求，确定输出变量的值，如图 6-40(b) 所示，即输入真值表；点击转换类型按钮 `101 SIMP AIB`，可将真值表转换为最简表达式形式 $Y = \overline{ABC} + AC + AB + BC$，如图 6-40(c) 所示；再点击转换类型按钮 `AIB → NAND`，则生成由与非门构成的逻辑电路，如图 6-40(d) 所示。选择交互式数字常量作为输入变量 A、B、C 的值，输出 Y 的状态用红色数字探针指示，可对电路的逻辑功能进行测试，比如当 $A=0$、$B=1$、$C=1$，即黄灯和红灯同时亮时，红色探针亮，发出报警，如图 6-40(e) 所示，测试结果与设计要求相符。

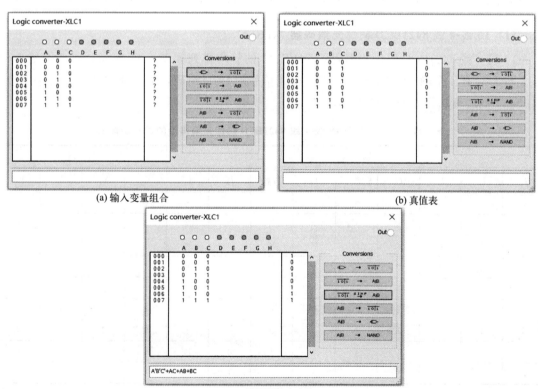

(a) 输入变量组合　　　　　　　　　　　　(b) 真值表

(c) 最简逻辑表达式

图 6-40

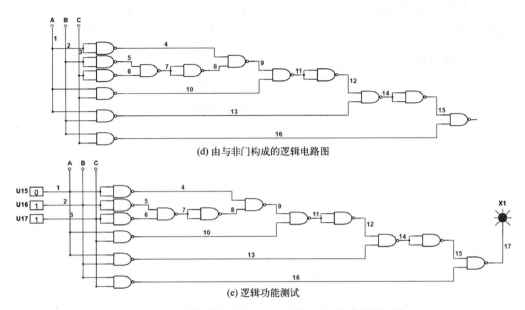

(d) 由与非门构成的逻辑电路图

(e) 逻辑功能测试

图 6-40　利用逻辑转换仪设计交通信号灯故障报警电路

6.3.7　典型案例的仿真设计——键控 8421BCD 编码器

本节以键控 8421BCD 编码器电路为例，介绍典型组合逻辑电路的仿真设计过程。

(1) 10 线-4 线 8421BCD 码优先编码器 74LS147

10 线-4 线 8421BCD 码优先编码器 74LS147 的管脚排列如图 6-41 所示，有 9 个输入信号 $\overline{I}_1 \sim \overline{I}_9$，有 4 个输出端 $\overline{Y}_0 \sim \overline{Y}_3$，对应输入信号的 BCD 编码，输入输出均为低电平有效。74LS147 的逻辑功能如表 6-11 所示。

表 6-11　74LS147 型 10 线-4 线 8421BCD 码优先编码器的逻辑功能表

输　入									输　出			
$\overline{I}_9$	$\overline{I}_8$	$\overline{I}_7$	$\overline{I}_6$	$\overline{I}_5$	$\overline{I}_4$	$\overline{I}_3$	$\overline{I}_2$	$\overline{I}_1$	$\overline{Y}_3$	$\overline{Y}_2$	$\overline{Y}_1$	$\overline{Y}_0$
0	×	×	×	×	×	×	×	×	0	1	1	0
1	0	×	×	×	×	×	×	×	0	1	1	1
1	1	0	×	×	×	×	×	×	1	0	0	0
1	1	1	0	×	×	×	×	×	1	0	0	1
1	1	1	1	0	×	×	×	×	1	0	1	0
1	1	1	1	1	0	×	×	×	1	0	1	1
1	1	1	1	1	1	0	×	×	1	1	0	0
1	1	1	1	1	1	1	0	×	1	1	0	1
1	1	1	1	1	1	1	1	0	1	1	1	0

(2) 键控 8421BCD 编码器

在 Multisim 14.0 仿真环境下搭建键控 8421BCD 编码器电路，如图 6-41 所示。当单刀

单掷开关 $S_1 \sim S_9$ 中某开关未被按下时，74LS147 的对应输入信号为 1；被按下时，对应输入信号为 0。

　　运行仿真电路，当 $S_1 \sim S_9$ 均未被按下时，数码管显示十进制数 0，如图 6-41(a) 所示；当 S_9 被按下，其他开关为任意状态时，数码管显示十进制数 9，如图 6-41(b) 所示，即输出是对优先级最高的输入信号进行编码；同理，可对其他情况进行一一验证。从仿真结果可看出，此电路实现的功能是键控 8421BCD 编码器。

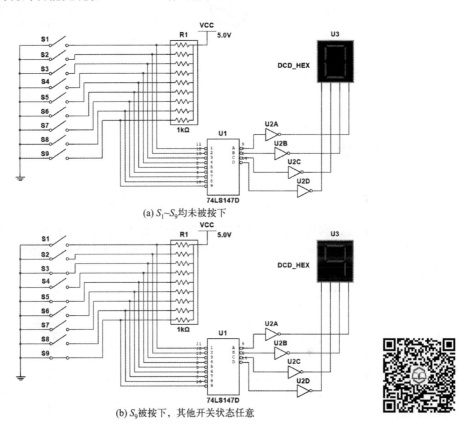

(a) $S_1 \sim S_9$ 均未被按下

(b) S_9 被按下，其他开关状态任意

图 6-41　键控 8421BCD 编码器电路

6.4　时序逻辑电路的仿真

　　以触发器为核心器件构成的集成时序逻辑电路有计数、分频、定时、时序控制等功能，在数字电路中应用广泛。本节以几种典型的集成时序逻辑电路为例，介绍时序逻辑电路的仿真过程。

6.4.1　顺序脉冲发生器

　　在数控装置和数字计算机中，往往需要机器按照用户事先规定的顺序进行运算和操作，这就要求控制电路不仅能正确地发出各种控制信号，而且要求这些控制信号在时间上有一定的先后顺序，能完成此功能的电路称为顺序脉冲发生器。

　　顺序脉冲发生器可由触发器和组合逻辑电路构成，还可由集成计数器和组合逻辑电路构成。图 6-42 所示的顺序脉冲发生器由四位同步二进制集成计数器 74LS161D 和十六选一数据选择器 74150N 组成。74LS161D 接成 16 进制，其输出 $Q_D Q_C Q_B Q_A$ 作为数据选择器 74150N 的地址输入，将二进制序列 1010011010011001 作为 74150N 的 16 路数据输入。

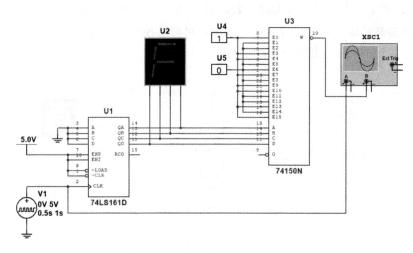

图 6-42　顺序脉冲发生器仿真电路

　　运行仿真电路，利用双踪示波器观测 74LS161D 的输入时钟脉冲与 74150N 的输出波形，如图 6-43 所示。由仿真结果看，顺序脉冲发生器的输出为与时钟脉冲同步的序列信号 1010011010011001。

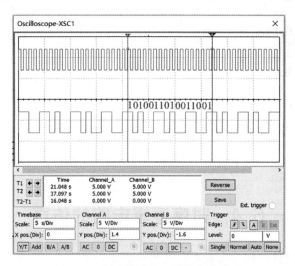

图 6-43　顺序脉冲发生器的仿真波形

6.4.2　多路分频器

　　4040BP 为 12 位二进制串行计数器，其管脚排列如图 6-44 所示。4040BP 为下降沿触发，MR 为清零端，高电平有效，$O_0 \sim O_{11}$ 为 12 路脉冲信号输出。各路脉冲信号的频率 f_{O_n} 与时钟脉冲频率 f_{CP} 的关系为

$$f_{O_n} = \frac{1}{2^{n+1}} f_{CP}$$

在 Multisim 14.0 仿真环境下搭建如图 6-44 所示的多路分频器电路。4040BP 计数器时钟脉冲信号的频率设为 1kHz。

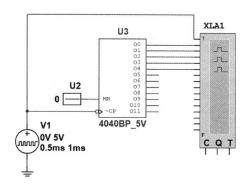

图 6-44　多路分频器电路

运行仿真电路，利用逻辑分析仪可观测计数器各路输出脉冲信号的波形如图 6-45 所示，各路输出脉冲信号的频率与理论分析结果一致。

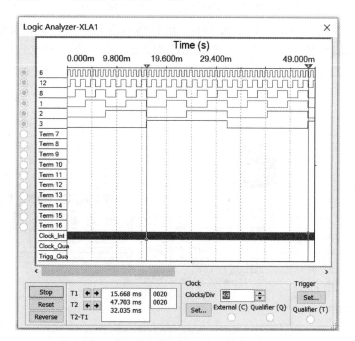

图 6-45　多路分频器电路的输出波形

也可利用 Multisim 14.0 仿真软件提供的数字探针，在线测量各路输出脉冲信号的频率，如图 6-46 所示。从测量结果看，$f_{O_0} = \dfrac{1}{2} f_{CP}$，$f_{O_1} = \dfrac{1}{4} f_{CP}$，$f_{O_2} = \dfrac{1}{8} f_{CP}$……与理论分析结果一致。

6.4.3　流水彩灯控制电路

除了移位寄存器，还可以利用计数器实现流水彩灯控制电路。

在 Multisim 14.0 仿真环境下搭建如图 6-47 所示的流水彩灯控制电路。其中，十进制集成计数器 74LS160N 通过置数法实现八进制计数，其输出接数码管循环显示十进制数 0~7。

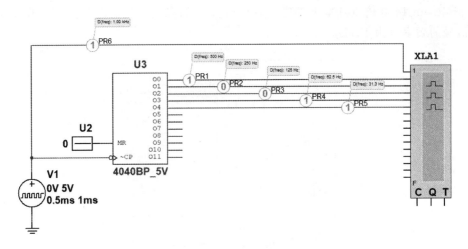

图 6-46　多路分频器电路输出脉冲信号的频率测量

74LS160N 的低三位输出 $Q_C Q_B Q_A$ 作为 3 线-8 线译码器 74LS138D 的数据输入，74LS138D 的 8 个输出接不同颜色的发光二极管 $LED_1 \sim LED_8$ 的阴极。

设置 74LS160N 的计数脉冲频率为 1Hz，运行仿真电路，则发光二极管以频率 1Hz 的速度从 LED_1 到 LED_8 依次循环点亮，形成流水彩灯的显示效果。流水彩灯的循环速度可通过调节 74LS160N 的计数脉冲频率来改变。

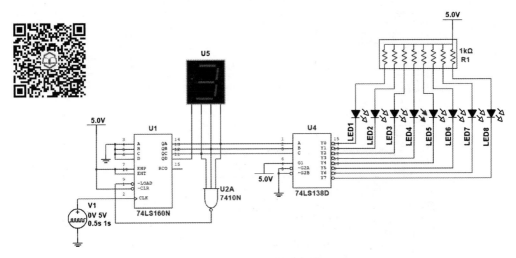

图 6-47　流水彩灯控制电路

6.4.4　典型案例的仿真设计——简易数字钟电路

数字钟电路有多种实现方法，本设计项目以同步十进制集成计数器 74LS160 为核心元器件实现，并以此为例介绍简易数字钟电路的仿真设计过程。

(1) 设计要求

利用数字集成电路设计一个简易数字钟电路，要求如下：具有星期 1～星期 7 的计时功能；具有 00 时 00 分 00 秒～23 时 59 分 59 秒的计时功能；用数码管显示。

（2）方案设计

简易数字钟电路需要实现星期、时、分、秒的计时和显示功能。基于模块化设计思想，其组成框图如图 6-48 所示。

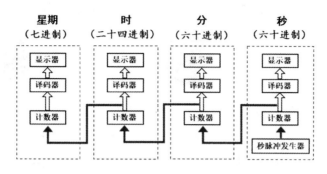

图 6-48　简易数字钟电路的组成框图

因此，需要分别实现七进制、二十四进制和六十进制计数器，均为任意进制计数器。任意进制计数器一般是在二、十、十六进制等规模生产的计数器基础上通过改接线路实现的。

（3）仿真设计

简易数字钟仿真电路的搭建和调试过程同样遵循模块化思想。下面利用同步十进制集成计数器 74LS160 实现。74LS160 的逻辑符号、管脚排列与同步四位二进制计数器 74LS161 相同。

① **星期计数（七进制）**　取计数过程中的某一中间状态，经门电路译码后，控制集成计数器的清零端和置数端，使计数器由此状态返回到 0 态或所设置的状态，从而构成小于原进制的计数器，即清零法和置数法。实现用于星期显示（1～7）的七进制计数器，需要利用置数法。

在 Multisim 14.0 仿真环境中搭建如图 6-49 所示的七进制计数器。将 74LS160N 的低三位输出 $Q_C Q_B Q_A$ 经与非门译码后，接计数器的同步置数端 $\overline{LOAD}$（低电平有效），预置数 $DCBA = 0001$。当计数器顺序计数到 0111 状态时，与非门译码器输出低电平，使 $\overline{LOAD} = 0$ 有效，但并不立即置数，而是要等到下一个时钟脉冲的上升沿到来后，计数器才会将预置数 $DCBA = 0001$ 由 $Q_D Q_C Q_B Q_A$ 输出，即计数器置为 0001，从而实现 1～7 的计数循环。

运行仿真电路，数码管循环显示十进制数 1～7，测试结果符合电路的设计功能。

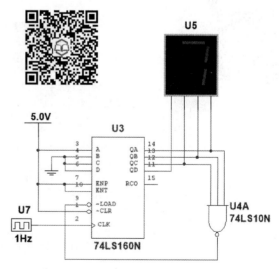

图 6-49　七进制计数器仿真电路

② **小时计数（二十四进制）**　因二十四进制超出了单片 74LS160N 的计数能力，因此需要两片级联实现。

在 Multisim 14.0 仿真环境中搭建如图 6-50 所示的二十四进制计数器。首先每片 74LS160N 均接成十进制计数器，再将两片 74LS160N 级联成一百进制，再利用异步清零法将一百进制置成二十四进制。级联进位有串行和并行两种方式，图 6-50 所示电路采用串行进位方式，即低位的进位 RCO 接高位的时钟。

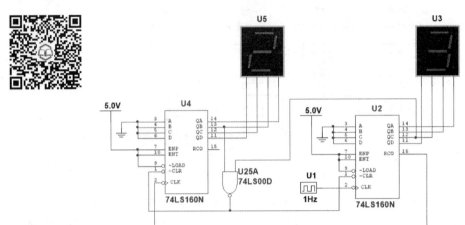

图 6-50　二十四进制计数器仿真电路

当 100 进制计数器循环到 0010 0100（显示 24 为暂态）时，需要返回 0000 0000。因此，将十位计数器的 Q_B 和个位计数器的 Q_C 经与非门译码后同时接两个计数器的异步清零端，即有效循环状态为 0000 0000～0010 0011（显示 0～23），从而实现二十四进制计数器。

运行仿真电路，数码管循环显示十进制数 0～23，测试结果符合电路的设计功能。

③ 分、秒计数（六十进制）　在 Multisim 14.0 仿真环境中搭建如图 6-51 所示的六十进制计数器。个位计数器接成十进制，十位计数器利用清零法接成了六进制，经串行进位，实现 0000 0000～0101 1001（0～59）的计数循环，即六十进制计数器。

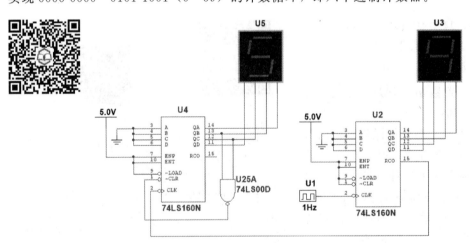

图 6-51　六十进制计数器仿真电路

④ 星期、时、分、秒计数　将以上星期、时、分、秒的计数功能模块进行级联，即可实现简易数字钟仿真电路，如图 6-52 所示。各功能模块间的级联采用串行方式。

运行仿真电路，数码管则按星期、时、分、秒循环计时显示，测试结果符合电路的设计功能。

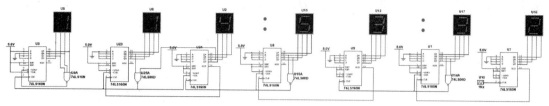

图 6-52　简易数字钟仿真电路

6.5　555 定时器应用电路的仿真

555 定时器是一种数字电路与模拟电路相结合的中规模集成电路，通过其外部电路的不同连接形式，可构成单稳态触发器、施密特触发器和多谐振荡器，常用于波形的产生、变换、测量与控制等。

6.5.1　555 定时器构成的单稳态触发器

单稳态触发器有稳态和暂稳态两个不同的工作状态。在触发脉冲作用下，能从稳态翻转到暂稳态，暂稳态维持一段时间后，自动返回到稳态。暂稳态的维持时间由电路本身的参数决定，与触发脉冲的宽度和幅值无关。单稳态触发器通过产生一定宽度的矩形波，可实现定时功能；通过将输入信号延迟一定的时间后再输出，可实现延时功能；通过将不规则的波形变为规则的脉冲波形，可实现波形整形功能。

在 Multisim 14.0 仿真环境中，从元器件工具栏中选择 Mixed（模拟数字混合类）→Timer→LM555CN，搭建由 LM555CN 定时器构成的单稳态触发器仿真电路，如图 6-53 所示。利用四通道示波器对比观测触发脉冲信号 u_I、电容电压 u_C 和输出信号 u_O 的波形。

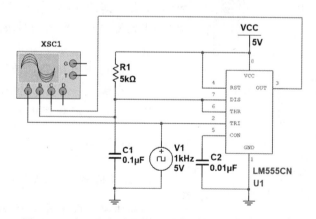

图 6-53　由 555 定时器构成的单稳态触发器仿真电路

运行仿真电路，波形显示如图 6-54 所示。在触发负脉冲 u_I 作用下，电容 C_1 开始充电，555 定时器输出高电平。当电容 C_1 充电到最大值为 3.332V，即 $\frac{2}{3}V_{CC}$ 时，555 定时器的输出 u_O 自动返回低电平（稳态），即高电平是 555 定时器的暂稳态。当 u_I 的下一个负脉冲到来时，重复以上过程，从而使 555 定时器输出一定频率的矩形波。输出矩形波的宽度

（暂稳态持续时间）由充电时间常数 R_1C_1 决定，其中充电时间 $t_p = 552\mu s$，即 $t_p = R_1C_1\ln3 \approx 1.1R_1C_1$。

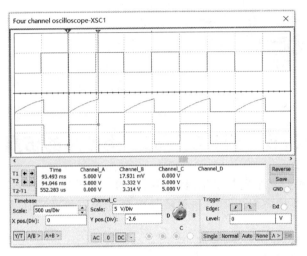

图 6-54　由 555 定时器构成的单稳态触发器的仿真波形

6.5.2　555 定时器构成的施密特触发器

施密特触发器的主要特点是：①电路状态转换时对应的输入电平不唯一，即在输入信号从低电平上升和从高电平下降两种情况下不同；②在电路状态转换时，通过电路内部的正反馈过程使输出电压波形的边沿变得很陡。利用以上特点，施密特触发器常用于脉冲波形的变换。

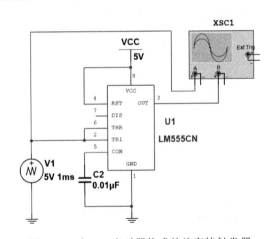

图 6-55　由 555 定时器构成的施密特触发器

在 Multisim 14.0 仿真环境中，搭建由 LM555CN 定时器构成的施密特触发器仿真电路，如图 6-55 所示。利用双通道示波器对比观测输入三角波信号 u_I 和输出信号 u_O 的波形。

运行仿真电路，波形显示如图 6-56 所示。在输入三角波信号 u_I 的作用下，输出信号 u_O 为一定频率的矩形波。当 u_I 上升到 3.347V，即 $\frac{2}{3}V_{CC}$ 时，u_O 跳变为低电平；当 u_I 下降到 1.653V，即 $\frac{1}{3}V_{CC}$ 时，u_O 跳变为高电平，即输出电压 u_O 由高电平变为低电平和由低电平变为高电平所对应的 u_I 值不同，这就形成了施密特触发特性。

将双踪示波器的波形显示方式改为"B/A"方式，可得由 555 定时器构成的施密特触发器的电压传输特性如图 6-57（a）所示。如图 6-57（b）所示，利用游标可测量出正向阈值电压 $V_{T+} = 3.419V$、负向阈值电压 $V_{T-} = 1.677V$、回差电压 $\Delta V_T = V_{T+} - V_{T-} = 1.742V$，与理论值 $V_{T+} = \frac{2}{3}V_{CC}$、$V_{T-} = \frac{1}{3}V_{CC}$、$\Delta V_T = V_{T+} - V_{T-} = \frac{1}{3}V_{CC}$ 相符。

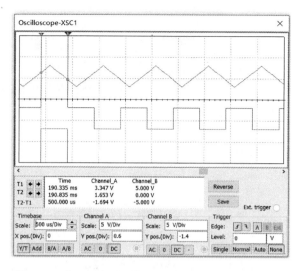

图 6-56　由 555 定时器构成的施密特触发器仿真波形

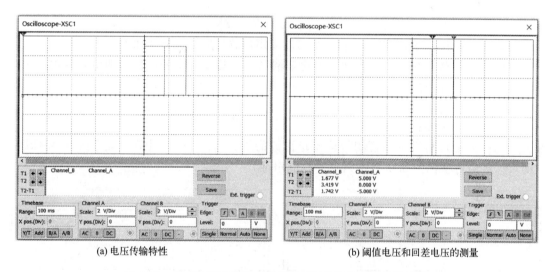

(a) 电压传输特性　　　　　　　　　　　　(b) 阈值电压和回差电压的测量

图 6-57　由 555 定时器构成的施密特触发器的电压传输特性

6.5.3　555 定时器构成的多谐振荡器

多谐振荡器也称无稳态触发器，它没有稳定状态，无须外加触发脉冲就能输出一定频率的矩形脉冲。因多谐振荡器产生的矩形波含有丰富的谐波，故称多谐振荡器，是一种常用的矩形波发生器。触发器和时序逻辑电路中的时钟脉冲一般由多谐振荡器产生。

在 Multisim 14.0 仿真环境中，搭建由 LM555CN 定时器构成的多谐振荡器仿真电路，如图 6-58 所示。

第一个暂稳态的脉冲宽度 t_{p1}，即电容 C_1 的充电时间

$$t_{p1} = (R_1 + R_2)C_1\ln2 \approx 0.69(R_1 + R_2)C_1$$

第二个暂稳态的脉冲宽度 t_{p2}，即电容 C_1 的放电时间

$$t_{p2} = R_2C_1\ln2 \approx 0.69R_2C_1$$

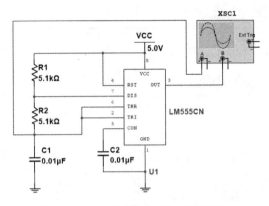

图 6-58　555 定时器构成的多谐振荡器

振荡周期

$$T = t_{p1} + t_{p2} \approx 0.69(R_1 + 2R_2)C_1$$

输出波形的占空比

$$D = \frac{t_{p1}}{t_{p1} + t_{p2}} = \frac{R_1 + R_2}{R_1 + 2R_2}$$

因此，改变 R_1、R_2 和 C_1 的值，便可改变矩形波的周期、频率和占空比。

运行仿真电路，利用双踪示波器对比观测高、低触发电平的电压（即电容端电压 u_C）和输出电压 u_O 的波形，如图 6-59（a）所示。利用游标测得高、低触发电平分别为 1.682V 和 3.333V，分别对应 $\frac{1}{3}V_{CC}$ 和 $\frac{2}{3}V_{CC}$，测得输出矩形波的高电平持续时间为 $70\mu s$。在图 6-59(b) 中，利用游标可测得输出矩形波的周期为 $106\mu s$，计算得频率为 9.434kHz，从而可计算出占空比为 0.66，与理论计算值相符。

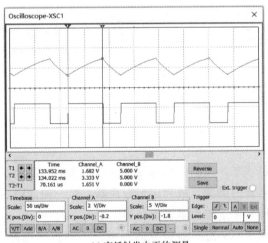

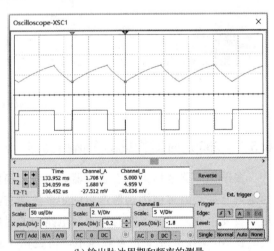

(a) 高低触发电平的测量　　　　　　　(b) 输出脉冲周期和频率的测量

图 6-59　555 定时器构成的多谐振荡器仿真波形

6.5.4　555 定时器的仿真设计

利用 Multisim 14.0 仿真软件提供的 555 Timer Wizard（555 定时器设计向导）功能，

可方便快捷地进行单稳态和无稳态触发器电路的设计。

在 Multisim 14.0 仿真环境中，单击菜单 Tools→Circuit Wizard→555 Timer Wizard，弹出图 6-60 所示的 555 Timer Wizard 对话框。555 Timer Wizard 对话框的左侧为电路的参数设置，右侧为所设计的电路图。首先通过 Type 选项选择要设计的触发器类型，有 Astable operation（无稳态触发器即多谐振荡器）、Monostable operation（单稳态触发器）两种。以下以多谐振荡器为例，介绍 555 定时器的仿真设计过程。

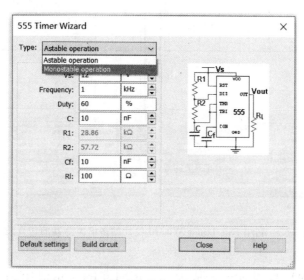

图 6-60　555 定时器设计的类型选择对话框

由 555 定时器构成的多谐振荡器仿真设计的参数设置对话框如图 6-61 所示，包括电源电压、输出矩形波的频率和占空比、电容值和负载电阻的阻值等，其中充、放电回路电阻 R_1 和 R_2 的阻值固定不可改变。

所有参数选择默认值，点击 Build circuit，则生成多谐振荡器电路如图 6-62 所示。

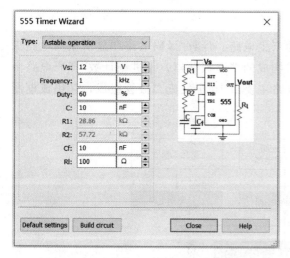

图 6-61　多谐振荡器仿真设计的参数设置

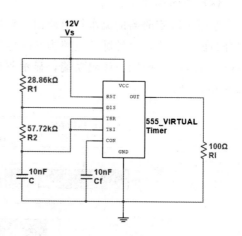

图 6-62　利用 555 Timer Wizard 设计的多谐振荡器

运行仿真电路，利用双踪示波器对比观测电容电压与输出电压的波形如图 6-63 所示。利用游标分别测得电容的充、放电时间分别为 $t_{p1} = 604\mu s$，$t_{p2} = 403\mu s$，分别对应输出矩形波的高、低电平持续时间，即输出矩形波的占空比为 60%，周期约为 1ms，可计算出对应的频率为 1kHz，以上测量数据与设计值相符。

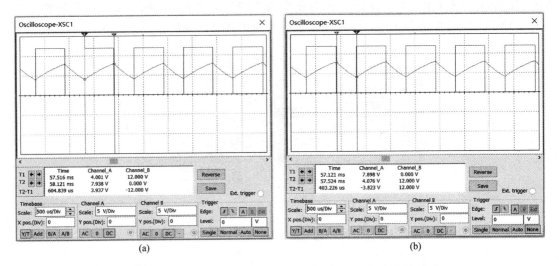

(a)   (b)

图 6-63　利用 555 Timer Wizard 设计的多谐振荡器的仿真波形

6.5.5　典型案例的仿真设计——基于 555 定时器的流水灯电路

流水灯电路有多种实现方法，本设计要求以 555 定时器为核心器件实现。

(1) 设计要求

利用 555 定时器设计一个流水灯电路，要求各灯以 2Hz 的频率依次循环点亮，形成流水灯的效果。

(2) 方案设计

基于 555 定时器的流水灯电路由时钟脉冲产生电路、计数/译码电路和显示驱动电路三部分组成。其中，时钟脉冲电路为 555 定时器构成的多谐振荡器，十进制计数/译码电路由译码器 4017 实现计数/译码功能，显示驱动电路主要由 10 个发光二极管组成，其组成框图如图 6-64 所示。

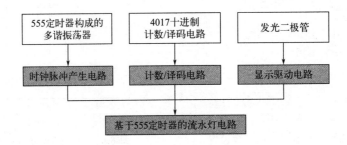

图 6-64　基于 555 定时器的流水灯电路组成框图

（3）仿真设计

基于 555 定时器的流水灯仿真电路如图 6-65 所示。

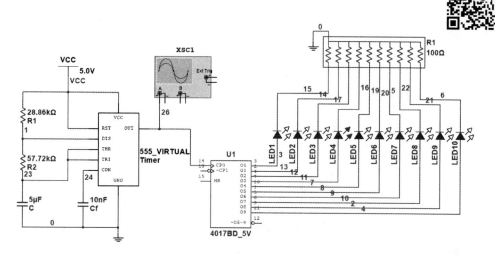

图 6-65　基于 555 定时器的流水灯仿真电路

① 时钟脉冲产生电路　555 定时器构成的多谐振荡器输出的矩形波作为计数/译码电路的时钟脉冲。多谐振荡器的第一个暂稳态的脉冲宽度 t_{p1}，即电容 C 的充电时间

$$t_{p1} = 0.69(R_1 + R_2)C_1 = 0.3s$$

第二个暂稳态的脉冲宽度 t_{p2}，即电容 C 的放电时间

$$t_{p2} = 0.69R_2C = 0.2s$$

振荡周期

$$T = t_{p1} + t_{p2} \approx 0.69(R_1 + 2R_2)C = 0.5s$$

即频率 $f = 2Hz$。

输出波形的占空比

$$D = \frac{t_{p1}}{t_{p1} + t_{p2}} = \frac{R_1 + R_2}{R_1 + 2R_2} = 60\%$$

即多谐振荡器输出频率为 2Hz，占空比 60% 的矩形波。

② 计数/译码电路　十进制计数器/时序译码器 4017 的引脚排列如图 6-65 所示。4017 在输入时钟脉冲 CP_0 的上升沿和输入时钟脉冲 CP_1 的下降沿计数。MR 为清零端，高电平有效。在输入时钟脉冲的作用下，4017 的 10 个译码输出 $O_0 \sim O_9$ 依次为高电平。

③ 驱动显示电路　显示电路采用 10 个红色发光二极管 $LED_1 \sim LED_{10}$。因 4017 的 10 个译码输出 $O_0 \sim O_9$ 为高电平有效，因此 $O_0 \sim O_9$ 分别接 $LED_1 \sim LED_{10}$ 的阳极，$LED_1 \sim LED_{10}$ 的阴极通过限流电阻接地。

运行仿真电路，示波器显示时钟脉冲产生电路即多谐振荡器的输出波形，利用游标可测得矩形波的频率为 2Hz，占空比为 60%，如图 6-66 所示。在时钟脉冲的作用下，$LED_1 \sim LED_{10}$ 以 2Hz 的频率依次循环点亮，形成流水灯的效果。

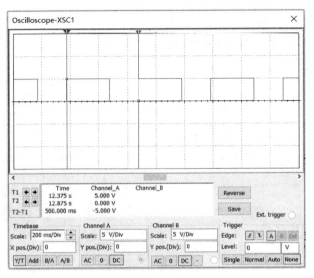

图 6-66　时钟脉冲产生电路的输出波形

6.6　数模和模数转换器

数字量转换为模拟量的过程称为数模（D/A）转换，模拟量转换为数字量的过程称为模数（A/D）转换。实现数模转换的电路称为数模转换器（DAC），实现模数转换的电路称为模数转换器（ADC）。模数转换器与数模转换器是计算机与外部设备的重要接口，也是数字测量和控制系统的重要组成部分。分辨率和转换速度是衡量 D/A 转换器和 A/D 转换器性能的主要指标。

6.6.1　数模转换器（DAC）

数模转换器将一组二进制数转换成对应的模拟电压信号。数模转换器的种类较多，常用的有权电阻型、倒 T 形、权电流型、权电容型等，其基本思想都是构造一组电流，电流的大小与数字信号各位的权值对应，将数字量等于 1 的二进制位所对应的各支路电流相加，最后转换为模拟电压信号。下面以倒 T 形电阻网络 D/A 转换器为例，介绍 D/A 转换器电路的仿真过程。

在 Multisim 14.0 仿真环境下搭建倒 T 形电阻网络 D/A 转换器电路，如图 6-67 所示。通过一组二进制数控制模拟电子开关 $S_1 \sim S_4$，当二进制数为 0 时，开关拨向左接地；当二进制数为 1 时，开关拨向右，接对应的电阻网络。电阻网络 $R_1 \sim R_8$ 与 R_F、运算放大器组成模拟反相加法运算电路，运算放大器反相输入端的接入电阻由模拟电子开关控制电阻网络 $R_1 \sim R_8$ 确定。直流电源 V_1 提供参考电压 U_R，$d_{n-1} d_{n-2}, \cdots, d_0$ 为数字量对应的 n 位二进制数，输出 U_O 为二进制数所对应的模拟电压值，则有

$$U_O = -\frac{U_R}{2^n}(d_{n-1} \cdot 2^{n-1} + d_{n-2} \cdot 2^{n-2} + \cdots + d_0 \cdot 2^0)$$

运行仿真电路，当开关 $S_1 \sim S_4$ 为如图 6-67 所示状态，即四位二进制数为 1010 时，由理论计算可得 $U_O = -\frac{10}{2^4}(1 \times 2^3 + 1 \times 2^1) = -6.25\text{V}$。从图中可以看出，仿真测量值与理论计算值相符。

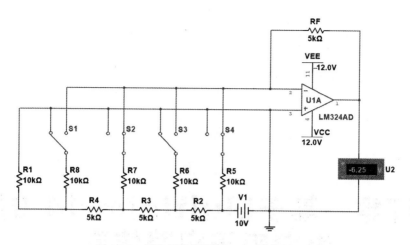

图 6-67　倒 T 形电阻网络 D/A 转换器电路

6.6.2　模数转换器（ADC）

模数转换器将模拟电压信号转换成对应的一组二进制数。按工作原理不同，可分为直接型 ADC 和间接型 ADC。常用的直接型 ADC 有并联比较型和逐次逼近型；间接型 ADC 是先将输入模拟电压转换成时间或频率，再将时间或频率转换成数字量，常用的有双积分型 ADC。下面以直接型 ADC 为例介绍模数转换器的仿真过程。

在 Multisim 14.0 仿真环境下，在元器件工具栏中点击 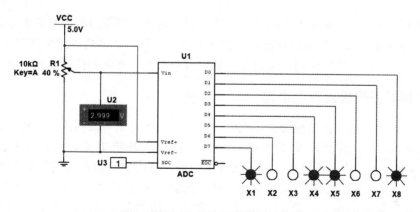（Mixed，模拟数字混合类）图标，选择 ADC_DAC 类→ADC，选择一个八位直接转换型 ADC 芯片，搭建直接型 ADC 模数转换器电路，如图 6-68 所示。其中 V_{in} 为输入模拟电压；$V_{\text{ref}+}$ 为参考电压的正端，$V_{\text{ref}-}$ 为参考电压的负端；SOC 为转换使能端，高电平有效；$D_0 \sim D_7$ 为 8 位输出二进制数，D_7 为最高位。输入模拟电压 V_{in} 通过电位器可调，输出二进制数的状态由红色数字探针指示。

图 6-68　八位 ADC 转换器测试电路

运行仿真电路，当 $V_{\text{in}} = 2.999\text{V}$ 时，由红色探针指示可得输出二进制数 $D_7 D_6 D_5 D_4 D_3 D_2 D_1 D_0$ 为 10011001。同样，也可通过数模转换的公式进行验证，计算得在 5V 参考电压下，10011001 对应的模拟量应为 $\dfrac{2^7 + 2^4 + 2^3 + 2^0}{2^8} \times 5\text{V} = 2.988\text{V}$，与仿真测试结果相符。

第7章　基于Multisim 14.0的电力电子电路仿真

电力电子电路是利用电力电子器件对工业电能进行变换和控制的大功率电子电路。按实现电能变换时电路的功能，电力电子电路分为整流电路（AC-DC，将交流电能转换为直流电能）、逆变电路（DC-AC，将直流电能转换为交流电能）、直流斩波电路（DC-DC，改变直流电能的大小和方向）、交流-交流变换电路（AC-AC，改变交流电能的大小或频率）。

7.1　不可控整流电路（AC-DC）

将交变电压（电流）变换为单向脉动直流电压（电流）的电路称为整流电路，简称 AC-DC。按整流电路的相数，分单相整流和三相整流电路；按组成整流电路的半导体器件不同，分为可控整流和不可控整流电路；按电路结构，可分为半波整流和桥式整流电路。

7.1.1　单相不可控桥式整流电路

单相整流电路一般用在负载功率不太大或对输出波形要求不太高的直流电源场合。

在 Multisim 14.0 仿真环境下搭建单相不可控桥式整流电路，如图 7-1 所示，四个 1N4007 型整流二极管均为不可控器件，构成整流桥，整流桥的输入为正弦交流信号 u。

运行仿真电路，利用双踪示波器对比观测交流输入电压 u 与直流输出电压 U_O 的波形，如图 7-2 所示。从波形图看，输出电压 U_O 为单相脉动的直流电压。当 $u>0$ 时，$U_O=u$；当 $u<0$ 时，$U_O=-u$，实现了输出对输入的全波整流。

在图 7-1 中，利用电压表的直流挡，可测得单相脉动直流电压的平均值为 196.013V，与理论值 $U_O=0.9U=0.9\times220=198$V 近似相等。利用电流表的直流挡得输出电流 $I_O=0.196$A。流过每个整流二极管的电流平均值 $I_D=0.098$A，约为 $\dfrac{1}{2}I_O$，即在一个周期内，桥式整流电路中的每个整流二极管仅导通半个周期。

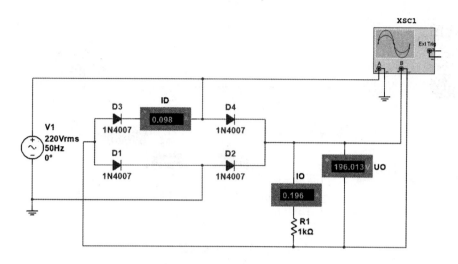

图 7-1　单相不可控桥式整流电路

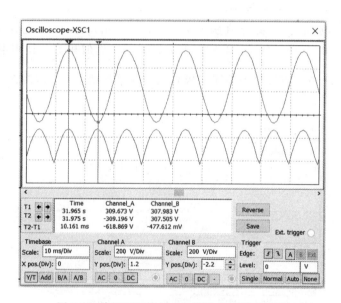

图 7-2　单相不可控桥式整流电路的仿真波形

7.1.2　三相不可控桥式整流电路

三相整流电路用于将工业电网三相对称正弦 220V/380V、50Hz 的交流电压变换为直流电压，适合负载功率在 4kW 以上，且要求直流电压脉动较小的场合。

在 Multisim 14.0 仿真环境下搭建三相不可控桥式整流电路，如图 7-3 所示。其中，1N4007 型整流二极管 D_1、D_3 和 D_5 接成共阴极组，D_2、D_4 和 D_6 接成共阳极组。同一时间每组中只有一个二极管导通，即共阴极组中阳极电位最高的二极管导通，共阳极组中阴极电位最低的二极管导通，从而实现三相轮流导通。三相整流桥的输入为三相正弦交流电压信号 u_A、u_B 和 u_C。

运行仿真电路，利用双踪示波器对比观测三相正弦交流输入电压中的 A 相电压 u_A 与直

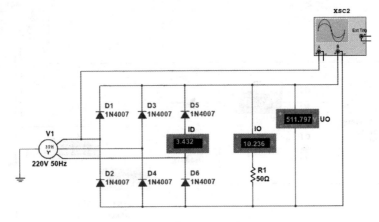

图 7-3 三相不可控桥式整流电路

流输出电压 U_O 的波形，如图 7-4 所示。从波形图看，相对单相桥式整流电路，三相桥式整流电路输出直流电压 U_O 的脉动较小。

在图 7-3 中，利用电压表的直流挡，可测得三相脉动直流电压 U_O 的平均值为 511.797V，与理论值 $U_O=2.34U=2.34×220=514.8V$ 近似相等。利用电流表的直流挡得输出电流 $I_O=10.236A$。流过每个整流二极管的电流平均值 $I_D=3.432A$，约为 $\frac{1}{3}I_O$。

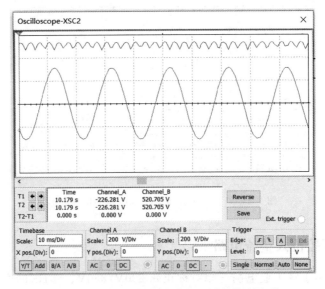

图 7-4 三相不可控桥式整流电路的仿真波形

7.2 可控整流电路（AC-DC）

若整流电路中的半导体器件为晶闸管等可控器件，则该整流电路为可控整流电路，常见的有单相可控整流电路和三相可控整流电路。下面分别介绍单相可控半波和三相可控桥式整流电路的仿真过程。

7.2.1　单相可控半波整流电路

在可控整流电路中，晶闸管的触发有多种实现方式，下面分别介绍脉冲信号直接触发和相位角控制器触发方式的仿真过程。

(1) 脉冲信号直接触发晶闸管

在 Multisim 14.0 仿真环境下搭建单相可控半波整流电路，如图 7-5 所示。其中，V_1 为 220V/50Hz 的正弦交流电源。D_1 为 2N3898 型晶闸管，其控制极受脉冲信号 V_2 触发。

单相可控半波整流电路的输出电压

$$U_O = \frac{\sqrt{2}U}{\pi} \times \frac{(1+\cos\alpha)}{2} = 0.45U \times \frac{(1+\cos\alpha)}{2}$$

其中，α 为控制角或触发角，是晶闸管从开始承受正向电压到触发导通这段时间所对应的角度；U 为输入正弦交流电压的有效值。

双击脉冲信号 V_2，设置脉冲信号的参数，如图 7-6 所示。其中，触发脉冲 V_2 要与正弦交流电源 V_1 同频率，即周期为 20ms（对应 360°，即 2π）；控制角或触发角 α 与 Delay Time（延迟时间）参数相对应，例如当 $\alpha = 45°$ 时，需设 Delay Time 为 $\frac{\alpha}{360} \times 20 = 2.5\text{ms}$，此时理论计算 $U_O = 84.5\text{V}$。

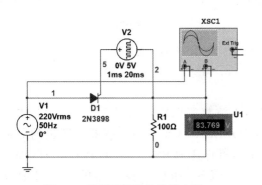

图 7-5　单相可控半波整流电路一

图 7-6　脉冲信号 V_2 的参数设置

运行仿真电路，输入交流信号 V_1 和输出直流信号 U_O 的波形如图 7-7 所示。利用游标可测得，在每个周期内，当输入交流信号 V_1 的角度在 45°～180° 时，晶闸管 D_1 导通。在图 7-5 中，输出直流电压 U_O 的测量值与理论计算值相符。

若将脉冲信号 V_2 的 Delay Time 设置为 5ms，即对应 $\alpha = 90°$，再运行仿真电路，波形如图 7-8(a) 所示，输出直流电压 U_O 的测量值如图 7-8(b) 所示，均与理论分析结果相符。

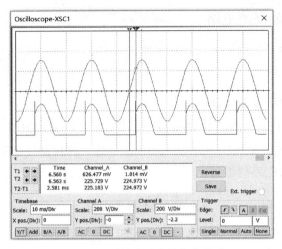

图 7-7　单相可控半波整流电路的仿真波形（$\alpha = 45°$）

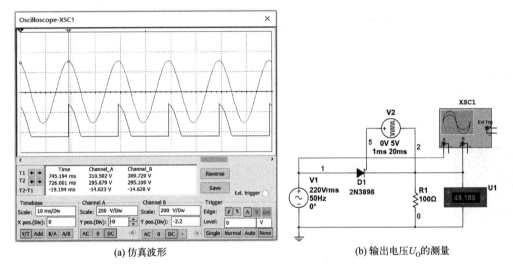

(a) 仿真波形　　　　　　　　　　(b) 输出电压 U_O 的测量

图 7-8　单相可控半波整流电路的仿真波形（$\alpha = 90°$）

（2）相位角控制器触发

在 Multisim 14.0 仿真环境下搭建单相可控半波整流电路，如图 7-9 所示，其中可控半导体器件晶闸管由 PHASE_ANGLE_CONTROLLERS（相位角控制器）产生的脉冲信号触发控制。相位角控制器的选取方法是：在元器件工具栏中，点击 Power→POWER_CONTROLLERS→PHASE_ANGLE_CONTROLLERS。相位角控制器的主要参数设置如下：

① 导通角 α：导通角 α 对应的延迟时间 $T_d = \dfrac{\alpha}{360 \times f}$（$f$ 表示电源的频率），导通角 α 由加在此引脚上的电压决定。例如，当加在导通角 α 管脚上的电压值为 45V 时，延迟时间 $T_d = \dfrac{45}{360 \times 50} = 2.5\text{ms}$，即导通角 $\alpha = 45°$。

② Line frequency（频率）：设置为与输入电压信号 $P_{h+} - P_{h-}$ 的频率相同。

③ 输出 T：与输入电压信号 $P_{h+} - P_{h-}$ 的频率相同，Pulse width（脉冲宽度）和 Pulse amplitude（脉冲幅度）的参数设置如图 7-10 所示。

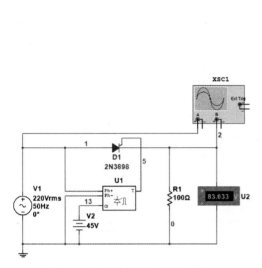

图 7-9　单相可控半波整流电路二　　　　图 7-10　相位控制器的参数设置

运行仿真电路，仿真结果与图 7-7 所示电路的仿真结果相同。

7.2.2　三相可控桥式整流电路

在 Multisim 14.0 仿真环境下搭建三相可控桥式整流电路，如图 7-11 所示。其中，V_1 为 220V/50Hz 的三相交流电源，晶闸管 $D_1 \sim D_6$ 组成三相整流桥，六个晶闸管由 PHASE_ANGLE_CONTROLLER_6PULSE（六脉冲相位角控制器）产生的六个脉冲信号分别触发控制。六脉冲相位角控制器的导通角 α 管脚上的电压由 DC_INTERACTIVE_VOLTAGE（交互式直流电压源）设置。六脉冲相位角控制器的选取方法同 PHASE_ANGLE_CONTROLLERS（相位角控制器）。

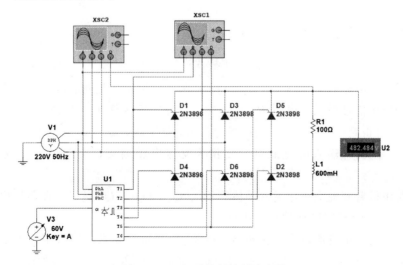

图 7-11　三相可控桥式整流电路

运行仿真电路，六脉冲相位角控制器的输出脉冲 T_1、T_3、T_5 的波形如图 7-12(a) 所示，三个脉冲依次间隔 $120°$，即六个脉冲依次间隔 $60°$。整流输出直流电压的波形如图 7-12(b) 所示。

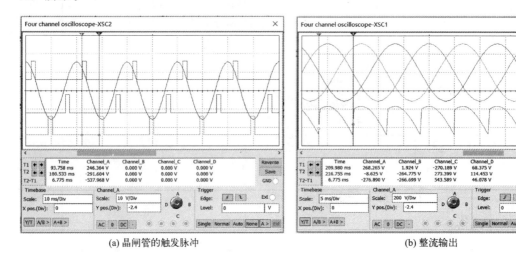

(a) 晶闸管的触发脉冲　　　　　　　　　　　　(b) 整流输出

图 7-12　三相可控桥式整流电路的仿真波形

7.3　逆变电路（DC-AC）

与整流电路（AC-DC）相反，逆变电路（DC-AC）的功能是利用半导体器件的控制作用把直流电变换为频率和电压可调的交流电。逆变电路可分为无源逆变电路和有源逆变电路，其中无源逆变电路将直流电转变为负载所需要的不同频率和电压值的交流电，有源逆变电路把直流电经过直流-交流变换，向交流电源反馈能量。

逆变电路是通用变频器的核心部件，应用广泛，比如在蓄电池、太阳能电池、风力发电等直流电源向交流负载供电时，均要用到无源逆变电路。本节介绍几种常见无源逆变电路的仿真过程。

7.3.1　单相桥式逆变电路

在 Multisim 14.0 仿真环境下搭建单相桥式逆变电路，如图 7-13 所示，晶体管 $Q_1 \sim Q_4$ 构成单相桥式逆变电路的 4 个桥臂，$Q_1 \sim Q_4$ 分别并联续流二极管，$Q_1 \sim Q_4$ 的基极控制电压分别由脉冲电压信号提供，电阻 R_1 和电感 L_1 构成感性负载。当 Q_1、Q_4 导通时，Q_2、Q_3 截止，负载上得到的电压 u_O 为正；当 Q_2、Q_3 导通时，Q_1、Q_4 截止，负载上得到的电压 u_O 为负，这样就将输入的直流电压变换为交流电压输出，实现了直流电到交流电的逆变。

为实现两组桥臂开关交替导通，晶体管 Q_1、Q_4 和 Q_2、Q_3 基极控制脉冲电压的设置如图 7-14 所示，即两个控制脉冲的相位相反。

运行仿真电路，示波器显示交流输出电压 u_O 为矩形波。当晶体管基极控制脉冲电压的周期为 $20ms$，占空比 $D = 50\%$ 时，逆变所得交流输出电压 u_O 的波形如图 7-15(a) 所示，频率为 $50Hz$；当晶体管基极控制脉冲电压的占空比 $D = 25\%$ 时，交流输出电压 u_O 的波形

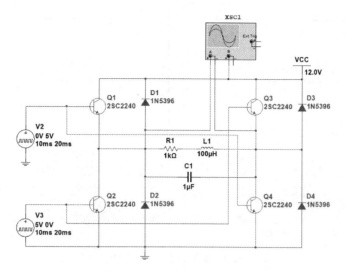

图 7-13　单相桥式逆变电路

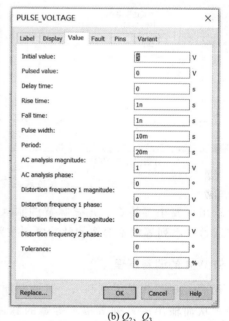

(a) Q_1、Q_4 　　　　　　　　　　　　(b) Q_2、Q_3

图 7-14　晶体管基极控制脉冲电压的参数设置

如图 7-15（b）所示，频率仍为 50Hz。

　　由以上仿真分析可得出结论，单相桥式逆变电路的交流输出电压 u_O 的频率和占空比由晶体管基极控制脉冲电压的频率和占空比决定。

　　选择感性负载的端电压作为输出变量，可得单相桥式逆变电路的瞬态分析结果如图 7-16 所示，与以上交互式分析方法所得仿真结果一致。

7.3.2　正弦脉宽调制逆变电路

　　脉宽调制（pulse width modulation，PWM）控制技术在逆变电路中应用广泛，具有结

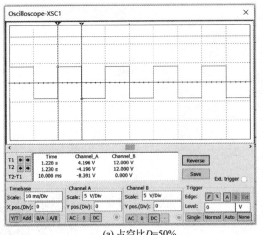 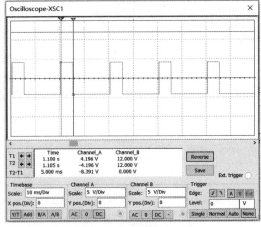

(a) 占空比 $D=50\%$ (b) 占空比 $D=25\%$

图 7-15　单相桥式逆变电路的仿真波形

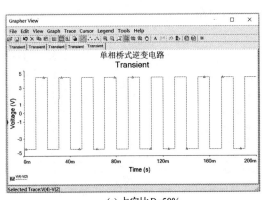 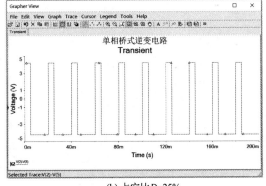

(a) 占空比 $D=50\%$ (b) 占空比 $D=25\%$

图 7-16　单相桥式逆变电路的瞬态分析结果

构简单、输出谐波小等特点。正弦脉宽调制（sinusoidal pulse width modulation，SPWM）逆变电路通过一系列等幅不等宽的脉冲序列按照面积等效原则来等效正弦波形。

（1）SPWM 的调制原理

  SPWM 的控制思想基于调制法，其调制原理是通过控制逆变器的开关元件按一定规律进行通断，从而输出一系列等幅不等宽的脉冲序列，脉冲的宽度基本按正弦分布。根据面积等效原理，使输出电压的波形接近正弦波。

  SPWM 需要将希望输出的波形作为调制信号。对于 SPWM 调制，调制信号为正弦波；接受调制的信号作为载波，载波通常采用等腰三角波，且频率远高于调制信号。由正弦波调制信号与三角波载波相交的时刻确定逆变器开关器件的通断时刻，从而得到在正弦调制信号半个周期内呈两边窄中间宽的一系列等幅不等宽的方波，此方波称为 SPWM 波，如图 7-17 所示。

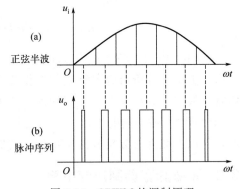

图 7-17　SPWM 的调制原理

（2）SPWM 逆变电路的仿真

在 Multisim 14.0 仿真环境下搭建 SPWM 逆变电路，如图 7-18 所示。其中晶体管 $Q_1 \sim$ Q_4 分别并联续流二极管构成单相桥式逆变电路，晶体管 $Q_1 \sim Q_4$ 的基极控制信号由 PWM_COMPLEMENTARY（单相 PWM 控制器）提供。

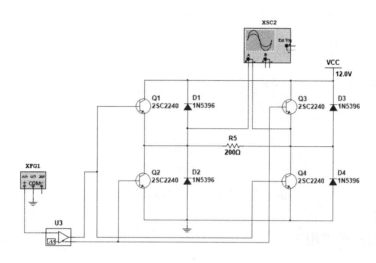

图 7-18　SPWM 逆变电路

单相 PWM 控制器的选取可通过单击元器件工具栏，选择 Power→POWER_CON-TROLLERS→PWM_COMPLEMENTARY 完成，如图 7-19 所示。单相 PWM 控制器的输入信号为由信号发生器 XFG1 提供的正弦波信号，其参数设置如图 7-20 所示。

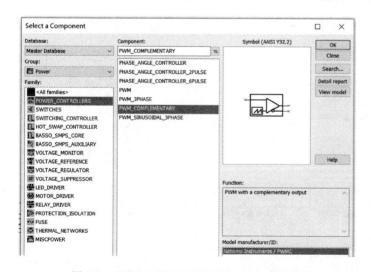

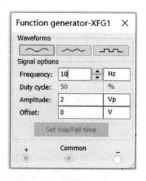

图 7-19　PWM_COMPLEMENTARY 的选取　　　　图 7-20　XFG1 的参数设置

运行仿真电路，利用示波器观测电阻性负载 R_5 的电压波形如图 7-21 所示。可以看到，输出电压为两边窄中间宽的一系列等幅不等宽的方波，其频率为 10Hz，与正弦波调制信号的频率相同，即通过 SPWM 逆变电路，将输入直流电压变换为交流电压输出。

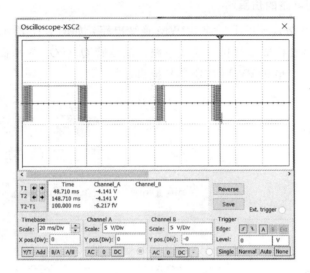

图 7-21 SPWM 逆变电路的仿真波形

7.3.3 三相桥式逆变电路

三相桥式逆变电路通常用于中、大功率的三相负载。

在 Multisim 14.0 仿真环境下搭建三相桥式逆变电路，如图 7-22 所示。其中晶体管 $Q_1 \sim Q_6$ 的基极控制信号由 PWM_3PHASE（三相 PWM 控制器）提供。三相 PWM 控制器的选取可通过单击元器件工具栏，选择 Power→POWER_CONTROLLERS→PWM_3PHASE 完成。三相 PWM 控制器的输入信号为三路幅值相同、相位互差 120°的正弦电压信号 $V_1 \sim V_3$。

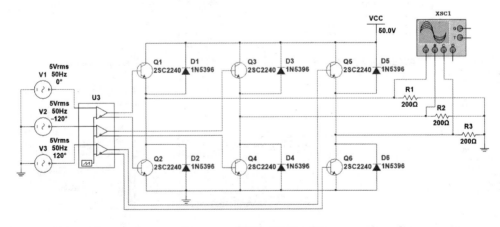

图 7-22 三相桥式逆变电路

运行仿真电路，利用四通道示波器同时显示三相电阻性负载的电压波形如图 7-23 所示。输出交流电压的频率为 50Hz，与正弦波调制信号的频率相同，幅值约等于直流电源电压值。通过三相桥式逆变电路，将输入直流电压变换为三相交流电压输出。

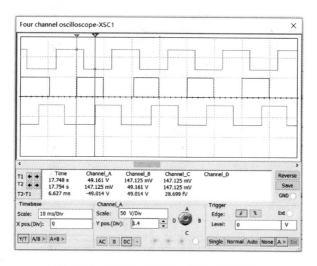

图 7-23　三相桥式逆变电路的仿真结果

7.4　直流斩波电路（DC-DC）

直流斩波电路采用斩波控制的方式，改变直流电压的大小或方向，也称直流-直流变换电路（DC-DC），广泛应用于开关电源和直流电动机的驱动电路中。直流斩波电路利用晶体管实现通断控制，将直流电源电压断续加到负载上，通过通、断时间变化来改变负载电压的平均值。

直流斩波电路的种类较多，本节主要介绍直流降压斩波电路、直流升压斩波电路和直流降压-升压斩波电路的仿真过程。

7.4.1　直流降压斩波电路

直流降压（buck）斩波电路的输出电压平均值低于输入直流电压。通过调节电路主开关控制信号的占空比来控制主开关的导通时间，使输出直流电压 $U_O=DU_I$，可见 $U_O<U_I$，且 U_O 随占空比 D 可调。

在 Multisim 14.0 仿真环境下搭建直流降压斩波电路，如图 7-24 所示。电路的主开关选择 2SK3070L 型功率场效应管 Q_1。功率场效应管的选取可通过单击元器件工具栏，选择 Transistors→Power_MOS_N 完成。Q_1 的控制信号接函数信号发生器 XFG1，D_1 为续流二极管，串联较大电感 L_1 使负载 R_1 的电流连续且脉动小，电容 C_1 的作用是减小输出直流电压的脉动程度。

双击函数信号发生器 XFG1，选择矩形波，参数设置如图 7-25 所示，其中占空比 $D=50\%$。在图 7-24 所示电路中，利用电压表 U_1 观测输出电压的平均值 U_O。

运行仿真电路，经过一段时间后，电压表 U_1 显示值稳定在 5.637V，低于直流电源电压 $V_I=12V$，略小于 V_I 的 50%；同时利用双踪示波器对比观测功率场效应管的控制信号与直流输出电压 U_O 的波形，如图 7-26(a) 所示。改变功率场效应管控制信号的占空比为 $D=30\%$，测得 U_O 略小于 V_I 的 30%，波形如图 7-26(b) 所示。

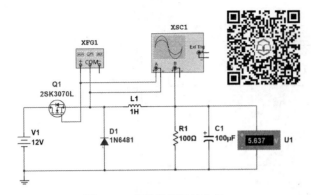

图 7-24　直流降压斩波电路

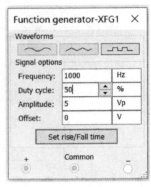

图 7-25　功率场效应管控制信号的参数设置

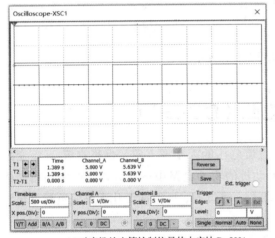

(a) 功率场效应管控制信号的占空比D=50%

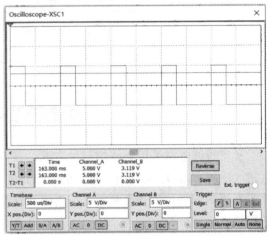

(b) 功率场效应管控制信号的占空比D=30%

图 7-26　直流降压斩波电路的仿真波形

7.4.2　直流升压斩波电路

直流升压（boost）斩波电路的输出电压平均值高于输入直流电压。

在 Multisim 14.0 仿真环境下搭建直流升压斩波电路，如图 7-27 所示，电路的主开关 Q_1 与负载并联。设主开关在一个周期内的导通时间为 t_{on}，关断时间为 t_{off}，则输出电压 $U_O = \dfrac{T}{t_{off}} U_I = \dfrac{1}{1-D} U_I$，可见 $U_O > U_I$，且 U_O 随占空比 D 可调。

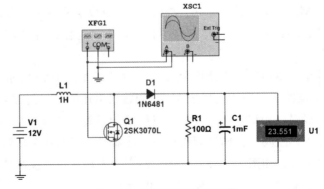

图 7-27　直流升压斩波电路

双击函数信号发生器 XFG1，选择矩形波，占空比 $D=50\%$。运行仿真电路，经过一段时间后，图 7-27 所示电路中电压表 U_1 的显示值稳定在 23.551V，略小于 V_1 的 2 倍。同时，利用双踪示波器对比观测功率场效应管的控制信号与直流输出电压 U_O 的波形，如图 7-28 (a) 所示。改变功率场效应管的控制信号的占空比为 $D=30\%$，波形如图 7-28 (b) 所示，$U_O=16.324V$，略小于 V_1 的 $\dfrac{1}{1-30\%}=1.42$ 倍，以上仿真结果与理论分析结果相符。

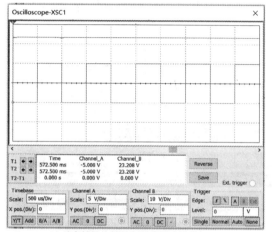

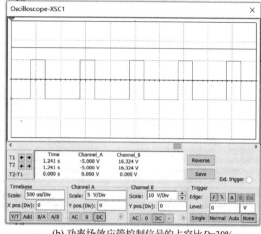

(a) 功率场效应管控制信号的占空比 $D=50\%$　　　　(b) 功率场效应管控制信号的占空比 $D=30\%$

图 7-28　直流升压斩波电路的仿真波形

7.4.3　直流降压-升压斩波电路

直流降压-升压斩波电路的输出电压平均值可以高于或低于输入直流电压。

在 Multisim 14.0 仿真环境下搭建直流降压-升压斩波电路，如图 7-29 所示。当电路的主开关 Q_1 导通时，直流电源输入 V_1 经主开关 Q_1 向大电感 L_1 供电使其储存能量，同时电容 C_1 维持输出电压基本恒定并向负载 R_1 供电；此后 Q_1 关断，电感 L_1 中储存的能量向负载释放。可见，负载电压极性为下正上负，与输入电源电压的极性相反，因此该电路也称为反极性斩波电路。输出电压 $U_O=\dfrac{t_{on}}{T-t_{on}}U_1=\dfrac{D}{1-D}U_1$，$U_O$ 随主开关控制信号的占空比 D 可调，当 $D<50\%$ 时为降压，$D>50\%$ 时为升压。

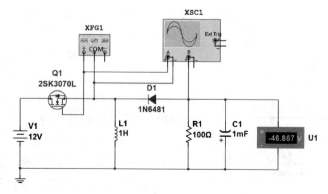

图 7-29　直流降压-升压斩波电路

双击函数信号发生器 XFG1，选择矩形波，占空比 $D=80\%$。运行仿真电路，经过一段时间后，图 7-29 所示电路中电压表 U_1 的显示值稳定在 $-46.867V$，约为 V_1 的 4 倍。同时，利用双踪示波器对比观测功率场效应管的控制信号与直流输出电压 U_O 的波形，如图 7-30 (a) 所示。改变功率场效应管的控制信号的占空比为 $D=20\%$，波形如图 7-30(b) 所示，$U_O=-2.322V$，大小略低于 V_I 的 0.25 倍，以上仿真结果与理论分析相符。

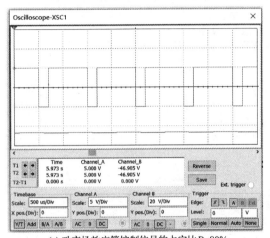 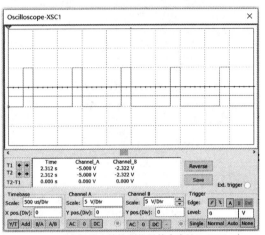

(a) 功率场效应管控制信号的占空比 $D=80\%$ （b）功率场效应管控制信号的占空比 $D=20\%$

图 7-30　直流降压-升压斩波电路的仿真波形

7.5　交流-交流变换电路（AC-AC）

交流-交流变换电路（AC-AC）通过改变交流电的电压或频率，将一种形式的交流电变换为另一种形式的交流电，前者称为交流调压电路，后者称为变频电路。交流-交流变换电路可分为直接变换方式（无中间直流环节）和间接变换方式（有中间直流环节）。其中，直接变换方式有交流调压电路等，间接变换方式有交流-直流-交流变频电路等。

7.5.1　单相交流调压电路

在交流调压电路中，通常将仅改变交流电压有效值的电路称为交流调压电路，广泛应用于电热控制、交流电动机速度控制、灯光控制和交流稳压器等场合。与自耦变压器调压方法相比，交流调压电路具有控制方便，调节速度快，装置的重量轻、体积小等优点。

交流调压电路可分为单相交流调压电路和三相交流调压电路，主要由晶闸管及其控制电路组成，通过对晶闸管导通时间的控制来调节输出交流电压的有效值。

在 Multisim 14.0 仿真环境下搭建单相交流调压电路，如图 7-31 所示。其中，V_1 为 220V/50Hz 的正弦交流电源。晶闸管 D_1 和 D_2 反向并联后接在交流电源与电阻性负载之间。D_1 和 D_2

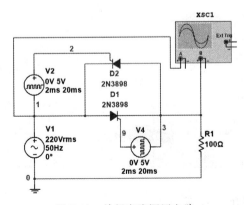

图 7-31　单相交流调压电路

的控制极分别由脉冲信号 V_4 和 V_2 控制。

脉冲信号 V_4 和 V_2 的延迟时间应相差半个周期，即 10ms，参数设置如图 7-32 所示。

(a) 晶闸管 D_1 的触发脉冲　　　　　　　　　　　(b) 晶闸管 D_2 的触发脉冲

图 7-32　晶闸管触发脉冲信号的参数设置

当晶闸管 D_1 的触发脉冲延迟时间设为 2.5ms，晶闸管 D_2 的触发脉冲延迟时间设为 12.5ms，即正、负半个周期的导通角 α 均为 $45°$ 时，运行仿真电路，输入、输出电压的波形如图 7-33（a）所示。当正、负半个周期的导通角 α 均为 $90°$ 时，运行仿真电路，输入、输出电压的波形如图 7-33（b）所示。因此，可通过改变晶闸管的导通角来调节输出交流电压的有效值。

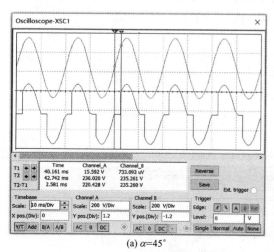
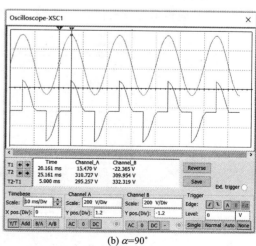

(a) $\alpha=45°$　　　　　　　　　　　　(b) $\alpha=90°$

图 7-33　单相交流调压电路的仿真波形

7.5.2　三相交流调压电路

三相交流调压电路通常用于三相负载的电源可调或负载功率较大的情况。

在 Multisim 14.0 仿真环境下搭建三相交流调压电路，如图 7-34 所示。其中，V_{10} 为 50V/50Hz 的三相正弦交流电源，晶闸管 D_1 和 D_2、D_3 和 D_4、D_5 和 D_6 分别反向并联后接在各相交流电源与电阻性负载之间。各晶闸管的控制极分别由脉冲信号控制，且每相中两个晶闸管的触发脉冲的延迟时间相差半个周期，即 10ms。

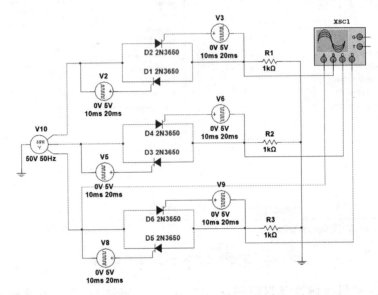

图 7-34　三相交流调压电路

当晶闸管 D_1、D_3、D_5 的触发脉冲延迟时间设为 2.5ms，晶闸管 D_2、D_4、D_6 的触发脉冲延迟时间设为 12.5ms 时，每相中正、负半个周期的导通角 α 均为 45°，参数设置如图 7-32 所示。

运行仿真电路，输入交流电压和各相输出电压的波形如图 7-35 所示。因此，可通过改变晶闸管的导通角来调节三相输出交流电压的有效值。

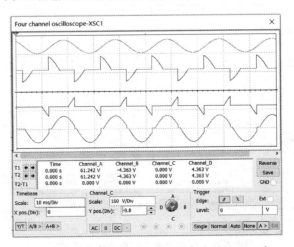

图 7-35　三相交流调压电路的仿真波形（$\alpha=45°$）

7.5.3　单相交流-直流-交流变频电路

在 Multisim 14.0 仿真环境下搭建单相交流-直流-交流变频电路，如图 7-36 所示，主要由变压、整流、滤波和逆变电路组成。其中，220V/50Hz 的正弦交流电源 V_1 作为变频电路的输入，经变压器 T_1 降压、$D_1 \sim D_4$ 组成的整流桥整流、电容 C_1 滤波后，得到较平滑的直流电压；此直流电压再经晶体管 $Q_1 \sim Q_4$ 以及续流二极管构成的逆变电路后，输出频率和电压均可调的交流电压。晶体管 $Q_1 \sim Q_4$ 的基极由可调电压源 V_2 和 PWM_COMPLEMENTARY（互补输出 PWM 控制器）U_1 控制。R_1、C_2 和 L_2 构成负载。

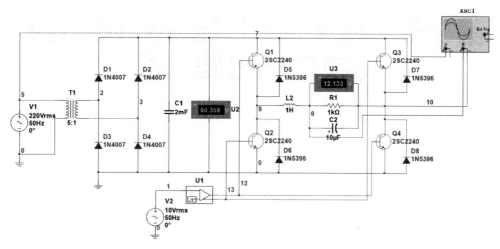

图 7-36　单相交流-直流-交流变频电路

当可调电压源的频率设为 50Hz 时，运行仿真电路，测得整流输出直流电压的平均值和交流输出电压的有效值如图 7-36 所示。利用示波器对比观测输入交流电压 V_1 和输出交流电压的波形如图 7-37(a) 所示。当可调电压源的频率设为 100Hz 时，运行仿真电路，输入交流电压 V_1 和输出交流电压的波形如图 7-37(b) 所示。

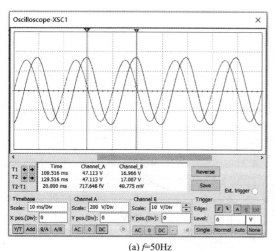

(a) f=50Hz

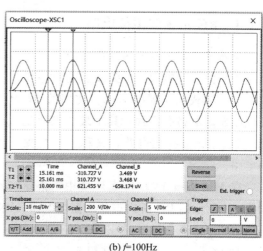

(b) f=100Hz

图 7-37　单相交流-直流-交流变频电路的仿真波形

第8章 基于Multisim 14.0的高频电子电路仿真

高频电子电路用于通信系统中高频信号的产生、放大和变换等。本章介绍如何利用 Multisim 14.0 仿真软件分析常用的高频电子电路，以及常用高频测量虚拟仪表的使用方法。

8.1 正弦波振荡电路

正弦波振荡电路用来产生一定频率和幅值的正弦交流信号，输出的交流电能由直流电源转换而来。常用的正弦波振荡电路有 RC 正弦波振荡电路、LC 正弦波振荡电路和石英晶体正弦波振荡电路。

8.1.1 RC 正弦波振荡电路

虽然 RC 正弦波振荡电路多用于产生低频正弦信号，但 RC 正弦波振荡电路是常用的反馈式振荡器的基础。实用的 RC 正弦波振荡电路有多种，其中最典型的是 RC 桥式正弦波振荡电路，又称文氏桥振荡电路。

在 Multisim 14.0 仿真环境中，搭建如图 8-1 所示的 RC 桥式正弦波振荡电路，其中 RC 串并联电路既是正反馈电路，又是选频电路。振荡电路的起振条件是 $|A_u F|>1$，其中 A_u 为同相比例运算电

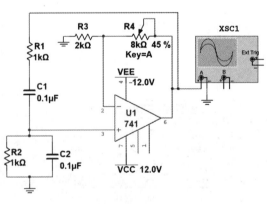

图 8-1 RC 桥式正弦波振荡电路

路的电压增益，F 为反馈系数，$|F| = \dfrac{1}{3}$。稳幅条件是 $|A_u F| = 1$，即稳幅时，$A_u = 1 +$

$\dfrac{R_4}{R_3} = 3$，当 $R_4 = 2R_3$ 时，自激振荡稳定建立起来。

运行仿真电路，首先调节 R_4，使 $R_4 > 2R_3$，即 $A_u = 1 + \dfrac{R_4}{R_3} > 3$，使电路起振。再调节

R_4，使 $R_4 = 2R_3$，即 $A_u = 1 + \dfrac{R_4}{R_3} = 3$，使输出振荡信号的幅值稳定，输出信号波形如图 8-2

所示。输出正弦波的频率 $f_0 = \dfrac{1}{2\pi R_2 C_2} = 1.59\text{kHz}$，即周期为 0.63ms，仿真结果与理论计

算值相符。

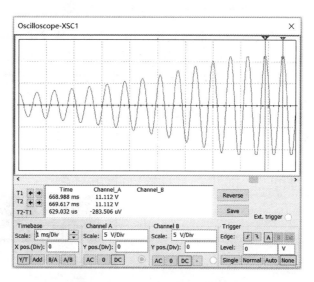

图 8-2　RC 桥式正弦波振荡电路的振荡波形

8.1.2　LC 正弦波振荡电路

采用 LC 谐振回路作为选频网络的反馈式振荡电路称为 LC 正弦波振荡电路，常用的有电容三点式、电感三点式振荡器和变压器反馈振荡电路，下面以电容三点式振荡电路为例介绍 LC 正弦波振荡电路的仿真过程。

在 Multisim 14.0 仿真环境中，搭建电容三点式正弦波振荡电路，如图 8-3 所示，主要由共发射极放大电路、选频电路和正反馈电路组成。在交流通路中，构成选频网络的电容 C_1 和 C_2 分别接晶体管 Q_1 的三个极，使反馈电压的极性为正反馈，满足自激振荡的相位平衡条件，因此称该电路为电容三点式正弦波振荡电路，又称电容反馈式振荡电路或科皮兹式振荡电路。

对于图 8-3 所示的电容三点式正弦波振荡电路，经理论计算可得输出正弦波的频率

$$f_0 = \dfrac{1}{2\pi\sqrt{L_1 \dfrac{C_1 C_2}{C_1 + C_2}}} = 1.67\text{MHz}$$

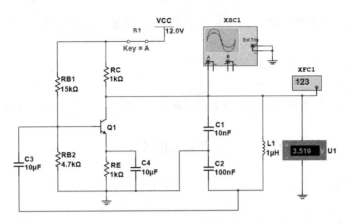

图 8-3　电容三点式正弦波振荡电路

运行仿真电路，闭合开关 S_1，使电路起振。用示波器观测输出正弦波的波形，振荡电路稳幅后的波形如图 8-4(a) 所示。利用频率计测得输出正弦波的频率为 1.563MHz，如图 8-4(b) 所示，与理论计算值相符。利用交流电压表测得输出正弦波的有效值约为 3.519V。

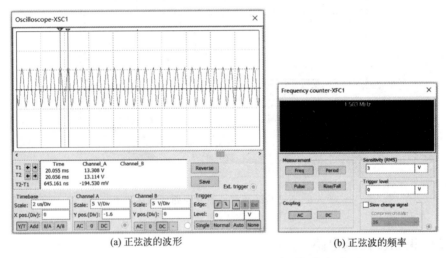

(a) 正弦波的波形　　　　　　　　　　　　(b) 正弦波的频率

图 8-4　电容三点式正弦波振荡电路的振荡波形

8.1.3　石英晶体正弦波振荡电路

石英晶体谐振器简称石英晶体，具有非常稳定的固有频率。对振荡频率的稳定性要求高的电路，应选用石英晶体作为选频网络。

在选频网络中，根据石英晶体与两个电容的连接形式不同，常用的石英晶体正弦波振荡电路可分为并联型和串联型两种。下面以并联型石英晶体正弦波振荡电路为例，介绍石英晶体正弦波振荡电路的仿真过程。

在 Multisim 14.0 仿真环境中，搭建石英晶体正弦波振荡电路，如图 8-5 所示。其中，选频网络由电容 C_1、C_2 与石英晶体 X_1 并联组成，因此为并联型石英晶体正弦波振荡电路。由于电容 C_1 和 C_2 与石英晶体 X_1 中的 C_0 并联，总容量大于 C_0，因此电路的振荡频率 f_0 约等于石英晶体的固有频率。石英晶体的选取方法是：在元器件工具栏中，单击 Misc→CRYSTAL→HC-49/U_7MHz。

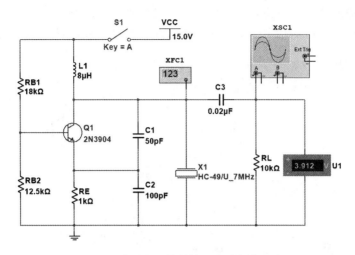

图 8-5　并联型石英晶体正弦波振荡电路

运行仿真电路，闭合开关 S_1，使电路起振。用示波器观测输出正弦波的波形，振荡电路稳幅后的波形如图 8-6(a) 所示。利用频率计测得输出正弦波的频率为 6.845MHz，如图 8-6(b) 所示，与石英晶体的固有频率 7MHz 近似相等。利用交流电压表测得输出正弦波的有效值约为 3.912V。

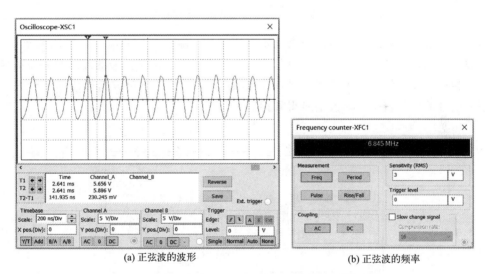

(a) 正弦波的波形　　　　　　　　　(b) 正弦波的频率

图 8-6　并联型石英晶体正弦波振荡电路的振荡波形和频率

8.2　高频小信号谐振放大电路

高频小信号谐振放大电路主要对所选择的微弱高频信号进行线性放大，同时抑制干扰和无用信号，通常高频信号的频率范围从几百 kHz 到几百 MHz。常见无线电接收机中的高频和中频放大器都是高频小信号谐振放大电路。

在 Multisim 14.0 仿真环境中，搭建如图 8-7 所示的高频小信号谐振放大电路，其中幅值 10mV、频率 503kHz 的正弦交流信号作为基波信号，该基波信号叠加其 2、4、8 次谐波信号作为电路的输入信号。该输入信号先经共发射极放大电路进行放大，再由 R_1、L_1、C_1 构成的选频电路对放大后的信号进行选频，L_1、C_1 构成的并联谐振电路的谐振频率 $f_0 = \dfrac{1}{2\pi\sqrt{L_1 C_1}} \approx 503\mathrm{kHz}$。

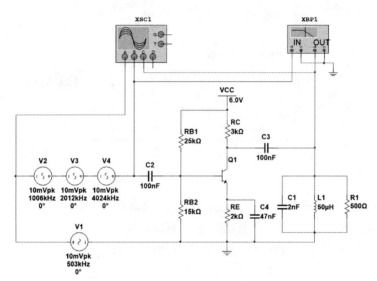

图 8-7　高频小信号谐振放大电路

运行仿真电路，利用四通道示波器显示基波信号、输入信号和输出信号的波形如图 8-8 所示。波形显示，在基波信号叠加谐波信号的共同作用下，输出信号的波形与基波信号近似成线性，相位相反，但叠加了干扰信号，即选频电路对 503kHz 基波信号的增益最大，而对其他频率信号的增益较小，谐波信号得到抑制。

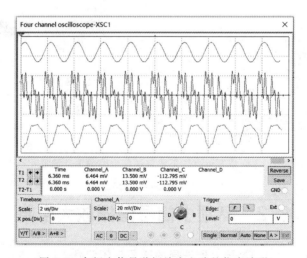

图 8-8　高频小信号谐振放大电路的仿真波形

利用波特图仪测量高频小信号谐振放大电路的幅频特性如图 8-9 所示，由图 8-9（a）测得中心频率为 501.522kHz，与理论计算值相符。由图 8-9（b）和图 8-9（c）测得下、上限截止频率分别约为 428kHz 和 598kHz，即通频带约为 170kHz。

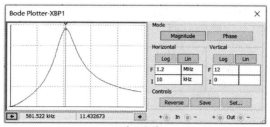

(a) 中心频率

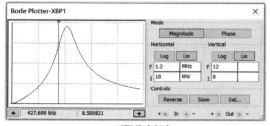

(b) 下限截止频率

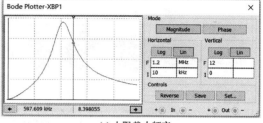

(c) 上限截止频率

图 8-9　高频小信号谐振放大电路的幅频特性

8.3　振幅调制与解调电路

在无线电通信系统中，信号的原始形式一般不适合传输。将信号从发射端传输到接收端时，需进行调制和解调。调制是将需要传输的信息加载到某一高频振荡信号（载波）上的过程；在接收端接收到已调波信号后，需要将载波去掉，还原成原信号的过程称为解调。

调制可分为振幅调制、频率调制和相位调制，分别简称为调幅、调频和调相，分别对应的解调有检波、鉴频和鉴相。

8.3.1　振幅调制电路

振幅调制简称调幅，是用低频调制信号控制高频载波信号的振幅，使载波的振幅按照调制信号的变化规律变化，同时又保持载波信号的频率和相位不变。振幅调制主要分为普通调幅（AM）、抑制载波的双边带（DSB）调幅和单边带（SSB）调幅。

（1）普通振幅调制（AM）

按输出功率的高低，普通振幅调制电路有高电平调幅和低电平调幅。

① 高电平调幅　高电平调幅主要用于调幅发射机末端，常用的高电平调幅电路有基极调幅电路和集电极调幅电路。

a. 基极调幅电路。在 Multisim 14.0 仿真环境中，搭建如图 8-10 所示的基极调幅电路，调制信号为幅值 20mV、频率 10kHz 的正弦信号，载波信号为幅值 0.9V、频率 1MHz 的正弦信号，负载 LC 回路在 1MHz 的载波频率处发生

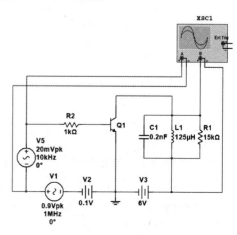

图 8-10　基极调幅电路

谐振。

运行仿真电路，调制信号和调制后的普通调幅信号的输出波形如图 8-11 所示。设置示波器的扫描时基为 $50\mu s/Div$ 时，波形如图 8-11（a）所示；设置示波器的扫描时基为 $5\mu s/Div$ 时，波形如图 8-11（b）所示。

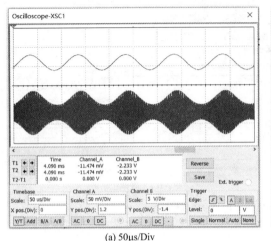
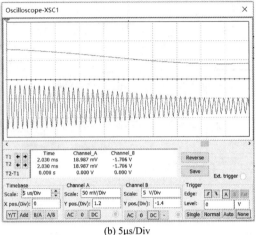

(a) 50μs/Div   (b) 5μs/Div

图 8-11　基极调幅电路的仿真波形

b. 集电极调幅电路。在 Multisim 14.0 仿真环境中，搭建如图 8-12 所示的集电极调幅电路，调制信号为幅值 1V、频率 10kHz 的正弦信号，载波信号为幅值 1V、频率 1MHz 的正弦信号，负载 LC 回路在 1MHz 的载波频率处发生谐振。

运行仿真电路，调制信号和调制后的普通调幅信号的输出波形如图 8-13 所示。

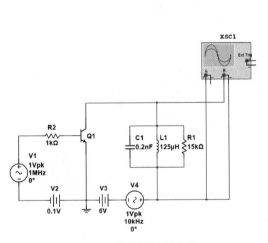

图 8-12　集电极调幅电路

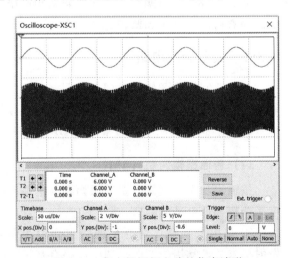

图 8-13　集电极调幅电路的仿真波形

② 低电平调幅　常用的低电平调幅电路有二极管调幅电路、差分对调幅电路和模拟乘法器调幅电路。下面以模拟乘法器调幅电路为例进行仿真分析。

在 Multisim 14.0 仿真环境中，搭建由模拟乘法器构成的低电平调幅电路，如图 8-14 所示。将调制信号 V_1 与特定的直流信号 V_2 叠加，再与载波信号 V_3 经模拟乘法器 A_1 相乘，即可得到振幅调制信号。可通过点击元器件工具栏→Sources→CONTROL_FUNCTION_

BLOCKS→MULTIPLIER，选择模拟乘法器。

运行仿真电路，调制信号、载波信号和调制后的普通调幅信号的输出波形如图 8-15 所示。调制信号和载波信号经模拟乘法器相乘后，不会产生其他无用频率分量，因此输出的调制信号的失真较小。

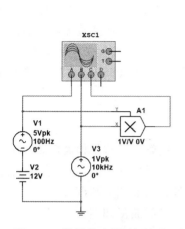

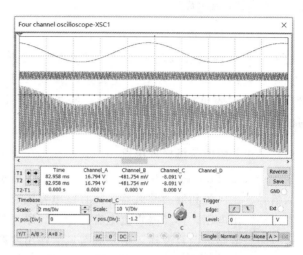

图 8-14　模拟乘法器调幅电路　　　　　　　　图 8-15　模拟乘法器调幅电路的仿真波形

（2）抑制载波的双边带（DSB）调幅

抑制载波的双边带（DSB）信号是将调幅信号中的载波分量去掉，分析调幅波信号去掉载波分量后的表达式，即抑制载波的双边带信号可以用载波信号和调制信号直接相乘得到。

在 Multisim 14.0 仿真环境中，搭建如图 8-16 所示的由模拟乘法器构成的 DSB 调幅电路。其中，调制信号为幅值 4V、频率 10kHz 的正弦信号，载波信号为幅值 1V、频率 1MHz 的正弦信号。

运行仿真电路，调制信号、载波信号和由模拟乘法器调制的 DSB 信号的波形如图 8-17 所示。

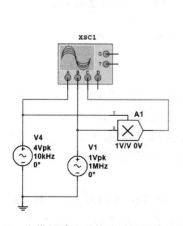

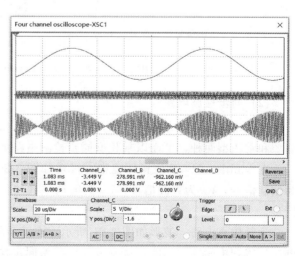

图 8-16　由模拟乘法器构成的 DSB 调幅电路　　　图 8-17　DSB 调制电路的仿真波形

双边带调制波的上下边带包含的信息相同，为提高系统的功率和频带的利用率，可以只传输两个带中有相同信息的边带，即单边带调幅。可参照双边带（DSB）调制电路的仿真过程对抑制载波的单边带（SSB）调幅电路进行仿真，这里不再赘述。

8.3.2 振幅解调电路

调幅波的解调是指从已调波信号中恢复出原调制信号的过程，振幅的解调过程通常称为检波。根据调幅已调波的不同，采用的检波方法也不同。对于普通振幅（AM）信号，由于其包络与调制信号呈线性关系，通常采用二极管峰值包络检波电路，输出电压直接反映高频调幅包络变化规律；对于双边带（DSB）和单边带（SSB）信号，需采用同步检波电路。

(1) 二极管峰值包络检波电路

在 Multisim 14.0 仿真环境中，搭建如图 8-18 所示的二极管峰值包络检波电路，由调幅波输入信号、二极管和低通滤波器、隔直流电容组成。调幅波经低通滤波后输出与调幅波包络成正比的输出电压，再经隔直流电容，即得到原调制信号，从而完成解调过程。

运行仿真电路，调幅波输入信号和解调后输出的调制信号的波形如图 8-19 所示。

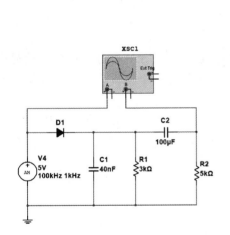

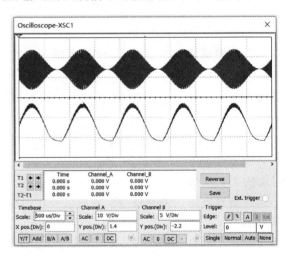

图 8-18　二极管峰值包络检波电路　　　　图 8-19　二极管峰值包络检波电路的仿真波形

需要注意的是，要合理设置电路参数，否则可能会引起解调输出波形失真。

(2) 同步检波电路

在利用同步检测方法时，插入载波应与调制端的载波电压完全同步。同步检测电路分叠加型和乘积型两种，下面以乘积型同步检测电路为例进行仿真分析。

在 Multisim 14.0 仿真环境中，搭建如图 8-20 所示的乘积型同步检波电路。其中，V_1 为调制信号，V_2 为载波信号，V_3 为解调端载波信号（同步信号），V_2 和 V_3 频率相同，即同步。

运行仿真电路，波形如图 8-21 所示。在三条波形中，上方调制信号 V_1 经载波信号 V_2 调制后得到中间的调幅波，调幅波经乘积型同步检测电路得到下方解调后的波形。经对比可看出，调制信号 V_1 与解调后的波形相同。

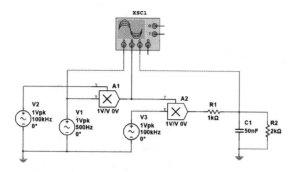

图 8-20　乘积型同步检波电路

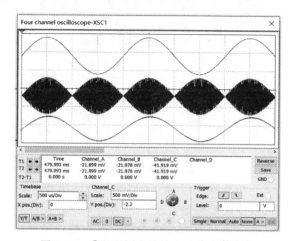

图 8-21　乘积型同步检波电路的仿真波形

第9章 基于Multisim 14.0的 MCU仿真

在电子电路中，一般将含有嵌入式器件或单片机模块的电路称为 MCU（micro controller unit）。NI Multisim 14.0 仿真软件包含 NI MultiMCU 模块，利用它不仅可以编辑含有 MCU 的电路原理图，还可以使用汇编语言或 C 语言对其进行编程和仿真调试。

本章首先介绍 Multisim 14.0 仿真软件中 MCU 仿真模块的使用方法，再基于汇编和 C 语言对单片机电路进行测试与仿真，并通过典型应用案例介绍 Multisim 14.0 在 MCU 电路分析和设计中的应用。

9.1 MCU 仿真模块简介

NI MultiMCU 模块是 NI Multisim 14.0 仿真软件中的一个嵌入式组件，它支持 Intel/Atmel 的 8051/8052 单片机和 Microchip 的 PIC16F84/PIC16F84a 芯片，典型的外设有 RAM、ROM、键盘、图形和文字液晶，并有完整的调试功能，包括设置断点、查看寄存器和改写内存等。NI MultiMCU 模块支持 C 语言，可以编写头文件和使用库，还可以将加载的外部二进制文件反汇编。NI MultiMCU 模块既可以与 NI Multisim 14.0 中的 SPICE 模型电路协同仿真，也能和 NI Multisim 14.0 中的虚拟仪器一起实现一个完整系统的仿真，包括微控制器以及相应的模拟和数字 SPICE 元器件。

采用 NI MultiMCU 进行单片机仿真的基本步骤是：创建单片机硬件电路→编写并编译单片机程序→在线调试程序。

9.2 基于汇编语言的 MCU 电路仿真

本节以 8051 单片机控制 LED 灯电路为例，介绍基于汇编语言的 MCU 电路仿真过程，分搭建 8051 单片机仿真电路、编写并编译 MCU 源程序和运行并调试仿真电路三个步骤。

9.2.1　搭建 8051 单片机仿真电路

8051 单片机仿真电路的搭建包括 8051 单片机的选取、参数设置和外围元器件的连接。

(1) 8051 单片机的选取

在 Multisim 14.0 的元器件工具栏中，单击 █ 图标或执行菜单命令 Place→Component→MCU，弹出如图 9-1 所示的元器件选择对话框，Family 列表中包含 805x、PIC、RAM 和 ROM 共 4 种 MCU 芯片。

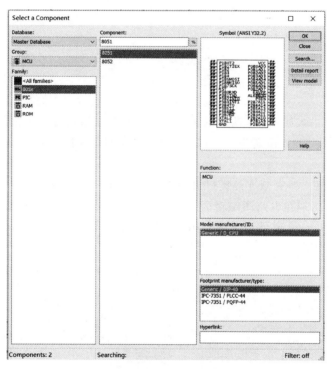

图 9-1　MCU 元器件选择对话框

在元器件选择对话框中单击 805x→8051，单击 OK，弹出如图 9-2 所示的 MCU Wizard-Step 1 of 3（MCU 设置向导）对话框，设置 Workspace（工作空间）的路径和名称，例如在图示路径下创建一个名为 "LED1" 的工作空间。

单击 Next 按钮进入如图 9-3 所示的 MCU Wizard-Step 2 of 3，设置要创建的 MCU 项目，包括：

① Project type：设置项目类型，有 Standard 和 Load External Hex File 两种类型。若选择前者，需要用户在 Multisim 14.0 仿真环境下创建程序文件进行仿真；若选择后者，则通过调用第三方编译器生成的程序文件进行仿真，一般选择前者。

② Programming language：设置编程语言，有 C 和 Assembly（汇编）两种语言类型。

③ Assembler/compiler tool：设置编译工具，若选择 C 语言，则默认显示为 Hi-Tech PICC compiler；若选择 Assembly 语言，则默认显示为 8051/8052 Metalink assembler。

④ Project name：设置项目名称。

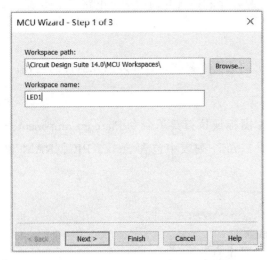

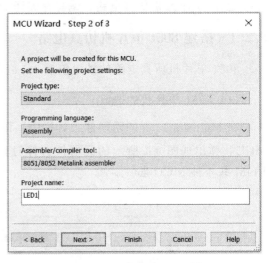

图 9-2　MCU 设置向导对话框 1　　　　　图 9-3　MCU 设置向导对话框 2

单击 Next 按钮进入如图 9-4 所示的 MCU Wizard-Step 3 of 3，设置要创建 MCU 的源文件。选择 Add source file，命名为 main. asm。若编程语言选择了 C 语言，则源文件命名为 main. c。

单击 Finish 按钮，即完成了 MCU 设置向导，返回 Multisim 14.0 仿真软件的工作窗口，则 8051 单片机出现在电路图编辑区，且在 Design Toolbox 中的电路文件组成结构如图 9-5 所示，其中 main. asm 文件用于编辑相关汇编语言源程序。

图 9-4　MCU 设置向导对话框 3

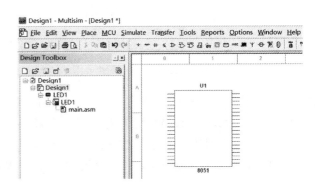

图 9-5　通过 MCU 设置向导实现 8051 的选取

(2) 8051 单片机的参数设置

在 Multisim 14.0 仿真软件的工作窗口中，双击 8051 单片机，弹出 805x 属性设置对话框。在 Value 选项卡中设置 8051 单片机的 ROM size（ROM 容量）和 Clock speed（时钟频率），如图 9-6 所示。在 Code 选项卡中，点击 Properties 按钮，弹出如图 9-7 所示的 MCU Code Manager 对话框。选择默认值，单击 OK，完成 8051 单片机的参数设置。

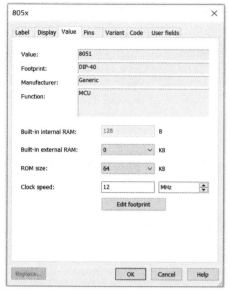

图 9-6　805x 的属性设置对话框

图 9-7　MCU Code Manager 对话框

（3）外围元器件的连接

在 Multisim 14.0 的电路图编辑区，连接 8051 单片机的外围元器件，搭建 8051 单片机控制 LED 灯的仿真电路，如图 9-8 所示。其中，八路开关 S_1 用于设置 8051 单片机的八路输入信号 $P1B_0 \sim P1B_7$ 为高电平或低电平，选取 8051 单片机的八路输出信号 $P0B_0 \sim P0B_7$ 控制 $LED_1 \sim LED_8$ 的亮灭，$P0B_0 \sim P0B_7$ 为低电平有效。

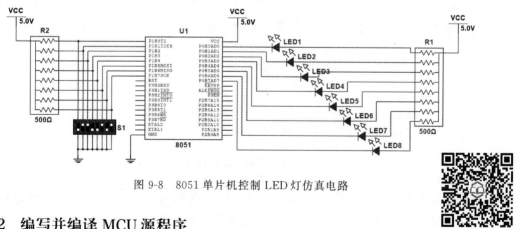

图 9-8　8051 单片机控制 LED 灯仿真电路

9.2.2　编写并编译 MCU 源程序

（1）编写 MCU 源程序

单击菜单栏中 MCU→MCU 8051 U1→MCU code manager，或在 Multisim 14.0 主界面左侧的 Design Toolbox 树形列表中双击 main.asm，打开源文件编辑窗口如图 9-9 所示。第一行"＄MOD51"后面的绿色句子是其注释，包含 51 寄存器和端口的预定义文件，这是编写源程序的默认开头形式。

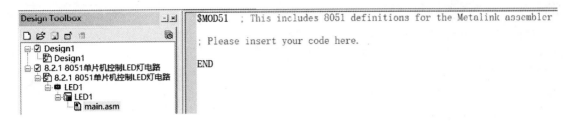

图 9-9　源文件编辑窗口

在源文件编辑窗口中输入 8051 单片机控制 LED 灯的汇编语言源程序代码，最后以"END"结束，如图 9-10 所示，并保存源文件。

```
$MOD51  ; This includes 8051 definitions for the Metalink assembler

; Please insert your code here.
        ORG 00H
        AJMP START
        ORG 30H
START: MOV A, P1
        NOP
        NOP
        MOV P0, A
AJMP START
END
```

图 9-10　8051 单片机控制 LED 灯的源文件

注意：汇编语言源程序不支持中文输入。

（2）编译 MCU 源程序

单击菜单栏中 MCU→MCU 8051 U1→Build，对 8051 单片机控制 LED 灯的源文件进行编译，在 Multisim 14.0 主界面下方的电子表格视窗中显示编译结果如图 9-11 所示。

```
Multisim - 2022年5月1日, 17:01:02
--------------------------Building: Project: LED1--------------------------
main.asm
Errors: main.asm
Assembler results: 0 - Errors, 0 - Warnings
```

图 9-11　8051 单片机控制 LED 灯的源文件编译结果

如果提示错误，则需修改源代码，重新编译，直到编译成功。编译生成机器码文件（∗.HEX）和列表文件（∗.LST），默认存在源代码所在的文件夹内。

9.2.3　运行并调试仿真电路

在 Multisim 14.0 主界面中，运行图 9-8 所示的 8051 单片机控制 LED 灯仿真电路，改变输入开关的通/断状态，对应 LED 灯亮或灭。如图 9-12 所示，设置 S_1 中各路开关的状态，使 $P1B_0 \sim P1B_7$ 为 10011010 时，LED_2、LED_3、LED_6、LED_8 亮，LED_1、LED_4、LED_5、LED_7 灭。

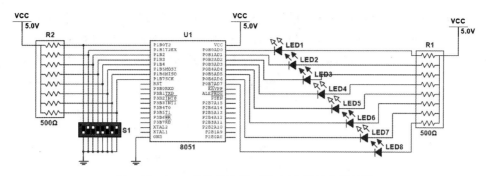

图 9-12　8051 单片机控制 LED 灯电路的仿真结果

9.3　基于 C 语言的 MCU 电路仿真

本节以 PIC16F84 单片机控制流水灯电路为例，介绍基于 C 语言的 MCU 电路仿真过程，分搭建 PIC16F84 单片机仿真电路、编写并编译 MCU 源程序和运行并调试仿真电路三个步骤。

9.3.1　搭建 PIC16F84 单片机仿真电路

PIC16F84 单片机仿真电路的搭建主要由 PIC16F84 单片机的选取、参数设置和外围元器件的连接共三个环节组成。

(1) PIC16F84 单片机的选取

在 MCU 元器件选择对话框中选择 PIC→PIC16F84，如图 9-13 所示。

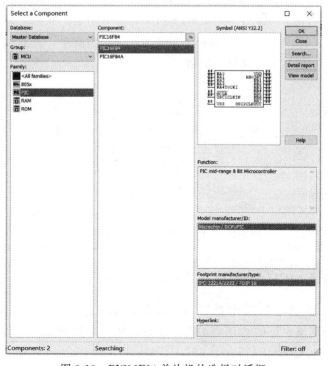

图 9-13　PIC16F84 单片机的选择对话框

单击 OK，弹出 MCU Wizard 对话框，Step 1～3 的设置方法同 9.2.1 小节中的 8051 单片机。区别是，在 Step 2 of 3 中，编程语言选择 C 语言，编译工具默认为 Hi-Tech PICC compiler，如图 9-14 所示；在 Step 3 of 3 中，源文件名的后缀为 .c，如图 9-15 所示。

图 9-14　PIC16F84 单片机的设置向导对话框 1　　　图 9-15　PIC16F84 单片机的设置向导对话框 2

（2）PIC16F84 单片机的参数设置

PIC16F84 单片机的参数设置方法同 8051 单片机。

（3）外围元器件的连接

在 Multisim 14.0 的电路图编辑区连接 PIC16F84 单片机的外围元器件，搭建 PIC16F84 单片机控制流水灯的仿真电路，如图 9-16 所示。其中 V_{DD} 和 V_{SS} 分别接正电源和地；$\overline{MCLR}$ 为复位端，低电平有效，PIC16F84 正常工作时接高电平；八路输出 $RB_0 \sim RB_7$ 控制 8 个红色探针 $X_1 \sim X_8$ 的亮灭，高电平有效。

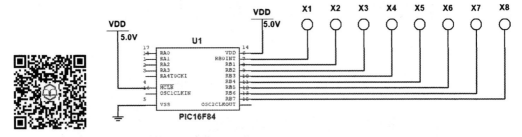

图 9-16　PIC16F84 单片机控制流水灯仿真电路

9.3.2　编写并编译 MCU 源程序

在 Multisim 14.0 的主界面中打开 MCU code manager，在源文件编辑窗口中输入 PIC16F84 单片机控制流水灯的 C 语言源程序代码，如图 9-17 所示，并保存源文件。

单击菜单栏中 MCU→MCU PIC16F84 U1→Build，对 PIC16F84 单片机控制流水灯的源文件进行编译。

```
#include "pic.h"
void delay()
{
  unsigned char i,j;
  for(i=20;i>0;i--)
  for(j=20;j>0;j--);
}
void main()
{
  while(1)
  {
    TRISB=0X00;
    PORTB=0X01;
    delay();
    PORTB=0X02;
    delay();
    PORTB=0X04;
    delay();
    PORTB=0X08;
    delay();
    PORTB=0X10;
    delay();
    PORTB=0X20;
    delay();
    PORTB=0X40;
    delay();
    PORTB=0X80;
    delay();
  }
}
```

图 9-17　PIC16F84 单片机控制流水灯的源文件

9.3.3　运行并调试仿真电路

源文件编译成功后，在 Multisim 14.0 主界面中，运行图 9-16 所示的 PIC16F84 单片机控制流水灯仿真电路。红色探针 $X_1 \sim X_8$ 按源程序设定的延迟时间依次循环点亮，从而实现了流水灯的效果，如图 9-18 所示。

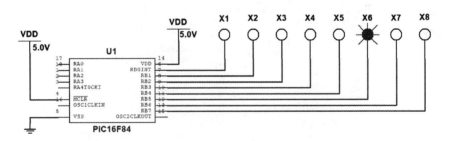

图 9-18　PIC16F84 单片机控制流水灯电路的仿真结果

9.4　典型案例的仿真设计

基于以上 MCU 电路的仿真方法，本节以基于 8051 单片机的波形发生器和交通信号灯控制电路为例，介绍单片机典型应用电路的仿真分析过程。

9.4.1　波形发生器的仿真设计

波形发生器的仿真设计过程包括搭建仿真电路、编写并编译 MCU 源程序、运行并调试仿真电路。

（1）搭建仿真电路

在 Multisim 14.0 仿真软件的电路图编辑区搭建基于 8051 单片机的波形发生器仿真电路，如图 9-19 所示。8051 单片机的工作电源电压为 5V。通过执行 C 语言源程序向 8051 单片机的 P0 口输出波形采样值，再经八位数模转换器 U2 把相应的数字信号转换成模拟信号，经负载电阻 R_2 输出，电容 C_1 起滤波的作用。

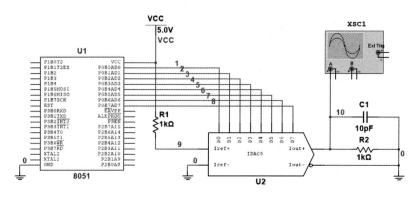

图 9-19　基于 8051 单片机的波形发生器仿真电路

（2）编写并编译 MCU 源程序

在 Multisim 14.0 的主界面中打开 MCU code manager，在源文件编辑窗口中输入波形发生器的 C 语言源程序代码，可实现锯齿波和三角波发生器的功能。

实现锯齿波和三角波发生器的 C 语言源程序如图 9-20 所示。

```
#include <htc.h>
#include <math.h>
void sanjiaobo(void);
void juchibo(void);
void sanjiaobo()
{
    unsigned int i;
    for(i=0;i<254;i++)
    {
        P0=i;
        i++;
    }
    for(;i>0;i--)
    {
        P0=i;
        i--;
    }
}
void juchibo()
{
    unsigned char i;
    for(i=0;i<255;i++)
        P0=i;
}
void main()
{
    unsigned char i;
    while(1)
    {
        juchibo();
    }
}
```
(a) 锯齿波发生器

```
#include <htc.h>
#include <math.h>
void sanjiaobo(void);
void juchibo(void);
void sanjiaobo()
{
    unsigned int i;
    for(i=0;i<254;i++)
    {
        P0=i;
        i++;
    }
    for(;i>0;i--)
    {
        P0=i;
        i--;
    }
}
void juchibo()
{
    unsigned char i;
    for(i=0;i<255;i++)
        P0=i;
}
void main()
{
    unsigned char i;
    while(1)
    {
        sanjiaobo();
    }
}
```
(b) 三角波发生器

图 9-20　实现锯齿波和三角波发生器的 C 语言源程序

保存源文件，单击菜单栏中 MCU→MCU 8051 U1→Build，对基于 8051 单片机的波形发生器的源文件进行编译。

(3) 运行并调试仿真电路

编译成功后，在 Multisim 14.0 主界面中，运行图 9-19 所示的仿真电路，仿真结果如图 9-21 所示。

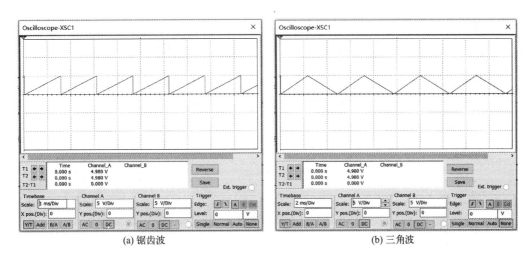

(a) 锯齿波　　　　　　　　　　　　　　(b) 三角波

图 9-21　基于 8051 单片机的波形发生器的仿真波形

矩形波、正弦波等常用信号的产生也可按上述方法实现。

9.4.2　交通信号灯控制电路的仿真设计

交通信号灯控制电路的仿真设计过程包括搭建仿真电路、编写并编译 MCU 源程序、运行并调试仿真电路。

(1) 搭建仿真电路

在 Multisim 14.0 仿真软件的电路图编辑区搭建基于 8051 单片机的交通信号灯控制电路，如图 9-22 所示。其中 LED_{1GB}、LED_{2GN}、LED_{3GX} 和 LED_{4GD} 分别代表北、南、西、东方向的四个绿色指示灯，LED_{5YB}、LED_{6YN}、LED_{7YX} 和 LED_{8YD} 分别代表北、南、西、东方向的四个黄色指示灯，LED_{9RB}、LED_{10RN}、LED_{11RX} 和 LED_{12RD} 分别代表北、南、西、东方向的四个红色指示灯。8051 单片机的 $P0B_0 \sim P0B_3$ 四个引脚分别和东、西、南、北方向的四个绿色指示灯相连；$P0B_4 \sim P0B_7$ 四个引脚分别和东、西、南、北方向的四个红色指示灯相连；$P1B_0$ 引脚串联接入南北方向两个黄色指示灯；$P1B_1$ 引脚串联接入东西方向两个黄色指示灯。电阻 R_1 和电容 C_1 实现单片机的上电复位功能。

(2) 编写并编译 MCU 源程序

在 Multisim 14.0 的主界面中打开 MCU code manager，在源文件编辑窗口中输入汇编语言源程序代码。

实现交通信号灯控制电路的 C 语言源程序如图 9-23 所示。

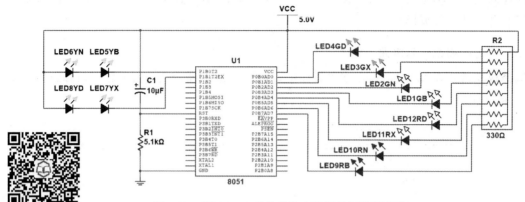

图 9-22　基于 8051 单片机的交通信号灯控制电路

```
$MOD51   ; This includes 8051 definitions for the Metalink assembler
; Please insert your code here.
ORG 0000H;
LJMP START;
ORG 0040H;
START: MOV P0, #03H;
MOV P1, #0FFH;
M1: MOV P0, #0C3H;
MOV P1, #03H;
MOV R2, #50;|
LCALL DELAY;
MOV R1, #03H;
M2: MOV P0, #0C3H;
MOV P1, #00H;
MOV R2, #03;
LCALL DELAY;
MOV P0, #0C3H;
MOV P1, #03H;
MOV R2, #03;
LCALL DELAY;
DJNZ R1, M2;
M3: MOV P0, #3CH;
MOV P1, #03H;
MOV R2, #50;
LCALL DELAY;
MOV R1, #03H;
M4: MOV P0, #3CH;
MOV P1, #00H;
MOV R2, #03;
LCALL DELAY;
MOV P0, #3CH;
MOV P1, #03H;
MOV R2, #03;
LCALL DELAY;
DJNZ R1, M4;
SJMP M1;
```

```
DELAY: MOV R3, #2;
D1: MOV R4, #10;
D2: MOV R5, #30;
D3: DJNZ R5, D3;
DJNZ R4, D2;
DJNZ R3, D1;
RET
END
```

图 9-23　实现交通信号灯控制电路的 C 语言源程序

保存源程序文件，并单击菜单栏中 MCU→MCU 8051 U1→Build，对基于 8051 单片机的交通信号灯控制电路的源文件进行编译，在 Multisim 14.0 主界面下方的电子表格视窗中显示编译结果。

（3）运行并调试仿真电路

① 运行仿真电路　编译成功后，在 Multisim 14.0 主界面中，运行图 9-22 所示的仿真电路。首先南北方向的绿灯点亮，表示允许南北方向通行；东西方向红灯亮，禁止东西方向通行。延时一段时间后，四个方向的四个黄灯闪烁三次，提醒南北方向抓紧通行，东西方向

准备通行；然后南北方向绿灯灭红灯亮，同时东西方向红灯灭绿灯亮，即禁止南北方向通行，允许东西方向通行。延时一段时间后，四个方向的四个黄灯又闪烁三次，提醒东西方向抓紧通行，南北方向准备通行；然后东西方向绿灯灭红灯亮，同时南北方向红灯灭绿灯亮，即禁止东西方向通行，允许南北方向通行。如此周而复始，从而指挥十字路口的车辆和行人有序通行。

② 调试仿真程序　在仿真电路运行情况下，单击主菜单中 MCU→MCU 8051 U1→Debug View 命令，打开调试程序和排除故障窗口，如图 9-24 所示。单击 Pause 按钮，程序语句中出现黄色指针光标，指示程序当前的运行位置，如图 9-25 所示，同时仿真工具条各按钮由虚变实。

图 9-24　调试程序和排除故障窗口

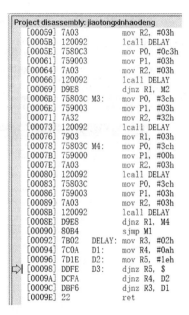

图 9-25　程序当前运行位置指示

仿真工具条中，各按钮的功能说明如图 9-26 所示。

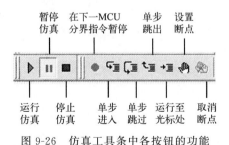

图 9-26　仿真工具条中各按钮的功能

单击主菜单中 MCU→MCU 8051 U1→Memory View 命令，打开 MCU 存储器窗口，在该窗口下可以看到特殊函数寄存器（SFR）、内部 RAM（IRAM）、内部 ROM（IROM）等信息，如图 9-27 所示。

借助于以上仿真调试工具和 MCU 的存储器，可以进行修改程序、对程序设置断点、观察地址值、观察堆栈情况、进入子函数、跳过指令等操作，实现对仿真程序的调试。

▫ SFR

Name	Address	Hex	Bit-7	Bit-6	Bit-5	Bit-4	Bit-3	Bit-2	Bit-1	Bit-0
B	F0	00	0	0	0	0	0	0	0	0
ACC	E0	00	0	0	0	0	0	0	0	0
			CY	AC	F0	RS1	RS0	OV	-	P
PSW	D0	00	0	0	0	0	0	0	0	0
					PS	PT1	PX1	PT0	PX0
IP	B8	00	0	0	0	0	0	0	0	0
Input			RD	WR	T1	T0	INT1	INT0	TXD	RXD
P3	B0	FF	1	1	1	1	1	1	1	1
Latch			RD	WR	T1	T0	INT1	INT0	TXD	RXD
P3	B0	FF	1	1	1	1	1	1	1	1

(a) 特殊函数寄存器（SFR）

▫ IRAM

RAM	00	01	02	03	04	05	06	07	08	09	0A	0B	0C	0D	0E	0F	10	11	12	13	14	15	16	17	18	19	1A	1B	1C	1D	1E	1F
00	00	00	32	01	01	0E	00	00	51	00	00	00	00	00	00	00	00	00	00	00	00	00	00	00	00	00	00	00	00	00	00	00
20	00	00	00	00	00	00	00	00	00	00	00	00	00	00	00	00	00	00	00	00	00	00	00	00	00	00	00	00	00	00	00	00
40	00	00	00	00	00	00	00	00	00	00	00	00	00	00	00	00	00	00	00	00	00	00	00	00	00	00	00	00	00	00	00	00
60	00	00	00	00	00	00	00	00	00	00	00	00	00	00	00	00	00	00	00	00	00	00	00	00	00	00	00	00	00	00	00	00

(b) 内部RAM（IRAM）

▫ IROM

PC: 0099

ROM	00	01	02	03	04	05	06	07	08	09	0A	0B	0C	0D	0E	0F	10	11	12	13	14	15	16	17	18	19	1A	1B	1C	1D	1E	1F
0000	02	00	40	00	00	00	00	00	00	00	00	00	00	00	00	00	00	00	00	00	00	00	00	00	00	00	00	00	00	00	00	00
0020	00	00	00	00	00	00	00	00	00	00	00	00	00	00	00	00	00	00	00	00	00	00	00	00	00	00	00	00	00	00	00	00
0040	75	80	03	75	90	FF	75	80	C3	75	90	03	7A	32	12	00	92	79	03	75	80	C3	75	90	00	7A	03	12	00	92	75	80
0060	C3	75	90	03	7A	03	12	00	92	D9	E8	75	80	3C	75	90	03	7A	32	12	00	92	79	03	75	80	3C	75	90	00	7A	03
0080	12	00	92	75	80	3C	75	90	03	7A	03	12	00	92	D9	E8	80	B4	7B	02	7C	0A	7D	1E	DD	FE	DC	FA	DB	F6	22	00
00A0	00	00	00	00	00	00	00	00	00	00	00	00	00	00	00	00	00	00	00	00	00	00	00	00	00	00	00	00	00	00	00	00

(c) 内部ROM（IROM）

图 9-27　MCU 存储器窗口

参考文献

［1］ 熊伟，侯传教，梁青，等.基于 Multisim 14 的电路仿真与创新［M］.北京：清华大学出版社，2021.

［2］ 马宏兴，盛洪江，祝玲.电子设计技术：Multisim 14.0 & Ultiboard 14.0［M］.北京：北京邮电大学出版社，2020.

［3］ 吕波，王敏.Multisim 14 电路设计与仿真［M］.北京：机械工业出版社，2016.

［4］ 张静.电工与电子技术项目教程［M］.北京：北京理工大学出版社，2017.

［5］ 张新喜.Multisim 14 电子系统仿真与设计［M］.北京：机械工业出版社，2017.

［6］ 邱关源.电路［M］.5 版.北京：高等教育出版社，2011.

［7］ 童诗白，华成英.模拟电子技术基础［M］.5 版.北京：高等教育出版社，2015.

［8］ 阎石.数字电子技术基础［M］.6 版.北京：高等教育出版社，2016.

［9］ 王兆安，刘进军.电力电子技术［M］.5 版.北京：机械工业出版社，2013.

［10］ 胡宴如，耿苏燕.高频电子线路［M］.2 版.北京：高等教育出版社，2015.

［11］ 张毅刚.单片机原理及应用［M］.4 版.北京：高等教育出版社，2021.